KB198286

FOOD & NUTRITION

건강한 삶을 위한 식품과 영양

인간이 추구하는
건강한 삶을 위한
자료를 제공

윤진아 · 신경옥 · 유창희 · 정미자
정민유 · 정유미 · 황효정 공저

(주)백산출판사

Preface

생명체가 생명현상을 유지하기 위해서는 에너지가 필요하다. 식물과 같이 스스로 에너지를 만들기도 하고, 다른 생명체가 만들어 놓은 영양분을 이용해 에너지를 얻기도 한다. 인간은 동물과 식물을 섭취하면서 생명현상을 유지한다. 과거 단순히 생명현상 유지를 위한 음식물 섭취에 불과했던 인간의 섭식은 농업, 과학, 의학의 발달과 경제성장에 따른 부유함으로 인하여 감각의 만족을 추구하고, 더 나아가 건강을 추구하고 있다.

인간의 건강 추구를 위한 섭식을 완성하기 위해서는 식품과 그 식품이 가지고 있는 영양소를 알아야 하며, 각종 영양소의 체내 기능과 생리활성 물질들에 대한 다양한 정보를 알아야 한다. 이에 이 책에서는 식품과 영양소, 질병과 관련된 영양소의 섭취 등에 대한 정보를 제공하여 인간이 추구하는 건강한 삶을 위한 기본 자료를 제공하고자 했다.

본 저자들은 이 책이 식품, 영양, 조리 등의 전공자들이나 교양으로 공부하는 사람들의 건강한 삶에 조금이나마 보탬이 되길 바란다.

끝으로 책이 출간되기까지 애써주신 백산출판사 관계자분들께 깊은 감사를 드린다.

저자 일동

Contents

제 4 장

탄수화물

제 5 장

지질

제 6 장

단백질

제 7 장

비타민

제 8 장

무기질

제 9 장

수분

제 10 장

식이섬유

제 11 장

비만

제 12 장

체중 조절

제 13 장

알코올과 건강

제 14 장

심혈관계 질환

제 15 장

기타 생활습관성 질환

부록

한국인 영양소 섭취기준

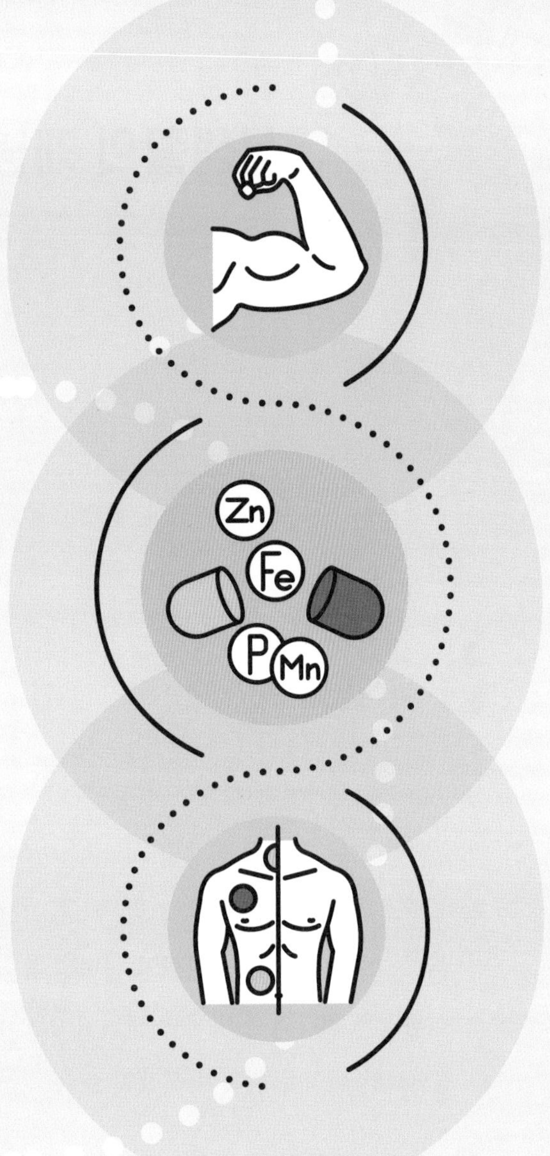

제1장

식생활의 개념

제1장 —

식생활의 개념

1 식생활이란?

인간이 살아가면서 필요한 가장 중요한 세 가지 요소인 의(衣), 식(食), 주(住)에서 식과 관련된 모든 활동을 식생활(Dietary Life)이라고 한다. 식생활교육지원법(법률 제18402호)에 따르면 "식품의 생산, 조리, 가공, 식사용구, 상차림, 식습관, 식사예절, 식품의 선택과 소비 등 음식물의 섭취와 관련된 유 · 무형의 활동"이라고 정의한다.

식생활은 건강과 질병에 연관되어 있으며 국가 차원에서 국민의 건강한 삶의 영위와 경제적인 이익을 위하여 식생활 교육 기본계획을 수립하여 실시하고 있다.

알아두기

✓ 식생활 교육 기본계획

1) 식생활 교육의 목표와 추진방향
2) 가정, 학교, 지역 등에서의 식생활 교육에 관한 사항
3) 농어업 활성화 등을 위한 농어업인과 소비자 간 교류촉진에 관한 사항
4) 전통 식생활 문화의 계승·발전에 관한 사항
5) 식생활 교육에 수반되는 재원 조달 계획에 관한 사항
6) 식생활 체험활동의 활성화에 관한 사항
7) 그 밖에 식생활 교육에 관하여 필요한 사항으로 대통령령으로 정하는 사항

출처: 농림축산식품부

2 식생활과 건강

과학과 정보의 발달로 전 세계가 하나의 지구촌이 되면서 다른 나라의 음식을 접할 수 있는 기회가 많이 생기고, 각 나라의 음식들이 혼합되어 새로운 음식이 만들어지기도 한다. 다른 한편에서는 식량부족에 따른 문제 해결을 위한 유전자 조작 식품의 생산과 수입 식품, 환경 호르몬 등 인간과 지구 환경을 함께 생각해야 하는 문제들이 많이 발생하고 있다. 과거에는 영양소의 섭취 부족으로 인한 질병과 조기 사망이 문제였다면, 최근에는 영양소의 과잉 섭취로 인한 체중 과다와 비만 문제가 암을 비롯한 동맥경화, 당뇨병, 고혈압과 같은 만성 퇴행성 질환의 발병이 더욱 가중하고 있다.

'경제협력개발기구(OECD, Organization for Economic Cooperation and Development) 보건통계(Health Statistics) 2023'에 따르면 우리나라 남녀 평균 기대수명은 83.6년으로 OECD 국가의 평균 기대수명 80.3년보다 3.3년 긴 것으로 나타났다.

그림 1-1 **나라별 기대수명**

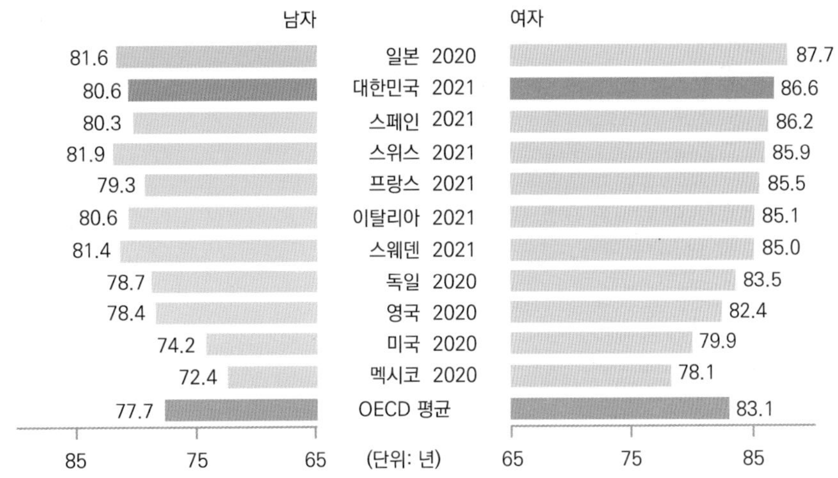

1) 식품과 영양, 영양소

알아두기

건강한 식생활이란 매끼 다양한 식품을 적당한 양으로 구성하여 영양균형을 이루는 식사를 하는 것이다.

- **다양성**: 영양적으로 균형 잡힌 식사가 되도록 다양한 식품으로 구성하는 것이다.
- **균형**: 건강과 성장을 이룰 수 있는 적절한 양의 에너지와 영양소로 구성하는 것이다.
- **적절한 양**: 건강 체중을 유지하고 신체 대사 과정이 정상적으로 이루어지도록 알맞은 양으로 구성하는 것이다.
- **식품(Food)**: 생명을 유지하고 성장과 발달에 도움을 주며 건강을 유지하는 데 필수적인 영양소를 공급해주는 물질로 식품 재료와 그 자체로 이용되는 식품을 모두 포함한다.
- **영양(Nutrition)**: 인체를 비롯한 생물체가 식품에 함유된 성분을 이용해서 성장, 생명 유지 및 활동을 계속하는 과정이다.
- **영양소(Nutrient)**: 식품으로부터 공급되어 신체를 구성하고 에너지를 공급하며 다양한 생리 기능을 조절하는 작용을 하는 것이다.

표 1-1 영양소의 종류와 기능

종류	구분	기능		
		에너지 공급	신체 구성	체내 대사조절
탄수화물	단당류, 이당류, 올리고당류, 다당류	√		
지질	중성지방, 인지질, 지방산, 콜레스테롤	√	√	
단백질	아미노산, 단백질	√	√	√
비타민	지용성 비타민(비타민 A, D, E, K) 수용성 비타민(비타민 B군, C)			√
무기질	다량 무기질(칼슘, 인, 칼륨, 나트륨, 염소, 마그네슘, 황) 미량 무기질(철, 아연, 구리, 불소, 망간, 요오드, 셀레늄, 몰리브덴, 크롬 등)		√	√
수분	음식 수분, 액체 수분(물, 음료 중 수분)		√	√

3 식품 산업

역사를 거듭하면서 인간의 지혜와 지식이 늘어나자 단순한 생산에서 벗어나 교환과 유통이 발달했고 산업의 발전에 따라 원재료를 가공하여 더 많은 식품을 개발, 확보했으며 또 의학과 영양학이 발전함에 따라 수명이 연장되기에 이르렀다. 식품은 농업, 어업, 축산업 등의 1차 산업에서 생산된 원재료를 가공하고 제조하여 소비자에게 제공하는 식품 산업으로 분류되어 발전했고 식품의 생산, 가공, 유통, 판매 등 다양한 단계로 구성되며, 전 세계적으로 중요한 경제 부문 중 하나이다.

1) 식품산업의 주요 구성 요소

원재료 생산		
농업: 곡물, 채소, 과일, 기름 종자 등의 재배	축산업: 소, 돼지, 닭 등의 사육 및 축산물 생산	어업: 해산물 및 양식업을 통한 수산물 생산

↓

식품 가공	
원재료를 다양한 형태의 식품으로 가공하는 과정	예를 들어, 밀가루로 빵을 만들거나 우유로 치즈를 만드는 것 등으로 가공 식품의 종류는 통조림, 냉동식품, 간편식, 음료 등으로 구분

↓

식품 제조	
대규모 제조업체가 다양한 공정을 통해 제품을 생산	공정에는 세척, 절단, 혼합, 가열, 냉각, 포장 등이 포함되며, 현대 식품 제조업은 자동화된 기계와 기술을 활용하여 대량 생산 가능

↓

식품 유통	
생산된 식품을 소비자에게 전달하는 과정	도매업자, 소매업자, 대형 마트, 슈퍼마켓, 편의점 등으로 유통 단계에서는 저장, 운송, 냉장/냉동 보관 등의 시스템

↓

식품 판매	
최종 소비자에게 식품을 판매하는 단계	전통적인 오프라인 매장뿐만 아니라 온라인 쇼핑몰, 배달 서비스 등 다양한 채널을 통해 판매

2) 현대사회의 식생활 변화의 특징

(1) 가공식품의 발달과 유통시장의 확대

현대 식품산업은 기술 혁신, 소비자 라이프 스타일 변화, 글로벌화 등의 요인에 의해 변화하고 있다. 가공식품은 저온 저장 및 냉동 기술 혁신으로 발달했는데, 신선한 상태의 식품을 보관하고 유통하여 신선식품의 소비기한을 늘리고, 냉동식품 및 즉석조리식품 등의 발달로 이어졌다. 또한 고온 살균, 건조, 동결 건조, 훈제 등의 다양한 가공 기술이 발전하면서 보존 기간을 연장하며, 식품의 맛, 색, 질감을 개선하는 다양한 식품 첨가물과 보존료가 발달함에 따라 더 맛있고 오랫동안 저장할 수 있는 가공식품을 제공할 수 있다. 또한 식품의 국제 무역이 활성화되면서 다양한 국가의 가공식품이 전 세계로 유통되고 있다. 이는 소비자에게 다양한 선택지를 제공하고, 기업에는 새로운 시장을 개척할 기회를 제공한다.

(2) 외식산업의 확대

한국의 외식산업은 조선 후기에 찻집과 같은 음식점이 등장하면서 본격적으로 시작됐다고 할 수 있는데, 이후 일제강점기, 해방을 거쳐 한국전쟁 이후 미국의 영향으로 햄버거, 스파게티 등 서양 음식이 도입되었고, 주한 미군 기지 주변에는 미국식 레스토랑이 생겨났다. 이후 1960~70년대 경제 개발과 도시화로 외식 문화가 확산되면서 이 시기에 한식, 중식, 일식 등 다양한 음식점이 등장했다. 1970년대 후반부터 패스트푸드 체인점이 한국에 들어오기 시작했고, 롯데리아와 같은 한국 토종 브랜드도 탄생했다. 1990년대 이후부터는 다양한 외국 브랜드가 들어오면서 외식산업이 더욱 다양해졌고, 패밀리 레스토랑이 인기를 끌며, 가족 단위 외식문화가 확산되었다. 우리나라의 외식산업에서 카페 문화를 뺄 수 없는데 스타벅스, 커피빈 등 글로벌 커피체인점이 들어오면서 커피와 디저트를 즐기는 카페 문화가 확산되었다. 2000년대 이후부터 스마트폰의 보급과 함께 배달의민족, 요기요 등 배달 앱이 등장하면서 배달 음식 시장이 급성장했고, 1인 가구의 증가로 혼자 식사하는 사람들이 많아지면서, 혼밥족을 겨냥한 작은 규모의 음식점과 메뉴가 인기를 끌고 있다.

그림 1-2 **식생활의 변천사**

	농경사회	산업사회	정보사회	창조사회
경제	• 집단사회 • 기본적 생산활동 • 정착생활	• 기계와 에너지 이용 • 생산성 향상 • 대량생산	• 전산화, 과학화 • 통신망 발전 • 정보화	• 창의력 극대화 • 차별적 독창성
식생활 의식	• 생존을 위한 식사 • 주식개념	• 식생활의 인식 • 부식개념 • 내식위주 • 레스토랑 출현	• 식도락 추구 • 간편, 신속, 영양지향 • 다양한 업태 • 기능성, 전문화	• 웰빙(well-being) 추구 • 예술성, 감성화 • 에스닉(ethnic) 음식 • 음식의 글로벌화
생산 시스템	• 소품종, 소량생산	• 소품종, 대량생산	• 다품종, 소량생산	• 단일품목의 다양한 생산

(3) 대중매체 산업의 광고

대중매체 산업의 광고는 외식업체들이 고객에게 도달하고 브랜드 인지도를 높이기 위한 중요한 전략으로 TV, 라디오, 신문, 잡지 등 전통적인 매체뿐만 아니라, 인터넷과 소셜 미디어를 포함한 디지털 매체를 활용하여 다양하다. 전통적인 대중매체인 TV 광고나 라디오, 신문 등은 대중에게 빠르고 광범위하게 다가갈 수 있어 브랜드 인지도를 높이는 데 효과적이다. 그리고 디지털 매체를 통한 광고는 다양한 웹사이트, 포털, 동영상 스트리밍 플랫폼을 통해 널리 확산될 수 있고, 배너, 팝업, 동영상 광고 등 다양한 형태로 소비자에게 접근할 수 있다. 최근 페이스북, 인스타그램, 유튜브 등 소셜 미디어 플랫폼을 통해 연령, 성별, 관심사 등을 기반으로 정밀한 타기팅이 가능해졌으며, GPS를 활용한 위치 기반 광고를 통해 특정 지역의 소비자들에게 맞춤형 광고를 제공하고, 배달 앱이나 외식 관련 앱 내에서 광고를 진행함으로써 직접적인 구매 유도를 한다. 빅데이터와 인공지능(AI, Artificial Intelligence)을 활용하여 소비자의 취향과 행동을 분석하고, 이를 바탕으로 개인 맞춤형 광고를 제공하는 트렌드가 확산되고 있으며, 소비자가 광고와 직접 상호작용할 수 있는 인터랙티브 광고를 통해 보다 높은 참여와 관심을 유도하고 있다.

(4) 경제수준 향상과 배달식 등의 소비 증가

외식산업이 급성장하게 된 배경에는 지속적인 경제성장과 국민소득의 증가, 관광 및 여가에 대한 관심의 증가 및 국제적인 대규모 행사의 국내 유치와 이에 따른 국내 관광 산업의 발달 등을 들 수 있으며 사회적인 환경의 변화로 핵가족화 및 여성의 사회진출과 맞벌이 가구의 증가, 독신생활자의 증가, 시간가치의 상승, 야간활동 인구의 증가 등의 요인도 있다.

그림 1-3 **하루 1회 이상 외식률 추이**

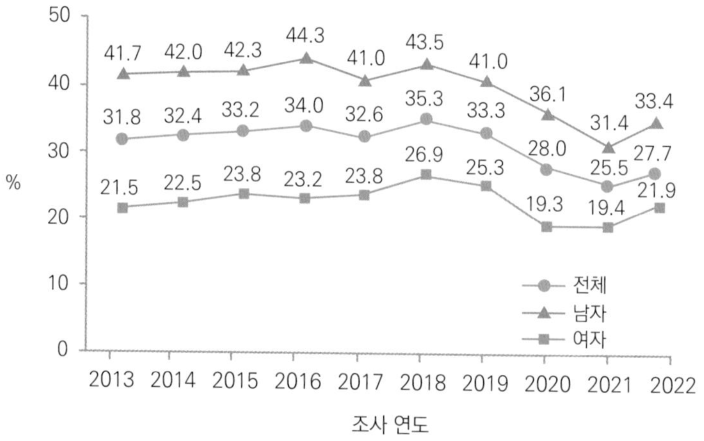

• 하루 1회 이상 외식률: 외식 빈도가 하루 1회 이상인 분율, 만 1세 이상
위 그림의 연도별 지표값은 2005년 추계인구로 연령 표준화

이러한 식생활의 변화는 온라인 배달 플랫폼의 등장과 발전은 배달식 소비를 폭발적으로 증가시켰다. 스마트폰 앱을 통해 음식을 쉽게 주문할 수 있게 되면서, 배달 음식이 일상화되었다. 경제수준의 향상과 배달식 소비 증가로 인해 더욱 다양화되고 발전하고 있다.

3) 미래 식품 산업

식품산업은 글로벌 시장을 대상으로 하며, 국제 무역을 통해 다양한 식품이 전 세계로 유통되어 소비자들은 다양한 나라의 식품을 쉽게 접할 수 있다. 식품 가공 및 제조 과정에서는 첨단 기술이 활용되고 있다. 예를 들어, 자동화된 생산 라인, 로봇 공학, AI 기반 품질 관리 시스템 등이며, 유전자 변형 작물(GMO), 대체 육류, 기능성 식품 등의 개발이 활발하다. AI와 빅데이터를 활용하여 소비자 선호도를 예측하고 맞춤형 제품을 개발하고, 더 나은 재고 관리와 효율적인 생산이 가능해졌다. 개인의 건강 데이터를 기반으로 맞춤형 영양 솔루션을 제공하는 서비스 등과 같은 식품산업이 발달할 수 있다.

그림 1-4 **푸드테크의 분야**

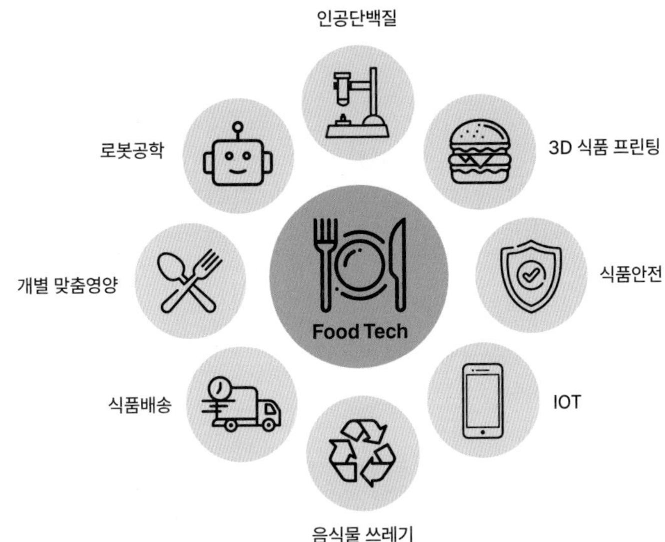

출처: 삼일PwC경영연구원

그림 1-5 **대체 단백질 시장 전망**

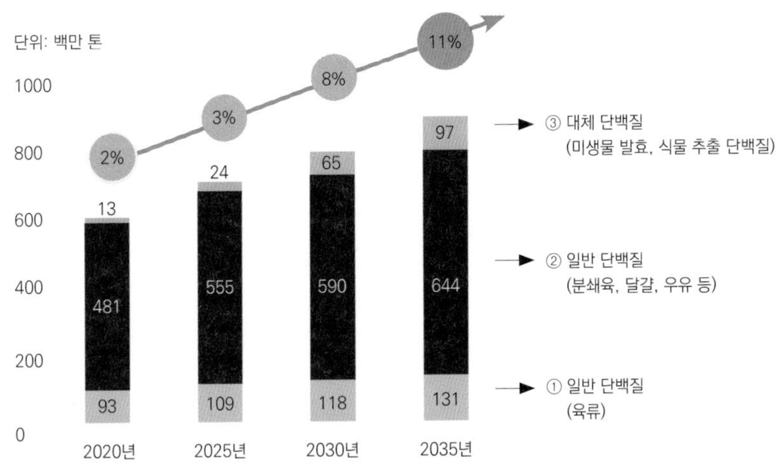

4 건강기능식품

일반적으로 식품은 생명을 유지하는 데 필요한 열량을 공급하고 구성소와 조절소로서의 역할을 담당하는 것으로 알려졌다. 그러나 생활수준이 향상되고 건강에 대한 관심이 커지면서 종래 의약품의 영역으로만 여겨지던 몇몇 기능의 일부를 식품이 담당할 수 있다는 인식이 확산되면서 식품과 의약품의 중간이라 할 수 있는 새로운 식품들이 소비자의 니즈를 맞춘다.

표 1-2 식품의 기능별 분류

기능	내용
1차 기능 (영양기능)	생명유지 기능 (탄수화물, 지질, 단백질, 비타민, 무기질 등 영양소 공급)
2차 기능 (감각기능)	식품성분이나 조직이 감각기관에 작용 (맛, 향, 색, 질감)
3차 기능 (생체조절기능)	섭취 시 생체의 기능 향상 (신체 방어, 신체리듬 조절, 질병 방지와 회복)

1) 건강기능식품의 정의

'건강기능식품'은 일상 식사에서 결핍되기 쉬운 영양소 또는 인체에 유용한 기능을 가진 원료나 성분(이하 기능성원료)을 사용하여 제조한 식품으로 건강을 유지하는 데 도움을 주는 식품이다. 식품의약품안전처에서는 동물시험, 인체적용시험 등 과학적 근거를 평가하여 기능성 원료를 인정하고 있다. 이러한 정부의 관리하에 건강보조식품 시장의 건전한 발전을 기하는 한편 저질 건강보조식품과 허위, 과대광고로부터 소비자를 보호하고 있다. 식품공전에 수록된 건강보조식품의 정의를 보면 "건강보조의 목적으로 특정성분을 원료로 하거나 식품원료에 들어있는 특정성분을 추출, 농축, 정제, 혼합 등의 방법으로 제조, 가공한 식품"이라고 되어 있다. 생체기능을 충분히 발현하도록 제조된 식품이면서, 기능성 부여를 위해 특정 성분을 첨가 또는 제거한 식품이라고 할 수 있다. 기능성 식품의 조건으로 명확한 제조 목표가 설정되어야 하고, 화학구조 및 그 작용 메커니즘이 명확히 규명된 기능성 인자를 가지고 있어야 하며, 사람이 경구 섭취함으로써 효능을 발휘할 수 있어야 한다. 그리고 식품으로서 섭취 형태가 다양해야 하고, 식품 중에 안전하게 존재해야 하며, 무엇보다도 안전성이 높아야 한다.

참고하기

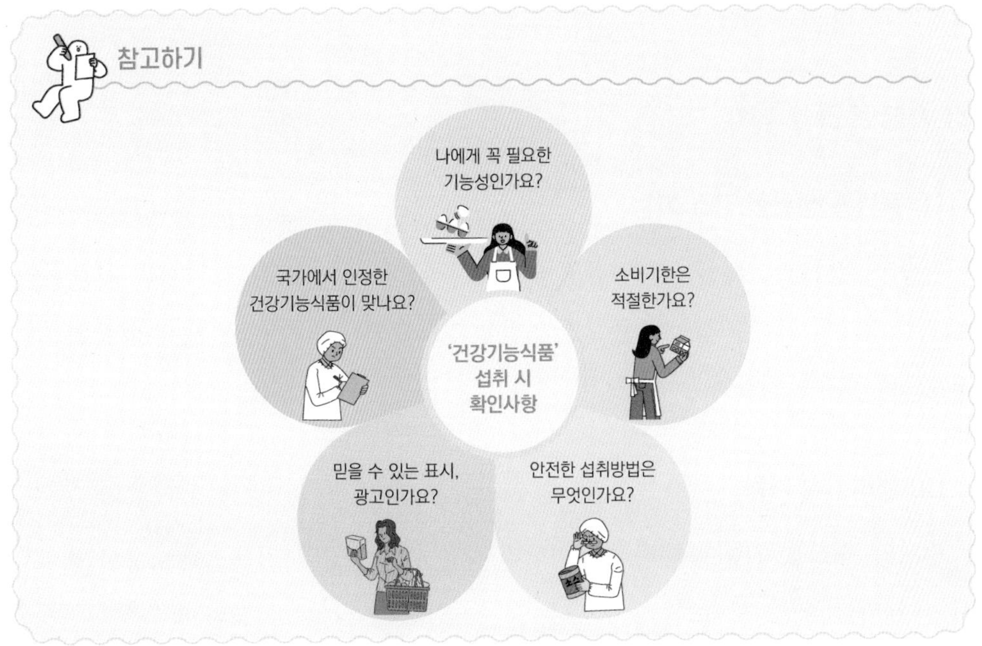

알아두기

✓ 건강기능식품 이력추적관리 표시

건강기능식품 이력추적관리 등록을 한 건강기능식품에는 다음과 같은 건강기능식품 이력추적관리의 표시를 할 수 있다(「건강기능식품에 관한 법률」 제22조의2제4항, 「식품 등 이력추적관리기준」 제6조 및 별표 4).

건강기능식품과 건강식품의 차이는 무엇인가요?

건강기능식품은 특정 기능성을 가진 원료, 성분을 사용해서 안전성과 기능성이 보장되는 일일 섭취량이 정해져 있고, 일정한 절차를 거쳐 건강기능식품 문구나 마크가 있는 제품입니다. 반면, 건강식품은 건강에 좋다고 인식되는 제품을 일반적으로 통칭하는 것으로 건강기능식품 문구나 마크는 없습니다.

2) 기능성의 종류

(1) 질병 발생위험 감소 기능

칼슘과 비타민 D는 골다공증 발생 위험을 줄이는 데 도움을 줄 수 있는 성분으로, 뼈 건강 유지와 골밀도 향상에 중요한 역할을 한다. 또한 자일리톨은 충치 예방을 위한 성분으로 알려져 있다.

(2) 생리활성 기능

인체의 구조 및 기능에 대하여 생리학적 작용 등과 같은 보건용도에 유용한 효과로서, 31개의 기능성(다음 표 참조)이 있다.

번호	기능성 분야	번호	기능성 분야	번호	기능성 분야
1	기억력 개선	2	혈행 개선	3	간 건강
4	체지방 감소	5	갱년기 여성 건강	6	혈당 조절
7	눈 건강	8	면역 기능	9	관절/뼈 건강
10	전립선 건강	11	피로 개선	12	피부 건강
13	콜레스테롤 개선	14	혈압 조절	15	긴장 완화
16	장 건강	17	칼슘 흡수 도움	18	요로 건강
19	소화 기능	20	항산화	21	혈중 중성지방 개선
22	인지 능력	23	운동수행능력/ 지구력 향상	24	치아 건강

25	배뇨 기능 개선	26	면역과민반응에 의한 피부상태 개선	27	갱년기 남성 건강
28	월경 전 변화에 의한 불편한 상태 개선	29	정자 운동성 개선	30	유산균 증식을 통한 여성의 질 건강
31	어린이 키 성장 개선				

(3) 영양소 기능

비타민 및 무기질, 단백질, 식이섬유, 필수 지방산의 기능이 있다.

No	영양소	기능성 내용	일일섭취량
1	비타민 A	① 어두운 곳에서 시각 적응을 위해 필요 ② 피부와 점막을 형성하고 기능을 유지하는 데 필요 ③ 상피세포의 성장과 발달에 필요	210~1,000μg RE
2	베타카로틴	① 어두운 곳에서 시각 적응을 위해 필요 ② 피부와 점막을 형성하고 기능을 유지하는 데 필요 ③ 상피세포의 성장과 발달에 필요	①, ②: 0.42~7mg ③: 1.26mg 이상
3	비타민 D	① 칼슘과 인이 흡수되고 이용되는 데 필요 ② 뼈의 형성과 유지에 필요 ③ 골다공증 발생 위험 감소에 도움을 줌(질병 발생 위험 감소 기능)	1.5~10μg
4	비타민 E	유해산소로부터 세포를 보호하는 데 필요	3.3~400mg α-TE
5	비타민 K	① 정상적인 혈액 응고에 필요 ② 뼈의 구성에 필요	21~1,000μg
6	비타민 B_1	탄수화물과 에너지 대사에 필요	0.36~100mg
7	비타민 B_2	체내 에너지 생성에 필요	0.42~40mg
8	나이아신	체내 에너지 생성에 필요	① 니코틴산: 4.5~23mg ② 니코틴산아미드: 4.5~670mg
9	판토텐산	지방, 탄수화물, 단백질 대사와 에너지 생성에 필요	1.5~200mg
10	비타민 B_6	① 단백질 및 아미노산 이용에 필요 ② 혈액의 호모시스테인 수준을 정상으로 유지하는 데 필요	0.45~67mg
11	엽산	① 세포와 혈액생성에 필요 ② 태아 신경관의 정상 발달에 필요 ③ 혈액의 호모시스테인 수준을 정상으로 유지하는 데 필요	120~400μg

12	비타민 B_{12}	정상적인 엽산 대사에 필요	0.72~2,000μg
13	비오틴	지방, 탄수화물, 단백질 대사와 에너지 생성에 필요	9~900μg
14	비타민 C	① 결합조직 형성과 기능유지에 필요 ② 철의 흡수에 필요 ③ 유해산소로부터 세포를 보호하는 데 필요	30~1,000mg
15	칼슘	① 뼈와 치아 형성에 필요 ② 신경과 근육 기능 유지에 필요 ③ 정상적인 혈액 응고에 필요 ④ 골다공증 발생 위험 감소에 도움을 줌(질병 발생 위험 감소 기능)	210~800mg
16	마그네슘	① 에너지 이용에 필요 ② 신경과 근육 기능 유지에 필요	94.5~250mg
17	철	① 체내 산소운반과 혈액생성에 필요 ② 에너지 생성에 필요	3.6~15mg
18	아연	① 정상적인 면역 기능에 필요 ② 정상적인 세포분열에 필요	2.55~12mg
19	구리	① 철의 운반과 이용에 필요 ② 유해산소로부터 세포를 보호하는 데 필요	0.24~7.0mg
20	셀레늄 (셀렌)	유해산소로부터 세포를 보호하는 데 필요	16.5~135μg
21	요오드	① 갑상선 호르몬의 합성에 필요 ② 에너지 생성에 필요 ③ 신경 발달에 필요	45~150μg
22	망간	① 뼈 형성에 필요 ② 에너지 이용에 필요 ③ 유해산소로부터 세포를 보호하는 데 필요	0.9~3.5mg
23	몰리브덴	산화·환원 효소의 활성에 필요	7.5~230μg
24	칼륨	체내 물과 전해질 균형에 필요	1.05~3.7g
25	크롬	-	0.015~9mg
26	식이섬유	식이섬유 보충	식이섬유로서 5g 이상
27	단백질	①근육, 결합조직 등 신체조직의 구성 성분 ② 효소, 호르몬, 항체의 구성에 필요 ③ 체내 필수 영양성분이나 활성물질의 운반과 저장에 필요 ④ 체액, 산-염기의 균형 유지에 필요 ⑤ 에너지, 포도당, 지질의 합성에 필요	단백질로서 12.0g 이상
28	필수 지방산	필수 지방산의 보충	리놀레산은 4.0g 이상, 리놀렌산은 0.6g 이상

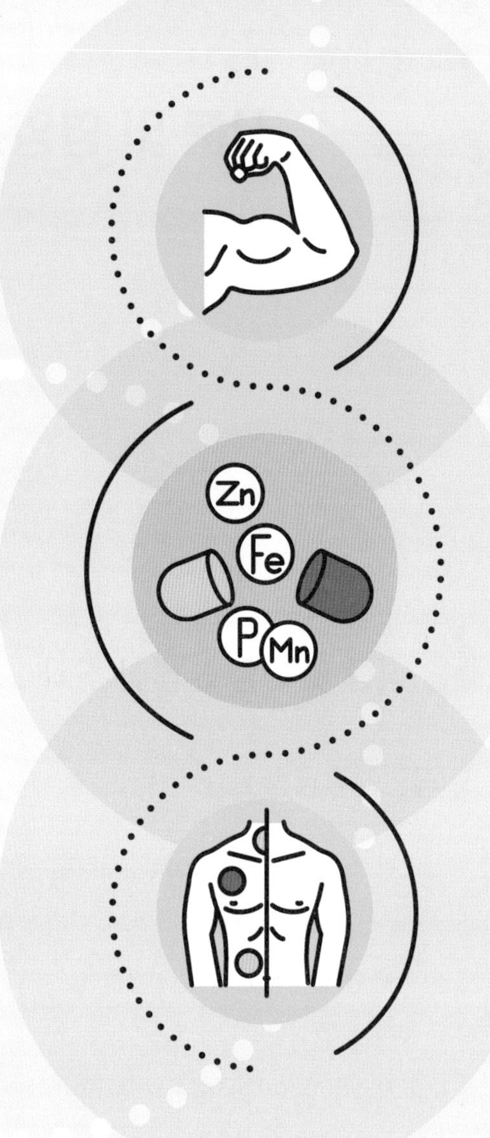

제2장

식품 및 영양소 섭취 조사와 현황

제2장 —

식품 및 영양소 섭취 조사와 현황

1 식품 및 영양소 섭취 조사

1) 국민건강영양조사

국민건강영양조사는 1995년 제정된 국민건강증진법 제16조 "①질병관리청장은 보건복지부장관과 협의하여 국민의 건강상태 · 식품섭취 · 식생활조사등 국민의 건강과 영양에 관한 조사(이하 "국민건강영양조사"라 한다)를 정기적으로 실시한다"에 따라 시행하는 영양조사다.

국민건강영양조사의 목적은 국민의 건강수준, 건강행태, 식품 및 영양섭취 실태에 대한 국가 단위의 대표성과 신뢰성을 갖춘 자료를 구축하고, 이를 토대로 국민건강증진종합계획의 목표 설정 및 평가, 건강증진 프로그램의 개발 등 건강정책의 근거자료로 활용하는 것이다.

국민건강영양조사의 영양조사 내용은 식생활 조사, 식품안전성 조사, 식이섭취 조사로 구성되어 있다. 식생활 조사는 1세 이상의 대상자에게 끼니별 식사 빈도, 끼니별 동반 식사 여부 및 동반 대상, 외식 빈도, 채소류/해조류/버섯류 섭취 빈도, 과일 섭취 빈도, 식이보충제 복용 여부, 초등학생 이상부터는 영양표시 인지 · 이용 · 영향 여부 및 관심 항목, 영양교육 및 상담 경험 항목으로 이루어져 있고, 식품안전성 조사는 가구의 식생활 관리자를 대상으로 가구의 식품안정성 확보에 대한 항목으로 이루어져 있으며, 식이 섭취 조사는 조사 2일 전 섭취한 음식의 종류 및 섭취량을 조사한다.

그림 2-1 **제5차 국민건강증진종합계획(HP 2030)**

비전	모든 사람이 평생 건강을 누리는 사회
목표	건강수명 연장과 건강형평성 제고
기본원칙	1. 국가와 지역사회의 모든 정책 수립에 건강을 우선적으로 반영한다. 2. 보편적인 건강수준의 향상과 건강형평성 제고를 함께 추진한다. 3. 모든 생애과정과 생활터에 적용한다. 4. 건강친화적인 환경을 구축한다. 5. 누구나 참여하여 함께 만들고 누릴 수 있도록 한다. 6. 관련된 모든 부문이 연계하고 협력한다.

건강생활실천	정신건강 관리	비감염성 질환 예방관리
1. 금연 2. 절주 3. 영양 4. 신체활동 5. 구강건강	6. 자살 예방 7. 치매 8. 중독 9. 지역사회 정신건강	10. 암 11. 심뇌혈관질환 12. 비만 13. 손상
감염 및 기후변화성 질환 예방관리	**인구집단별 건강관리**	**건강친화적 환경 구축**
14. 감염병 예방 및 관리 15. 감염병 위기 대비 대응 16. 기후변화성 질환	17. 영유아 18. 아동 청소년 19. 여성 20. 노인 21. 장애인 22. 근로자 23. 군인	24. 건강친화적 법제도 개선 25. 건강정보 이해력 제고 26. 혁신적 정보기술의 적용 27. 재원 마련 및 운용 28. 지역사회 자원 확충 및 거버넌스 구축

건강수명: 기대수명에서 질병이나 부상으로 활동하지 못한 기간(유병기간)을 뺀 기간으로, '단순히 얼마나 오래 사는가'가 아닌 '얼마나 건강하게 오래 사는가'를 나타내는 지표

2) 식품소비행태조사

한국농촌경제연구원은 객관적이고 신뢰할 수 있는 식품 소비 통계를 구축하기 위해 2013년부터 '식품소비행태조사'를 실시하고 있다. 가구 내 식품 소비, 외식 행태, 라이프 스타일, 농식품 소비자 역량, 식품 표시 · 안전성 등 식생활 인식, 코로나19 종식 이후 소비행태 변화를 조사하였다. 농림축산식품부 등 정부의 식품 관련 정책 수립과 기업의 시장 분석을 위한 기초자료로 유용하게 활용하는 데 목적이 있다.

3) 식품소비행태조사의 식생활 조사

한국농촌경제연구원에서는 식품 구입 행태 관련 조사로 다음과 같이 구성되어 있다. 식생활(식품소비, 영양, 건강 관련)에 대한 소비자 인식, 식품 구입 및 소비 실태, 소비자 특성 평가, 외식 소비 행태, 식생활 만족도 평가, 식생활 교육 및 홍보 현황, 주요 정책 인식 및 평가, 농식품 소비자 역량지수로 구성되어 있으며, 대상 식품은 식품군별 조사를 기본으로 하며 최근 새로운 트렌드로 주목되고 있는 인터넷 구입, 친환경 식품, 건강기능식품, 배달 및 테이크 아웃에 대한 구입 행태를 구분하여 조사한다.

2 국민건강영양조사

1) 식품섭취 실태

곡류 섭취량(1세 이상)은 2022년 남자 290g, 여자 217g으로 남녀 모두 2021년 대비 섭취량이 감소하였다. 과일류 섭취량(1세 이상)은 남자 117g, 여자 131g으로 2021년도 대비 증가하였다. 육류 섭취량(1세 이상)은 남자 152g, 여자 97g으로 2013년 이후 증가하였다.

그림 2-2 식품군별 섭취량 추이

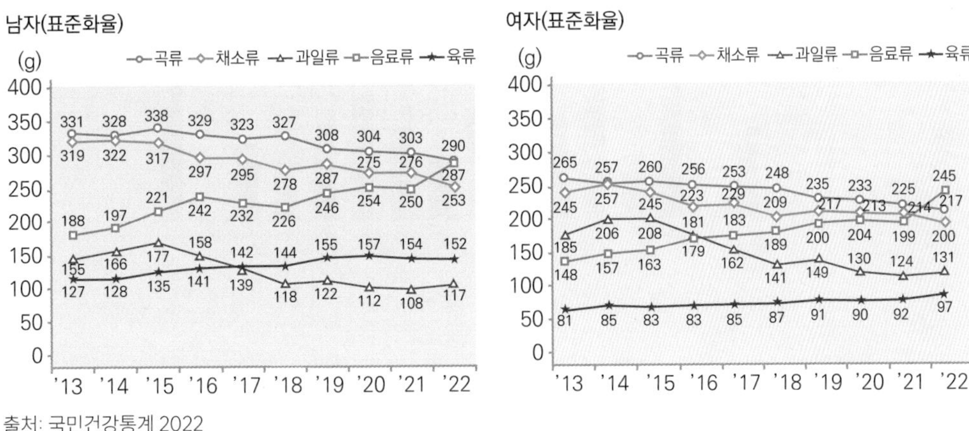

출처: 국민건강통계 2022

2) 에너지 및 영양소 섭취량

에너지 섭취량(1세 이상)은 2022년 남자 2,088kcal, 여자 1,557kcal으로 2021년과 유사했고, 이는 에너지 필요추정량의 각각 91.6%, 86.7% 수준이었다. 에너지는 섭취기준(필요추정량) 대비 남자 92%, 여자 87%를 섭취했다. 나트륨은 섭취기준(만성질환위험감소섭취량)을 초과하여 섭취했으나, 칼슘, 비타민 A는 섭취기준(권장 섭취량) 대비 섭취비율이 낮았다.

그림 2-3 영양소별 영양소 섭취기준에 대한 섭취비율

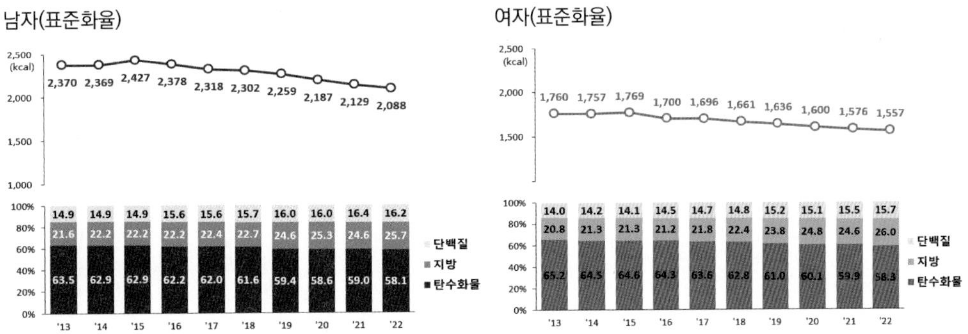

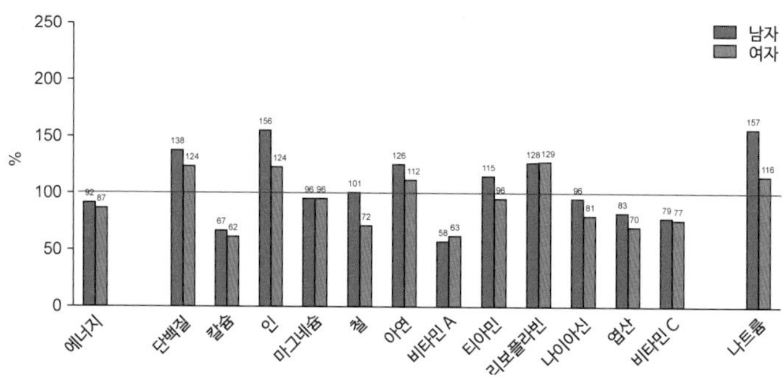

⁎ 영양소 섭취기준에 대한 섭취비율: 영양소 섭취기준에 대한 개인별 영양소 섭취량 백분율의 평균값, 만 1세 이상 2005년 추계인구로 연령표준화
영양소 섭취기준: 2020 한국인 영양소 섭취기준(보건복지부,2020); 에너지-필요추정량;단백질,칼슘 등-권장 섭취량;나트륨-만성질환위험감소섭취량

출처: 2022년 국민건강통계, https://knhanes.kdca.go.kr/
작성부서: 질병관리청 만성질환관리국 건강영양조사분석과

그림 2-4 연도별 포화지방산 1일 섭취량

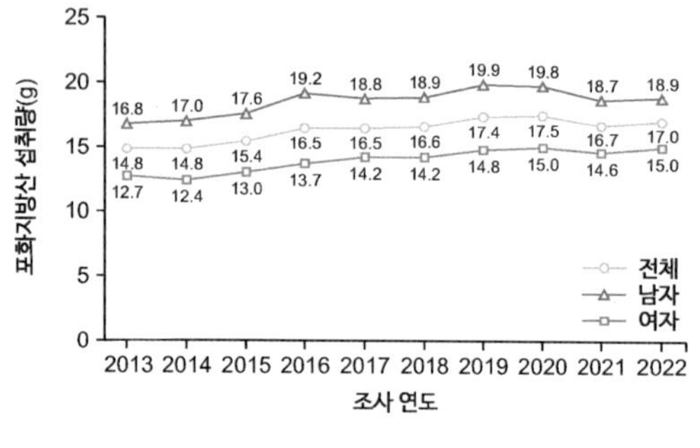

그림 2-5 연령별 포화지방산 1일 섭취량(2022년)

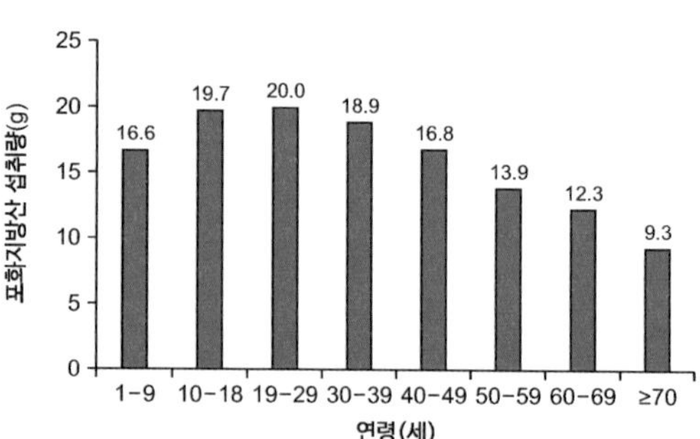

⁎ 포화지방 1일 섭취량: 식품으로부터 섭취한 포화지방산 섭취량(g)의 합, 만 1세 이상
위 그림의 연도별 지표값은 2005년 추계인구로 연령표준화

출처: 2022년 국민건강통계, https://knhanes.kdca.go.kr/
작성부서: 질병관리청 만성질환관리국 건강영양조사분석과

그림 2-6 나트륨 섭취량 추이

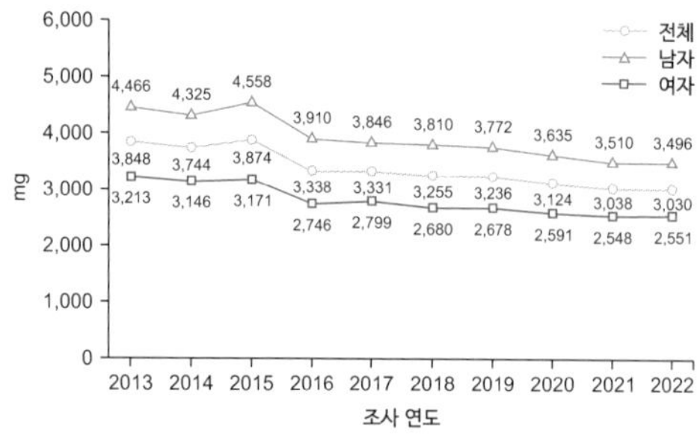

그림 2-7 연령별 나트륨 섭취량(2022년)

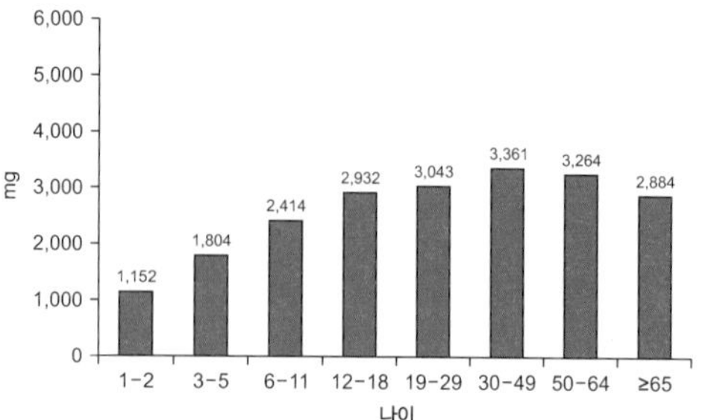

⁎ 위 그림의 연도별 섭취량은 2005년 추계인구로 연령표준화

출처: 2022년 국민건강통계, https://knhanes.kdca.go.kr/
작성부서: 질병관리청 만성질환관리국 건강영양조사분석과

3) 식생활

최근 불규칙적인 식사 습관, 서구형 식문화에 따른 국민영양 및 건강문제가 국가적 이슈로 대두되고 있다. 그중 아침식사와 관련하여 다양한 연구결과를 통해 성장기에서부터 성인, 장년까지 다양한 연령층에서 건강과의 중요한 연관성이 나타나기 때문에 국민건강영양조사에서 건강한 식생활의 중요한 지표로 조사하고 있다.

2022년 국민건강영양조사 결과 아침식사 결식률(1세 이상)은 조사 2일 전 아침식사를 결식한 분율로 남자 35.2%, 여자 32.8%였으며, 성별에 관계 없이 19~29세에서 가장 높았다. 전체 비율은 2022년 34.0%로 2021년 31.7%에 비해 2.3%p 증가하였고, 다른 연령에 비해 만 19~29세가 가장 높았다. 2021년도에 비하여 코로나19 이후 결식률이 감소하였으나 2022년도에는 결식률이 증가한 것으로 나타났다.

그림 2-8 아침식사 결식률 및 하루 1회 이상 외식률 추이

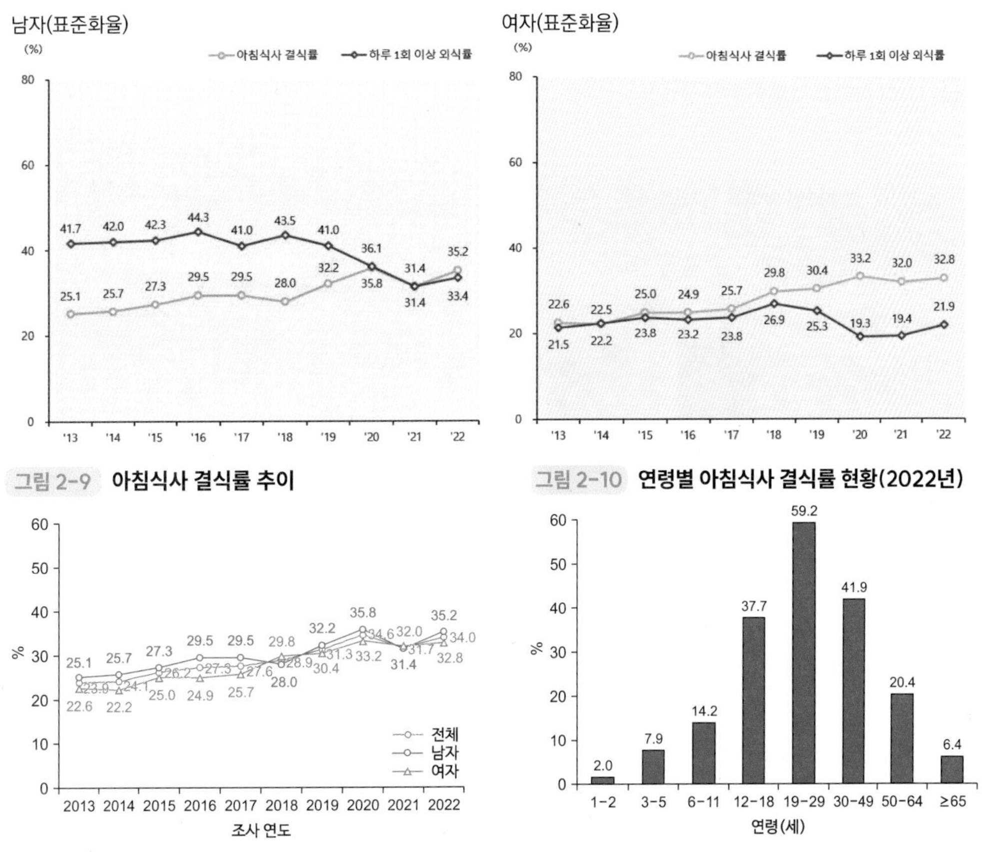

* 아침식사 결식률: (2013~2021년)조사 1일 전 아침식사를 결식한 분율, (2022년) 조사 2일 전 아침식사를 결식한 분율, 만 1세 이상 : 2022년 식품섭취조사 준거기간이 변경됨에 따라 지표정의가 변경되었으므로 추이 비교 시 유의 필요

출처: 2022년 국민건강통계, https://knhanes.kdca.go.kr/
작성부서: 질병관리청 만성질환관리국 건강영양조사분석과

그림 2-11 **성인이 식사를 거르는 이유**

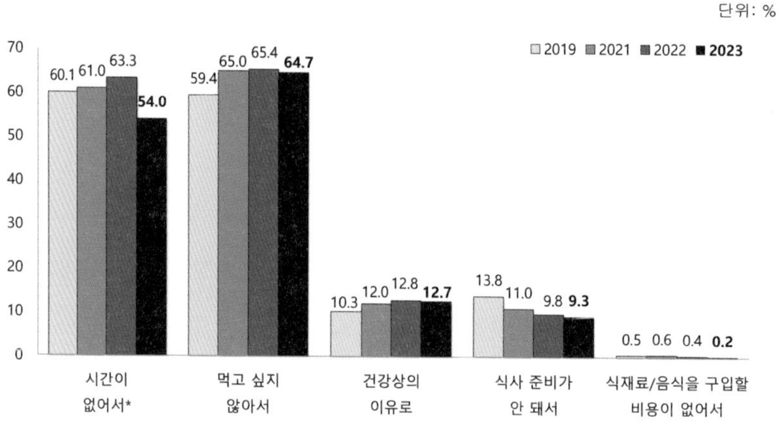

주 1) 복수 응답 허용함.
2) 식사를 지난 일주일간 한 번 이라도 거른 적이 있는 성인 2,282명을 대상으로 조사한 결과임.
3) *은 2022년 대비 2023년의 결과가 95% 신뢰수준에서 유의한 차이가 있는 것으로 나타남.

청소년을 대상으로 식사를 거르는 이유를 설문한 결과 '시간이 없어서(66.1%)', '먹고 싶지 않아서(57.8%)'라고 응답하였다.

그림 2-12 **청소년이 식사를 거르는 이유**

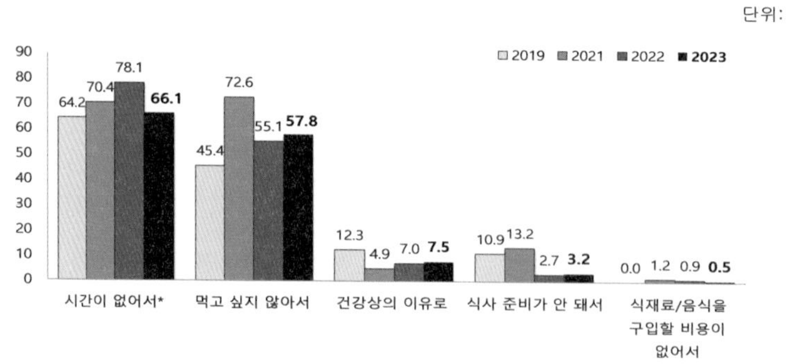

주 1) 복수 응답 허용함.
2) 식사를 지난 일주일간 한 번 이라도 거른 적이 있는 청소년 244명을 대상으로 조사한 결과임.
3) *은 2022년 대비 2023년의 결과가 95% 신뢰수준에서 유의한 차이가 있는 것으로 나타남.

국민건강영양조사에서는 외식을 "가정에서 조리한 음식 외 모든 음식"으로 정의하고 음식업소 음식, 배달, 포장 음식, 단체급식 등을 모두 포함하고 있다.

하루 1회 이상 외식을 하는 분율(1세 이상, 표준화)은 2019년 이후 감소 경향이었으나 2022년에 다시 증가하여 27.7%이었고, 남자(33.4%)가 여자(21.9%)에 비해 높았다. 하루 1회 이상 외식률은 코로나19 유행 전 지속적으로 증가하였으나, 코로나19 유행 후인 2020년 28.0%로 2019년 33.3% 대비 큰 폭으로 감소하였다. 하루 1회 이상 외식률 감소 이유를 파악하기 위해 식품섭취조사 자료를 활용하여 확인한 결과, 단체급식과 음식업소 음식을 하루 1회 이상 섭취한 경우는 감소한 반면, 가정 내에서 포장, 배달 음식과 라면, 밀키트 등 편의식품 등을 섭취한 경우가 증가한 것으로 나타났다.

그림 2-13 **하루 1회 이상 외식률**

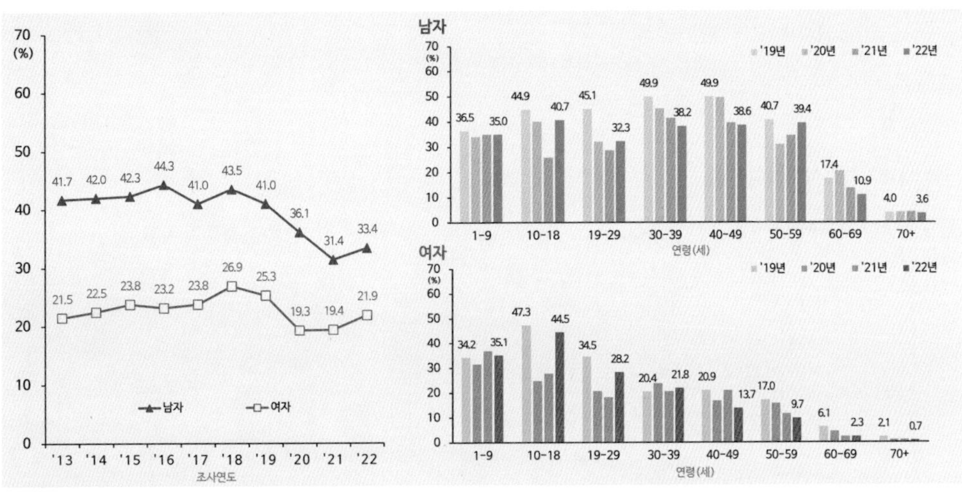

* 자료원: 국민건강영양조사, 만 1세 이상
* 하루 1회 이상 외식률: 외식빈도가 하루 1회 이상인 분율
* 연도별 추이: 2005년 추계인구로 연령표준화

1년간 2주 이상 식이보충제를 복용한 분율(1세 이상, 표준화)은 2022년 남자 63.0%, 여자 71.5%로 2021년과 유사했다. 식이보충제 복용 경험률은 코로나19 유행과 무관하게 지속적으로 증가했다.

이에 2022 국민건강영양조사 결과에서는 2021년도(남성 38.3%, 여성 52.7%)에 비하여 남녀 모두 2022년에는 건강식생활실천율이 증가(남자 42.9%, 여자 56.1%)했고, HP 2030 목표인 50.6%를 달성하여 건강한 식생활을 실천할 수 있도록 국가 차원에서 정책적 사항들을 실생활에 적용할 수 있도록 마련했다.

그림 2-14 식이보충제 복용 경험률

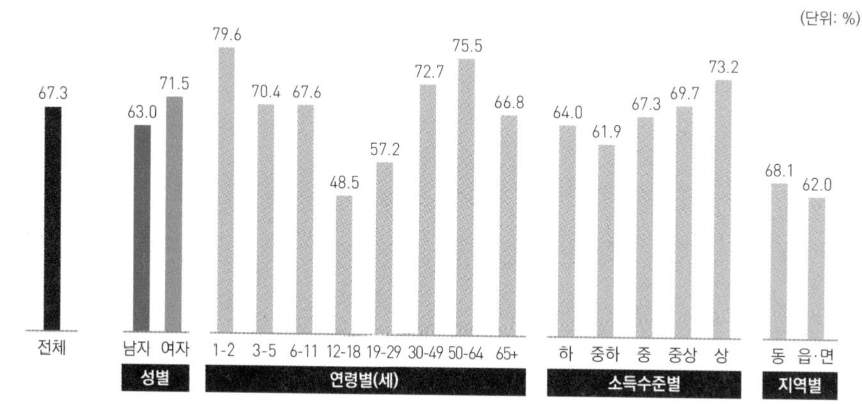

* 식이보충제 복용 경험률: 최근 1년 동안 2주 이상 지속적으로 식이보충제를 복용한 분율
* 2005년 추계인구로 연령표준화
* 소득수준: 월가구 균등화 소득(월가구소득/ 가구원수)을 성별·연령별(5세 단위) 오분위로 분류

그림 2-15 건강식생활실천율

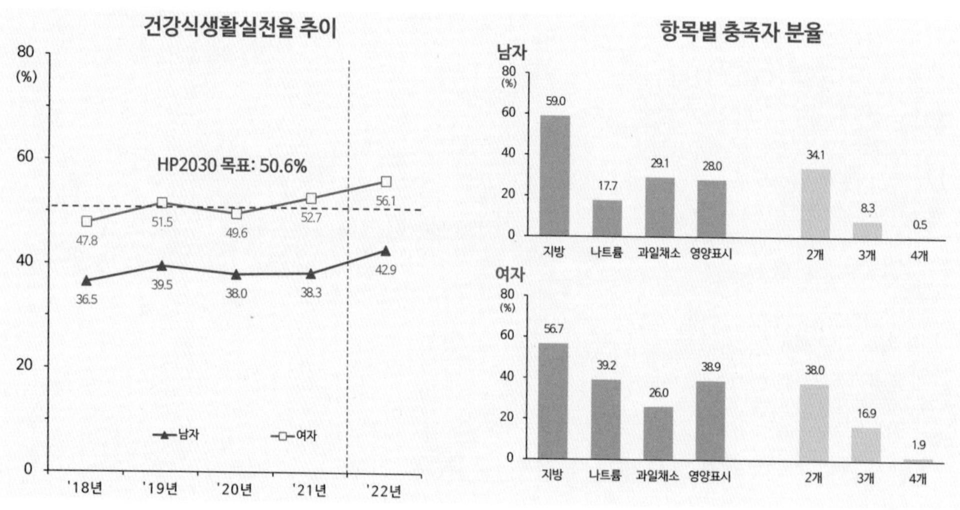

* 자료원: 국민건강영양조사, 초등학생 이상
* 건강식생활실천율: 지방,나트륨, 과일 및 채소, 영양표시 4개 지표 중 2개 이상을 만족하는 응답자 수
  ①지방 적정(에너지 적정비율 이내) 섭취, ②('18~'21년) 나트륨 목표섭취량 미만 섭취: ('22년) 나트륨 만성질환 위험감소 섭취량 미만 섭취, ③ 1일 과일 및 채소 500g 이상 섭취, ④ 가공식품 선택 시 영양표시 이용
* 연령별 추이: 2005년 추계인구로 연령표준화

알아두기

√ 국민건강증진 종합계획 2020(HP 2020, Health Plan 2020)

첫 번째, 지방 섭취율이 에너지 섭취분율에 비하여 적정 수준 내(19세 이상 15~25%)에 해당하거나
두 번째, 나트륨의 1일 섭취량이 2,000mg 이하일 경우,
세 번째, 1일 과일류와 채소류 섭취량의 합계가 500g 이상일 때,
네 번째, '가공식품 선택 시 영양표시를 읽는다'에 '예'로 응답한 대상자
위의 4가지 중에서 2개 이상을 만족할 때 건강 식생활을 실천한다고 평가했다.

식품과 영양

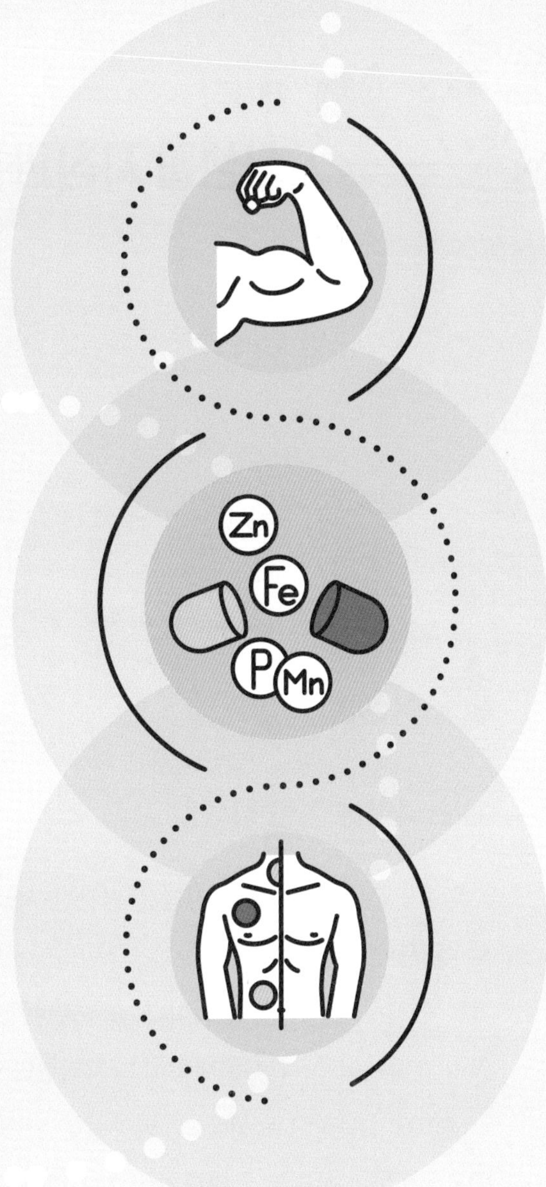

제3장

식생활 지침과 한국인 영양소 섭취기준

제3장 —

식생활 지침과 한국인 영양소 섭취기준

1 식생활 지침

1) 한국인을 위한 식생활 지침

한국인을 위한 식생활 지침은 건강한 식생활을 위해 국민들이 쉽게 이해할 수 있고 일상생활에서 실천할 수 있도록 「국민영양관리법」 제14조 및 동법 시행규칙 제6조에 근거하여 제시하는 권장 수칙이다. 2015년에 [국민공통 식생활 지침]으로 발표되었던 수칙이 개정되어 2021년에 새롭게 제시되었다.

총 9개의 문항으로 식품 및 영양섭취, 식생활 습관, 식생활 문화 분야의 수칙을 도출했고, 건강한 식생활과 관련하여 강조하고 있는 정책적 사항들을 실생활에 적용할 수 있도록 마련했다.

(1) 식품 및 영양섭취 관련 지침

식품 및 영양섭취와 관련한 지침으로는 만성질환을 예방하기 위해 균형 있는 식품 섭취, 채소 · 과일 섭취 권장, 나트륨 · 당류 · 포화지방산 섭취 줄이기 등을 강조한다. 만성질환 유발과 관련된 영양섭취의 불균형 문제는 지속되고 있어 이와 같은 지침으로 예방과 개선이 필요하다.

(2) 식생활 습관 관련 지침

우리나라 성인 및 아동 · 청소년의 비만율은 증가하고 있으며, 그에 비하여 신체활동, 아침식사 결식률, 음주율은 개선되지 않아, 지속적인 관리가 필요한 실정이다.

표 3-1 식생활 습관 지침에 따른 변화 현황

항목	현황
성인 비만 유병률	'14년 30.9% → '19년 33.8% (질병관리청, 2020)
아동·청소년 비만율	'15년 11.9% → '19년 15.1% (교육부, 2020)
유산소 신체활동 실천율	'14년 58.3% → '19년 47.8% (질병관리청, 2020)
아침식사 결식률	'14년 24.1% → '19년 31.3% (질병관리청, 2020)
고위험음주율	'14년 13.5% → '19년 12.6% (질병관리청, 2020)

출처: 한국의료패널 심층분석 보고서, 한국보건사회연구원

특히 비만은 발병 이전에 예방 · 관리하는 것이 가장 효과적인 대책으로 올바른 식습관과 꾸준한 신체활동이 필요하다. 코로나19로 인한 새로운 일상 속에서 건강한 생활을 독려하기 위해 쉽게 실천할 수 있는 방법을 제시했다.

 **알아두기**

✓ 만성질환 위험 인자

- 에너지 및 지질 섭취
- 곡류와 식이섬유의 섭취 부족
- 칼슘 섭취 부족
- 비타민과 무기질 섭취 부족
- 잘못된 생활습관, 스트레스
- 짠 음식과 절인 식품 섭취
- 알코올 섭취, 흡연
- 유전, 연령

(3) 식생활 문화 관련 지침

코로나19 이후 위생적인 식생활 정착, 지역 농산물 활용을 통한 지역 경제 선순환 및 환경 보호를 강조하였다. 1인 가구 등 전통적 가족의 식생활과는 많이 달라진 식형

태에 따라 음식물 쓰레기 배출량은 2013년 12,501톤/일에서 2019년 14,314톤/일로 나날이 증가하고 있다. 이에 따라 정부는 '식사문화 개선 추진 방안'을 수립하여 식사문화 인식 전환을 도모하고 있다. 더불어 농식품부 · 식약처는 음식 덜어먹기 확산을 위한 '덜어요' 캠페인을 실시 중이며, 식약처는 남은 음식 싸주기 등 음식물쓰레기 줄이기 운동을 음식문화 개선사업의 일환으로 추진하고 있다.

또한 농식품부는 지역에서 생산된 농산물(로컬푸드)을 기반으로 하는 지역 푸드플랜을 통해 지역경제 활성화와 함께 신선한 먹거리 제공, 푸드 마일리지 감소 등 환경보호를 추구하고 있다.

푸드 마일리지(Food Mileage): 산지에서 생산된 농·축·수산물이 이 먹거리를 이용하는 최종 소비자에게 도달할 때까지 이동한 거리

2) 한국인을 위한 식생활 세부 지침

(1) 매일 신선한 채소, 과일과 함께 곡류, 고기·생선·달걀·콩류·우유·유제품을 균형 있게 먹자

우리나라 1인 1일당 식품군별 섭취량을 분석한 결과 남성, 여성 모두 채소류 · 과일류 섭취는 감소하는 반면, 음료류 · 육류 섭취는 증가하는 것으로 나타났다.

탄수화물, 단백질, 지방, 비타민, 무기질이 균형을 이루는 식단과 더불어 물을 적절하게 섭취하여 균형 잡힌 식생활을 실천할 수 있도록 관리하는 것이 가장 바람직하다. 특히 성장기의 어린이, 청소년들이 편식하지 않도록 주의하여야 한다.

그림 3-1 **식품별 섭취 권장량**

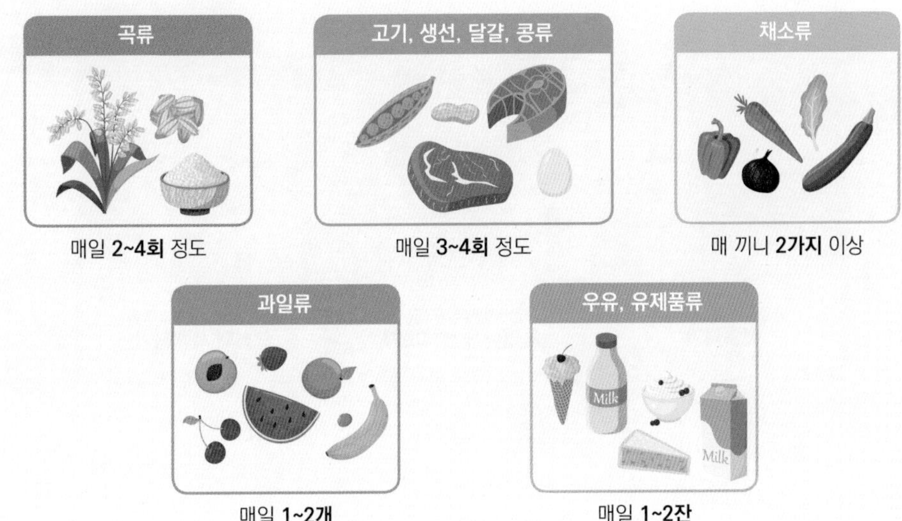

출처: 대한영양사협회, 서울시 식생활종합지원센터

(2) 덜 짜게, 덜 달게, 덜 기름지게 먹자

① 나트륨

나트륨을 지나치게 많이 섭취하면 만성질환인 고혈압과 암의 발병과 관련있으며, 체내 칼슘의 배설을 촉진하여 골다공증 발병률도 높인다. 특히 가공식품에 첨가되는 나트륨의 약 90%는 소금의 형태이고, 이 외에도 맛이나 보존성, 발색 등을 위해 넣는 첨가제도 대부분 나트륨을 함유하고 있다. 따라서 가공식품보다는 가급적 자연식품을 선택하고 화학조미료를 줄이는 것이 좋다. 또한 김치는 되도록 싱겁게 만들어 먹고 조리 시 소금이나 간장의 양을 줄이고 허브나 마늘, 레몬즙, 겨자 등의 향신료를 이용하도록 한다.

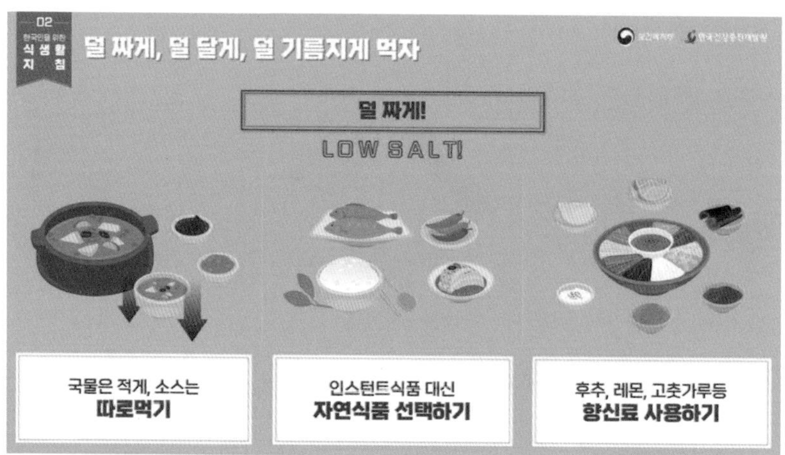

출처: 보건복지부, 한국건강증진개발원

② 당류

당류는 탄수화물의 기본 구성 요소로서, 과일류, 우유류 등 가공하지 않은 천연 식품에 존재하며 조리 · 가공과정에서 단맛을 첨가하거나 저장성을 높이기 위해 사용되는 영양소이다. 당류를 과량 섭취하면 비만, 당뇨병 등의 발생 위험이 높아지는 것으로 알려졌다. 따라서 한국인 영양소 섭취기준에서는 당 섭취량이 전체 에너지 섭취량의 20%가 넘지 않도록 권고하고 그중 첨가당은 10% 이내로 섭취하도록 하고 있다.

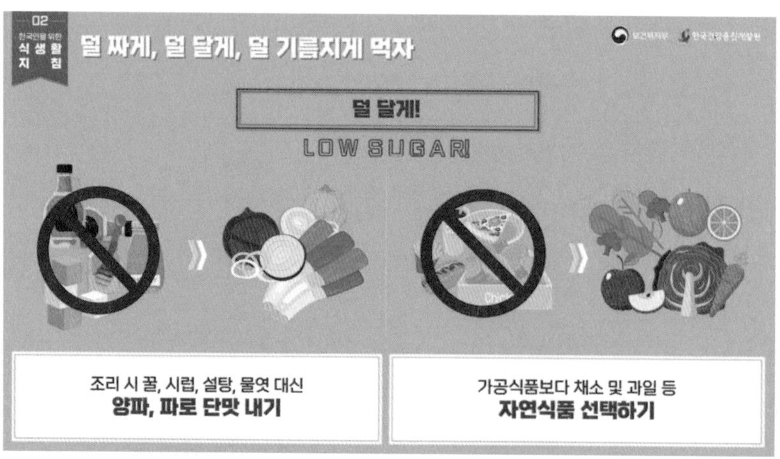

출처: 보건복지부, 한국건강증진개발원

③ 지방

지방은 체내에서는 에너지를 공급하고 저장하는 주요 영양소일 뿐 아니라 지용성 비타민의 흡수를 돕고 체온 보존과 장기 보호 등을 포함한 각종 조절 역할을 영양소다. 그러나 단위 중량당 생산할 수 있는 에너지양이 높아 비만 관리를 위해 섭취량 조절이 필요한 영양소로 알려져 있다. 특히, 지방은 포화지방, 트랜스지방 등 지방산의 종류에 따라 심뇌혈관계 질환이나 암의 위험요인이 될 수 있기 때문에 지방 섭취량 혹은 섭취 비율이 중요하다.

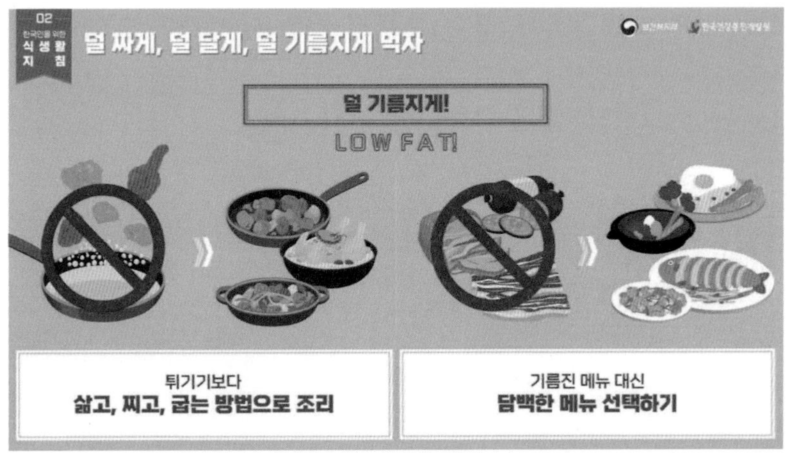

출처: 보건복지부, 한국건강증진개발원

(3) 물을 충분히 마시자

수분은 체중의 60~65% 정도를 차지하는 인체의 기본 구성 요소로서 체내 수분 불균형은 건강에 여러 악영향을 미치기 때문에 물을 충분히 섭취하는 것이 중요하다.

(4) 과식을 피하고, 활동량을 늘려서 건강체중을 유지하자

과식은 생리적 요구량 이상으로 음식물을 섭취하면서 남은 에너지가 지방으로 쌓여 비만을 유발한다. 비만은 만성질환 발생의 중요 원인으로 가공식품 섭취의 증가와 영양의 과잉 섭취, 신체활동의 부족 등으로 발생한다. 기대수명이 늘어가는 상황에서 실

질적인 삶의 질 향상을 위해서도 적극적인 비만관리가 필요하다. 즉, 건강체중을 유지하기 위한 식사 관리와 함께 운동이 필수적이다.

(5) 아침식사를 꼭 하자

아침식사를 거르는 것은 여러 생애주기에 걸쳐 다양한 건강상 문제와 관련이 있다. 어린이 및 청소년의 경우 신체 성장 및 발달에 영향을 미칠 수 있으며, 학업 성취도가 낮아질 수 있다. 또한 아침을 거르면 다음 식사에서 과식을 하거나, 칼로리가 높은 간식을 먹을 가능성이 커져 비만의 위험이 증가할 수 있다. 성인의 경우 아침을 먹지 않으면 하루를 시작하는 데 필요한 에너지를 얻지 못해 피로감과 무기력함을 느낄 수 있으며, 노인은 식욕이 감소하는 경향이 있는데, 아침식사를 거르면 하루 전체의 영양소 섭취가 더욱 부족해질 수 있다.

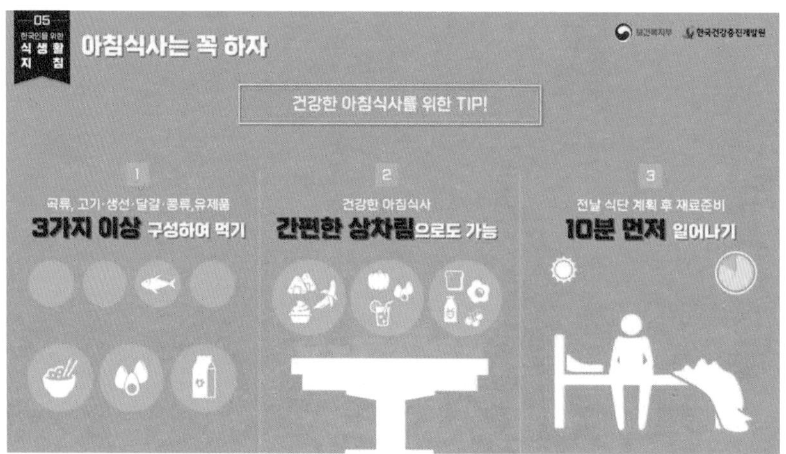

(6) 음식은 위생적으로, 필요한 만큼만 마련하자

우리 주변에서 식생활을 위협하는 여러 가지 요소들 중 식품으로 인한 피해는 생명과 건강에 직접적인 영향을 주므로 식품의 구입부터 시작해서 보관과 조리에 이르기까지 반드시 위생적으로 처리해야 한다. 음식물 쓰레기를 줄이기 위하여 각 가정에서는 적당량을 구매하여 조리하고 외식을 하는 경우 덜어먹거나 남는 음식을 가져오는 것도 좋은 방법이다.

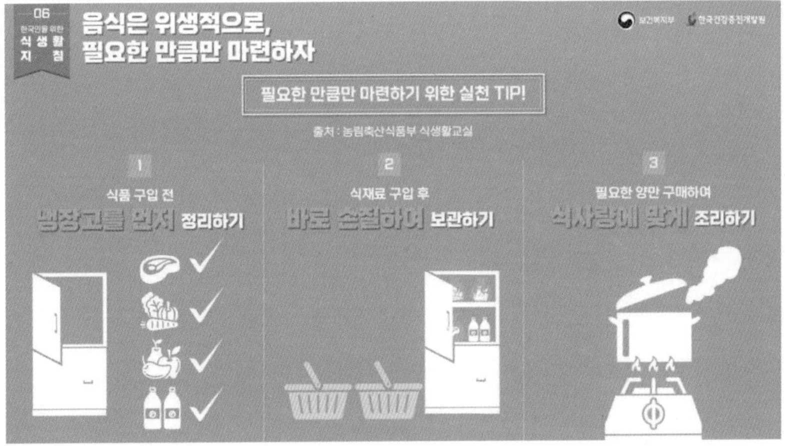

(7) 음식을 먹을 땐 각자 덜어 먹기를 실천하자

음식을 각자 덜어 먹어야 하는 이유는 다양하다. 먼저 건강과 위생 때문인데, 한 그릇에 담은 음식을 함께 먹으면 각자의 숟가락이나 젓가락이 음식에 반복적으로 닿아 교차 감염의 위험이 높아진다. 특히 감염병이 유행하는 시기에는 질병을 예방하기 위하여 따로 덜어 먹는 것이 중요하다. 또 다른 이유는 각자 필요한 만큼 덜어 먹으면 먹는 양을 조절하기 쉬워 과식을 방지할 수 있으며 음식물 쓰레기가 줄어들어 환경 보호에도 기여할 수 있다.

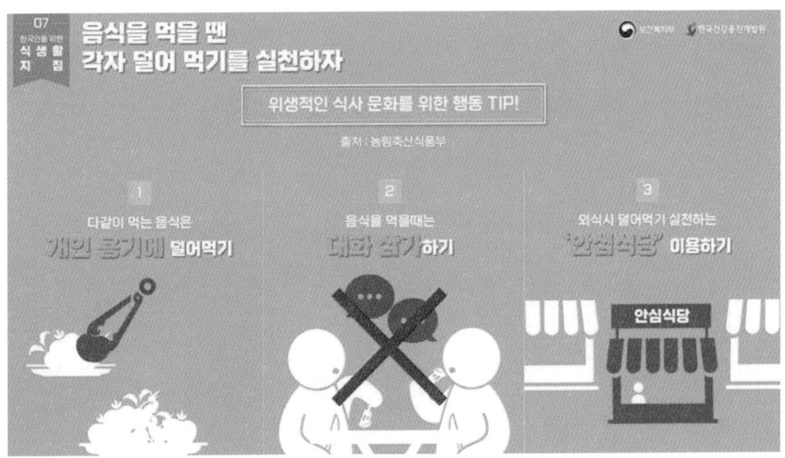

(8) 술은 절제하자

세계보건기구의 2019년도 통계에 따르면, 한국인의 연간 알코올 소비량은 8.7L로 일본 7.1L, 이탈리아 7.7L보다도 많은 양을 소비하는 것으로 나타났다. 더욱 문제는 점점 늘어가고 있는 청소년의 음주이다. 2022년 청소년 건강행태 조사 결과를 보면, 현재 우리나라 10대 청소년의 음주율은 코로나19 이후 눈에 띄게 증가하였고, 1회 평균 음주량이 중등도(남자 소주 5잔, 여자 3잔) 이상인 위험 음주율도 모두 증가하였다.

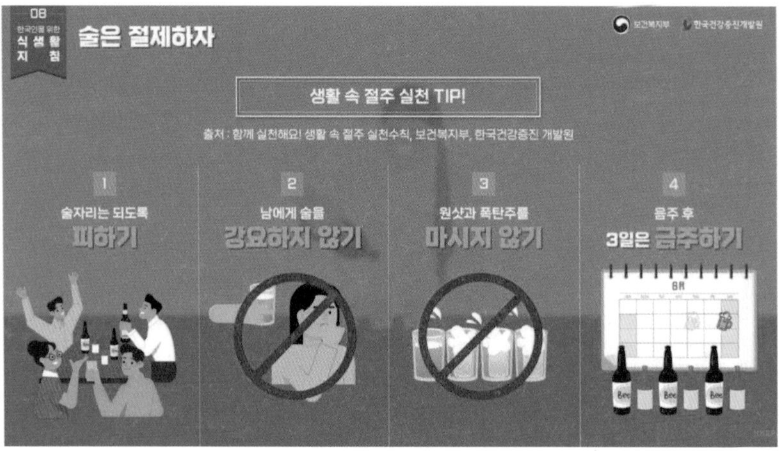

(9) 우리 지역 식재료와 환경을 생각하는 식생활을 즐기자

1990년대 초 유럽에서는 믿을 수 있고 안전한 식품을 원하는 소비자와 지역 농업의 지속적인 발전을 꾀하려는 생산자의 이해가 만나면서 로컬푸드 운동(Local Food Movement)이 시작되었다. 이는 지역에서 생산된 식품을 지역에서 소비하자는 운동으로 "농장에서 식탁까지", 생산지에서 소비자까지의 거리를 최대한 줄여 비교적 좁은 지역을 단위로 하는 농식품 수급 체계이다. 먼 거리 이동으로 발생하는 환경부담, 생산자와 소비자 간에 발생하는 경제적 차이 등 다양한 방면으로 식생활에 긍정적인 영향을 미치는 것으로 나타났다.

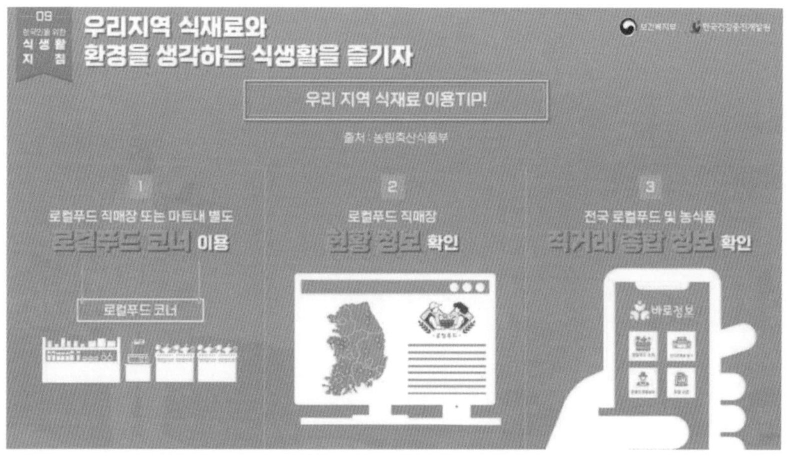

우리나라에서도 로컬푸드(LOCAL FOOD) 장거리 수송 및 다단계 유통과정을 거치지 않은 지역에서 생산된 농식품을 섭취할 수 있도록 지역별 로컬푸드 직매장 또는 마트 내 별도 로컬푸드 코너가 형성되었으며, 전국 로컬푸드 및 농식품 직거래 종합 정보 확인 로컬푸드를 이용하여 신선한 먹거리, 지역경제 활성화와 환경보호를 실천하고 있다.

2 한국인 영양소 섭취기준(KDRIs, Dietary Reference Intakes for Koreans)

우리나라의 영양소 섭취기준은 1962년 '한국인 영양권장량'이 설정된 이래로 2000년까지 7차례 개정되었고, 이후 2005년 필수 영양소 결핍 예방을 위해 제정해 오던 '영양권장량'으로 개정했다. 그 후 영양부족과 과잉섭취 문제를 예방하기 위한 기준이 모두 포함된 '한국인 영양섭취기준'이 제정된 후, 2010년 국민영양관리법이 제정됨에 따라 보건복지부 주관으로 한국영양학회에서 진행한 '2020 한국인 영양소 섭취기준'은 국민영양관리법에 근거하여 국민의 건강증진 및 만성질환 예방을 위한 에너지 및 각 영양소의 적정 섭취 수준, 특히 '만성질환 위험감소를 위한 섭취기준(CDRR, Chronic Disease Risk Reduction intake)'을 제시했다.

한국인 영양소 섭취기준은 건강한 개인 및 집단을 대상으로 하여 국민의 건강을 유지 증진하고 식사와 관련된 만성질환의 위험을 감소시켜 궁극적으로 국민의 건강수명을 증진하기 위한 목적으로 설정된 에너지 및 영양소 섭취량 기준이다. 2020 한국인 영양소 섭취기준에서는 안전하고 충분한 영양을 확보하는 기준치(평균필요량, 권장 섭취량, 충분 섭취량, 상한 섭취량)와 식사와 관련된 만성질환 위험감소를 고려한 기준치(에너지 적정 비율, 만성질환 위험감소 섭취량)를 제시하였고 만성질환 위험감소 섭취량은 2020 한국인 영양소 섭취기준에서 신규로 설정되었다.

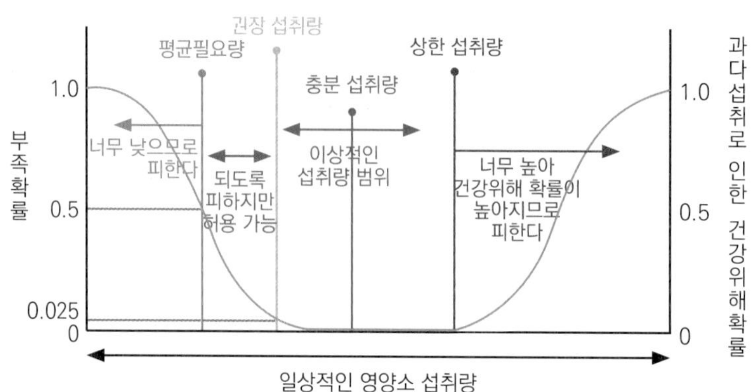

표 3-2 영양소 섭취기준의 구성과 개념

구성	개념
평균 필요량 (EAR)	• 건강한 사람들의 1일 영양 필요량의 중앙값 • 인구집단 절반의 1일 영양 필요량을 충족시키는 값
권장 섭취량(RNI)	• 평균 필요량에 표준편차의 2배를 더하여 정한 값(개인 차 감안) • 인구집단의 97.5%의 영양필요량을 충족시키는 값
충분 섭취량(AI)	• 평균 필요량을 산정할 자료가 부족하여 권장 섭취량을 정하기 어려운 경우에 제시하기 위한 값 • 건강한 인구집단의 영양섭취량을 추정 또는 관찰하여 정한 값
상한 섭취량(UL)	• 과량 섭취 시 독성을 나타낼 위험이 있는 영양소를 대상으로 선정 • 인체 건강에 유해한 영향을 나타내지 않을 최대 영양소 섭취수준
에너지 적정비율 (AMDR)	• 탄수화물, 지질, 단백질로 섭취하는 에너지가 전체 에너지 섭취량에서 차지하는 비율 • 에너지 영양소(탄수화물, 단백질, 지질) 공급에 대한 에너지 섭취 비율과 건강 관련성에 대한 과학적 근거로 설정
만성질환 위험 감소 섭취량 (CDRR)	• 만성질환 위험을 감소시킬 수 있는 최저 수준의 영양소 섭취량 • 만성질환과 영양소 섭취 간 연관성과 만성질환의 위험을 감소시킬 수 있는 구체적 섭취 범위 설정

자료: 보건복지부, 한국영양학회, 2020.

3 식품구성 자전거

식품구성 자전거는 한국인 영양소 섭취기준에서 권장 식사패턴을 반영한 균형잡힌 식단과 규칙적인 운동이 건강을 유지하는 데 중요하다는 것을 전달하기 위해, 많은 사람이 이해하기 쉽게 제시한 식품모형이다. 우리가 주로 먹는 식품들의 종류와 영양소 함유량, 기능에 따라 비슷한 것끼리 묶어 6가지 식품군으로 구분하고, 자전거 바퀴 모양을 이용하여 6가지 식품군의 권장 식사패턴에 맞게 섭취 횟수와 분량에 따라 면적을 배분하여 일반인들의 이해를 돕기 위해 개발되었다. 자전거 뒷바퀴의 식품군별 식품은 매일 다양한 식품군별 식품을 필요한 만큼 섭취하는 균형있는 식사의 중요성을, 자전거 앞바퀴의 물컵은 충분한 수분 섭취의 중요성을, 자전거에 앉아있는 사람은 규칙적인 운동을 통한 건강체중 유지의 중요성을 의미한다.

식품구성 자전거

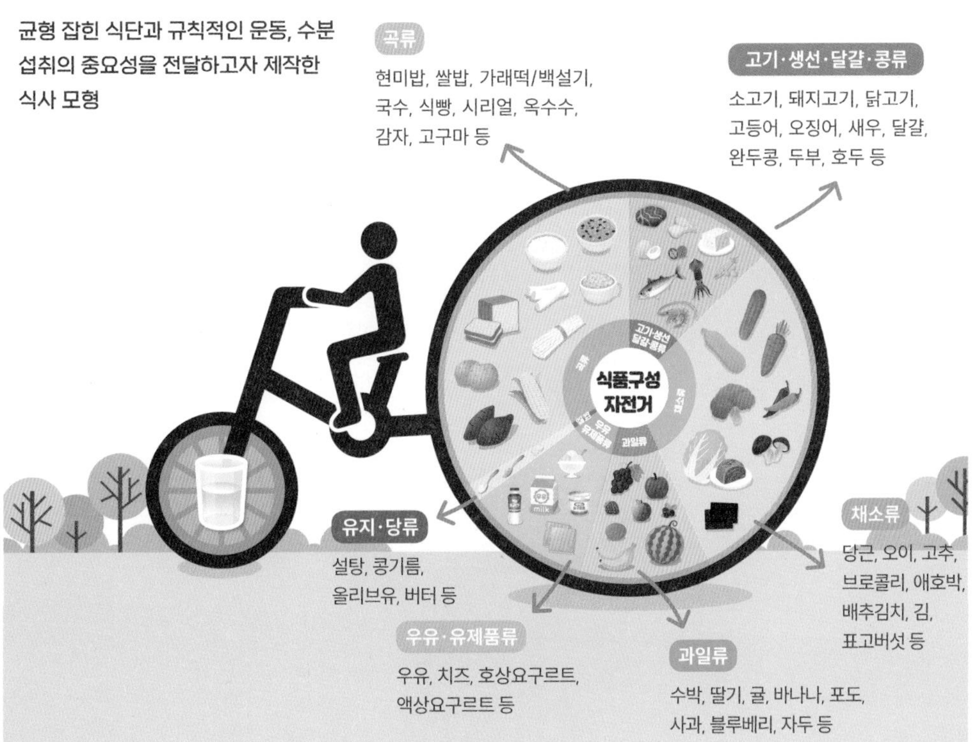

4 다른 나라의 식생활 지침

1) 미국의 식생활 지침

미국의 식생활 지침(Dietaryguidelines for Americans)은 미국 농무부(USDA)와 보건복지부(HHS)에서 공동으로 발간하고 미국인의 건강을 증진하고 만성질환을 예방하기 위해 균형 잡힌 식단을 권장한다.

(1) My Plate 구성 요소

- 과일(Fruits): 식단의 약 1/4을 차지하며, 다양한 과일을 포함한다.
- 채소(Vegetables): 식단의 약 1/4을 차지하며, 다양한 색상과 종류의 채소를 포함한다.
- 곡물(Grains): 식단의 약 1/4을 차지하며, 최소 절반은 통곡물로 구성한다.
- 단백질(Protein): 식단의 약 1/4을 차지하며, 다양한 단백질 식품을 포함한다.
- 유제품(Dairy): 식단의 한 부분으로, 주로 저지방 또는 무지방 유제품을 권장한다.

(2) My Plate의 주요 원칙

- 다양성: 다양한 종류의 식품을 섭취하여 영양소의 균형을 맞춘다.
- 적정량 섭취: 각 식품군에서 적정량을 섭취하여 과식하지 않도록 한다.
- 균형: 탄수화물, 단백질, 지방의 균형을 맞춰 섭취한다.
- 과일과 채소: 접시의 절반을 과일과 채소로 채워야 한다.
- 단백질: 다양한 단백질 식품을 포함하여 영양소를 균형 있게 섭취한다.
- 유제품: 칼슘과 비타민 D 섭취를 위해 유제품을 포함한다.

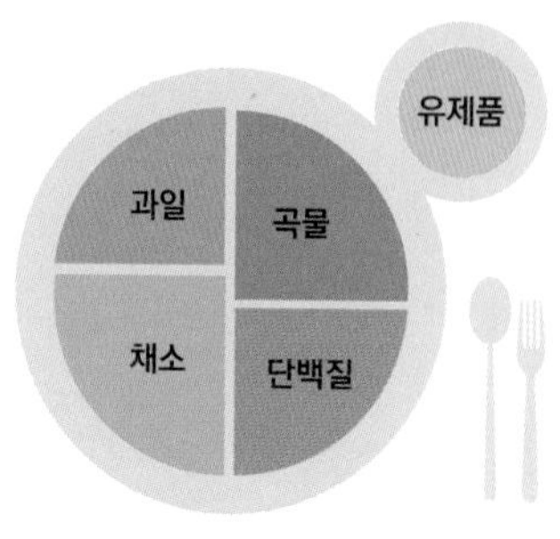

2) 일본의 식생활 지침

일본의 식생활 지침은 일본 정부가 국민의 건강 증진과 질병 예방을 위해 권장하는 식습관을 나타내며, 특히 "일본의 식사 밸런스 가이드"로 알려진 시각적 도구를 많이 사용한다.

식품군을 다양한 색상과 크기로 구분하여 균형 잡힌 식사를 실천할 수 있다. 일본의 식생활 지침은 다양한 식품군을 균형 있게 섭취하고 적절한 식사량을 지킬 것을 강조한다. 신선한 식품을 선택하고 식사 시간을 즐기는 것도 중요시한다.

(1) 일본의 식사 밸런스 가이드의 주요 원칙

- 주식(Main Staple): 밥, 빵, 면 등의 곡류로 구성되며, 하루에 필요한 에너지를 공급한다.
- 주찬(Main Dish): 생선, 고기, 달걀, 콩류 등 단백질이 풍부한 식품을 포함한다.
- 부찬(Side Dishes): 채소, 해조류, 버섯 등을 포함하여 비타민, 미네랄, 식이섬유를 공급한다.
- 과일(Fruits): 신선한 과일을 섭취하여 비타민과 무기질을 보충한다.
- 유제품(Dairy): 우유와 유제품을 섭취하여 칼슘과 비타민 D를 보충한다.
- 물과 음료(Water & Beverages): 충분한 수분 섭취를 권장하며, 물을 기본으로 하고 음료는 적절히 섭취한다.

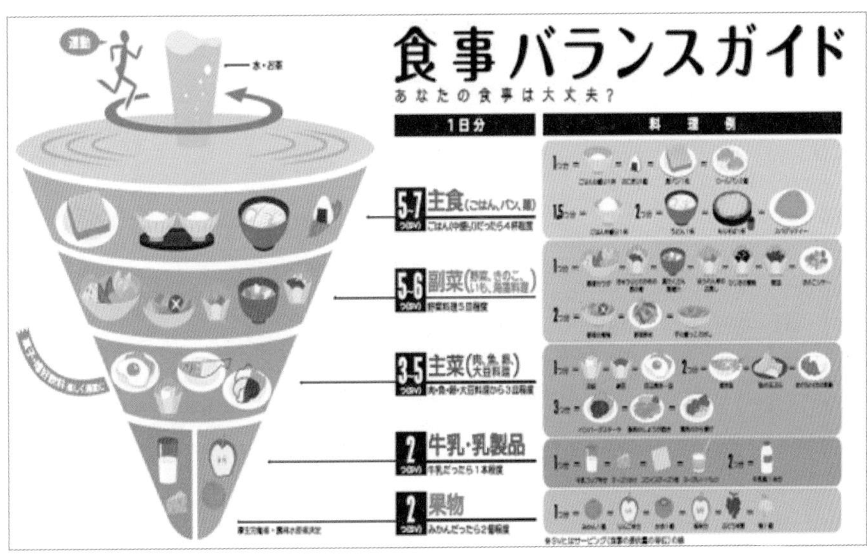

출처: The Eatwellguide -gOV.UK

3) 영국의 식생활 지침

영국의 식생활 지침은 'Eat well guide'로 알려져 있으며, 영국 국민의 건강한 식생활을 유지하도록 영국 보건국(NHS)에서 제공하는 권장 사항이다.

(1) Eat well guide의 주요 원칙

- 다양한 과일과 채소: 하루 최소 5인분의 다양한 과일과 채소를 섭취한다.
- 전분이 많은 탄수화물 식품: 식사의 주요 에너지원으로, 감자, 빵, 쌀, 파스타 등 전분이 많은 식품을 포함한다.
- 유제품과 그 대체품: 칼슘과 단백질을 제공하는 유제품을 포함한다.
- 단백질 식품: 고기, 생선, 콩류, 견과류 등 다양한 단백질 식품을 포함. 붉은 고기와 가공육의 섭취를 줄이고, 생선을 일주일에 최소 두 번 섭취한다.
- 지방과 기름: 식물성 오일과 스프레드를 적당히 섭취하고 불포화 지방이 포함된 제품을 선택한다.
- 수분 섭취: 하루 6~8잔의 수분을 섭취하며, 물과 무설탕 음료를 권장한다.

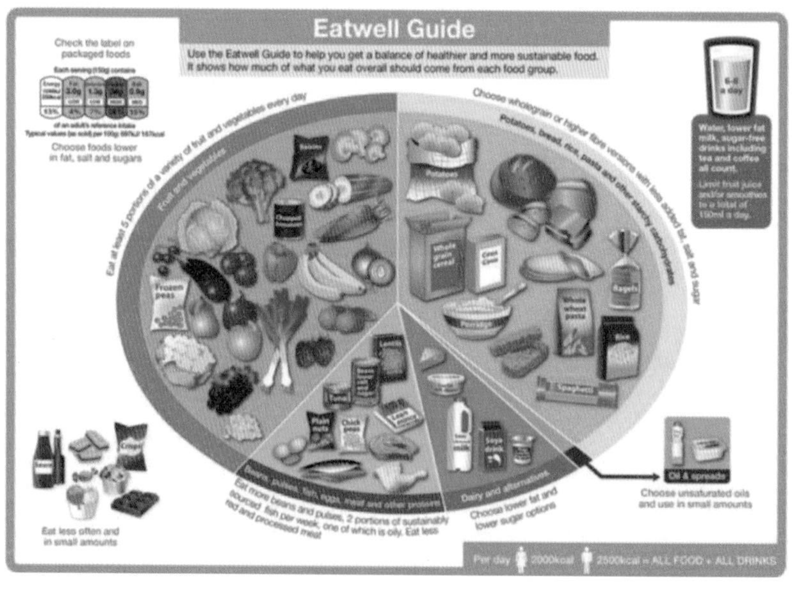

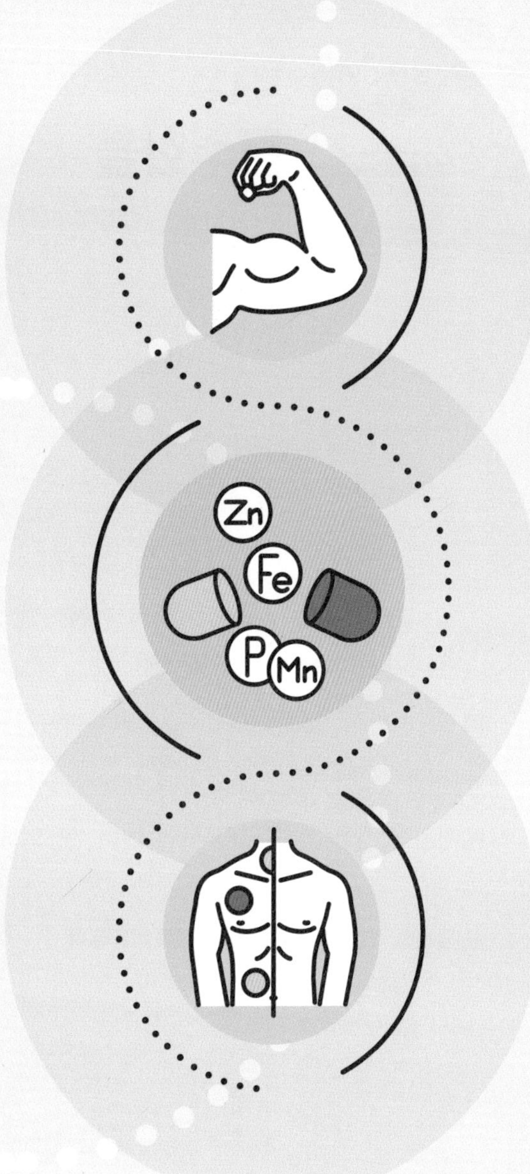

제4장

탄수화물

제4장 — 탄수화물

우리가 활동할 때 필요한 에너지는 체내에서 에너지를 내는 영양소로 탄수화물, 단백질, 지방이 있다. 이 중에서 탄수화물은 탄소, 수소, 산소로 구성된 유기물로 1g당 4kcal를 생성하며 세계 인구의 40%가 주식으로 이용하는 곡류의 주성분이다. 우리나라에서는 식사를 통해 일일 섭취 에너지양의 55~65% 정도를 탄수화물로 섭취하고 있다.

그림 4-1 **연차별 일일 탄수화물 섭취 비율 추이**

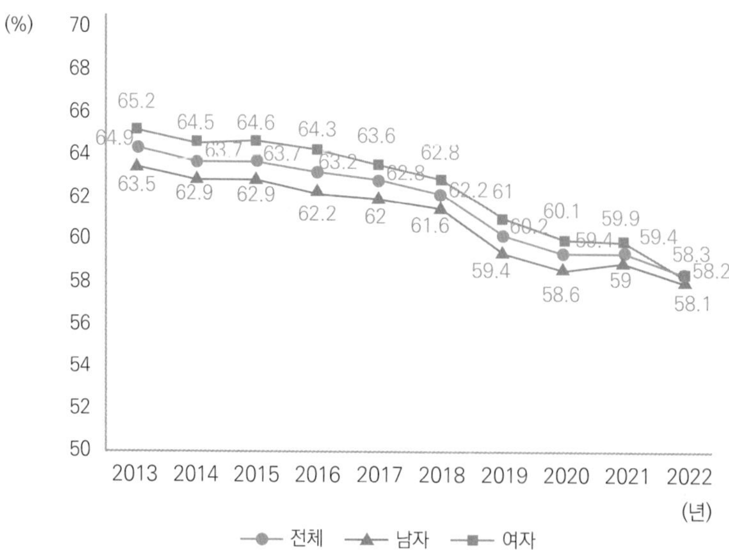

1 탄수화물의 종류

탄수화물은 당질이라고도 부르는데 기본 구성단위는 당으로, 구성당의 개수에 따라 단당류, 이당류, 올리고당, 다당류로 분류한다.

표 4-1 탄수화물의 분류

분류(DP)*		함유식품
단당류(1)	포도당	포도, 사과, 살구, 복숭아 등 과일류
	과당	꿀, 시럽
이당류(2)	맥아당	엿기름, 식혜
	유당	우유, 유제품
	자당	설탕, 시럽, 꿀
올리고당류 (3~9)	말토올리고당류	꿀, 된장(이소말토올리고당)
	기타 올리고당류	양배추(라피노스), 우엉, 양파(프락토올리고당)
다당류(>10)	전분	곡류(쌀, 보리, 밀), 서류(감자, 고구마), 콩류
	식이섬유소	채소류, 과일류, 콩류, 해조류 등

* DP(degree of polymerization): 중합도, 고분자를 이루고 있는 단위 물질수

1) 단당류

단당류는 탄수화물의 가장 기본적인 형태의 당으로 포도당(glucose), 과당(fructose), 갈락토오스(galactose)가 있다.

포도당은 과일, 꿀, 콘시럽, 당밀 등 자연계에 널리 존재한다. 특히 식물은 광합성으로 생성한 잉여의 포도당을 열매에 전분 형태로 저장하기 때문에 식물의 열매는 포도당이 다량 존재한다. 동물의 경우 혈액 중에 혈당을 유지하며, 잉여의 포도당은 간과 근육에 글리코겐 형태로 저장한다.

과당은 과일과 꿀에 많이 함유되어 있으며 단당류 중 단맛이 가장 강하다.

갈락토오스는 단독으로 자연계에 존재하지 못하고 포도당과 결합하여 유당 형태로 모유나 동물 유즙에 존재하며 한천이나 성게알 표면의 젤리, 달팽이 점액, 체내 뇌와 신경조직에 다량 분포한다. 식이를 통해 섭취한 갈락토오스는 체내에서 포도당으로 전환되어 에너지원으로 사용된다. 그러나 갈락토오스 분해효소가 유전적으로 결핍된 경우 갈락토오스가 혈액 내 축적되는 갈락토오스 혈증(galactosemia)을 유발하는데, 이때 발육부진, 구토, 황달, 설사 등의 증상이 나타나며 신생아의 경우 심각한 건강문제를 일으킬 수 있다.

2) 이당류

이당류는 두 개의 단당류가 글리코사이드 결합(Glycoside bond)으로 연결된 것으로 맥아당(maltose), 서당(sucrose), 유당(lactose)이 있다.

그림 4-2 단당류와 이당류 구조

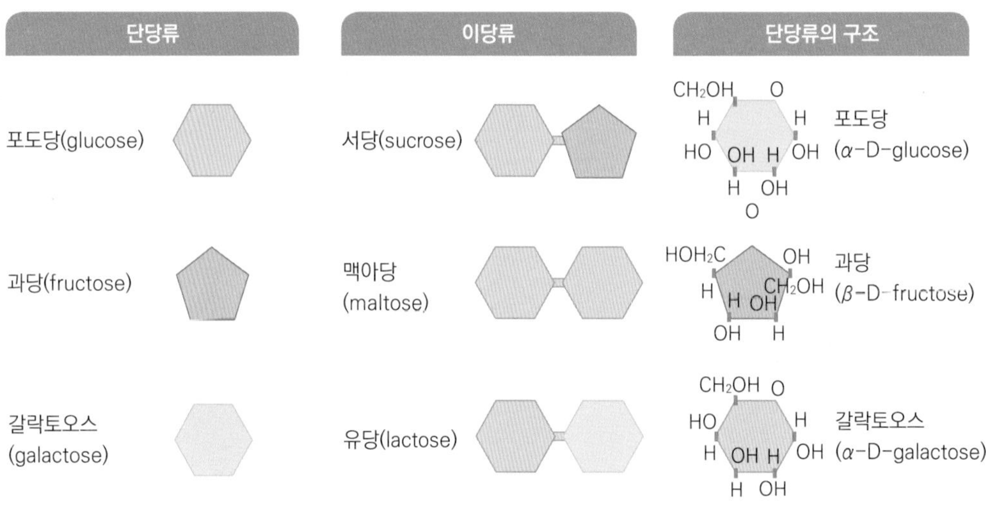

맥아당은 엿당이라고도 하며 두 개의 포도당이 결합된 형태로 식혜 단맛의 주성분이라 할 수 있다. 식혜는 밥과 엿기름물을 혼합하여 발효시켜 만드는데, 이때 엿기름 속에 전분을 맥아당으로 분해하는 효소(말타아제)가 다량 함유되어 있으므로 밥을 분해하

여 맥아당으로 만들기 때문에 식혜는 단맛을 낸다.

서당은 자당이라고도 하는데 포도당과 과당으로 구성되어 있으며 화학적으로 이성질체를 갖지 않기 때문에 당류 감미도의 기준(100)이 된다. 서당은 천연의 사탕수수와 사탕무에 많이 존재하므로 사탕수수와 사탕무는 설탕 제조에 이용된다. 백설탕은 정제 정도가 가장 높아서 당이 대부분을 차지하며 영양성분은 거의 없고 1g당 4kcal의 에너지만 제공하므로 과량 섭취 시 체중이 증가하고 구강 내 박테리아 증식에 의한 충치가 발생할 수 있다.

표 4-2 다양한 당제품의 영양성분

성분	백설탕	황설탕	흑설탕	꿀(아카시아)	물엿
에너지(kcal)	386	386	380	319	321
단백질(g)	0	0.03	0.12	0.12	0.02
지방(g)	0	0.01	0.02	0	0
탄수화물(g)	99.8	99.66	97.97	86.48	83.03
당류(g)	99.7	98.29	92.85	74.68	22.06
서당(g)	99.7	98.29	92.85	0	0
포도당(g)	0	0	0	27.8	0
과당(g)	0	0	0	46.88	0
유당(g)	0	0	0	0	0
맥아당(g)	0	0	0	0	22.06
갈락토오스(g)	0	0	0	0	0
칼슘(mg)	6	10	48	3	0
철(mg)	0.13	0.16	0.69	0.02	0
칼륨(mg)	1	8	94	20	0
나트륨(mg)	2	2	18	0	0
비타민 B_1(mg)	0	0	0	0.013	0.007
비타민 B_2(mg)	0	0	0	0.403	0

출처: 국가표준식품성분표, 농촌진흥청

유당은 포도당과 갈락토오스가 결합된 형태로 동물의 유즙에 존재한다. 영유아에게 우유나 모유는 식사이기 때문에 영양급원으로서 매우 중요하다. 우유나 모유를 먹으면 소장에서 락타아제(lactase, 유당분해효소)에 의해 유당은 포도당과 갈락토오스로 분해 및 흡수되어 체내에 열량을 공급하고 두뇌 발달, 칼슘 흡수 증진 등의 역할을 하며 장내 젖산균의 번식을 촉진하여 장내 정장작용에 도움을 준다. 분유는 모유에 비해 유당 함량이 적어서 유당을 첨가하는데 유당은 찬물에 잘 녹지 않기 때문에 분유는 뜨거운 물에 희석해야 한다.

알아두기

√ 우유를 마시면 배탈 나는 유당불내증(Lactose intolerance)

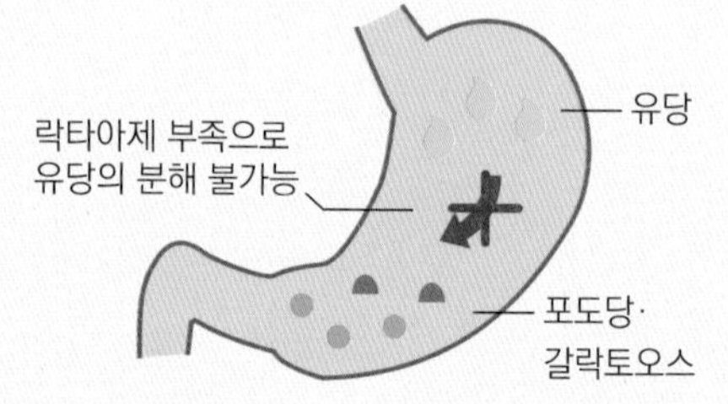

우유는 소장에서 락타아제(lactase)에 의해 분해되어 흡수된다. 유당불내증은 락타아제가 부족하여 유당이 제대로 분해·흡수되지 못하는 증상으로, 결국 대장에서 특정 장내세균에 의해 분해된다. 이 과정에서 탄산, 메탄, 수소 등의 가스가 발생하여 복부 팽만감, 가스, 설사, 위경련 등이 나타난다. 이는 전 세계 인구의 75%에서 나타날 정도로 흔한 증상으로 그 원인을 선천적 요인과 후천적 요인으로 나누어 생각해 볼 수 있다.

선천적 유당불내증

선천적으로 락타아제가 생성되지 않아 유당을 소화하지 못하는 것으로 우유나 모유를 주식으로 하는 영유아에게는 치명적이다.

후천적 유당불내증

포유류는 성장하면서 우유 섭취량이 줄어들기 때문에 락타아제 분비량이 서서히 감소하여 부족하거나 없어져 우유 섭취 시 유당을 소화하지 못한다.

유당불내증 대처방법

- 우유는 따뜻하게 데워 마시기: 따뜻한 우유의 유당은 서서히 장내 이동을 하므로 소화가 천천히 진행되게 한다.
- 락토프리 우유 섭취하기: 우유 내 유당을 락타아제로 분해시켜 유당을 제거한 우유를 섭취한다.
- 우유 대신 발효 유제품 섭취하기: 발효 중 유당이 일부 분해되므로 요구르트, 치즈를 섭취한다.
- 우유 대체품 섭취하기: 유당이 존재하지 않는 두유, 아몬드유 등의 우유 대체품을 섭취한다.

3) 올리고당

올리고당은 단당류가 3~10개 정도 글리코사이드 결합(Glycoside bond)으로 형성된 당으로 결합한 당의 개수에 따라 삼당류, 사당류, 오당류로 부르기도 한다. 일반적으로 우리가 식품에 사용하는 올리고당류는 프락토올리고당, 이소말토올리고당, 갈락토올리고당, 말토올리고당, 자일로올리고당, 혼합올리고당 등이 있는데, 현재 시판 올리고당 제품으로 많이 상용되는 것은 이소말토올리고당과 프락토올리고당이다. 올리고당은 체내에서 소화되지 못하고 장으로 이동하여 장내 젖산균의 먹이로 이용되기 때문에 젖산에 의해 낮은 pH 환경을 조성하여 장내 유해균 성장을 저해하며, 장연동운동 촉진과 변비예방에 도움을 준다. 또한 혈중 나쁜 콜레스테롤 수치를 낮추고 충치예방에 도움이 되며 1g당 1.5kcal 정도의 낮은 열량을 내므로 다이어트용 제품이나 소스류, 요구르트, 음료, 아이스크림, 빙과류 등에 이용되고 있다.

표 4-3 올리고당의 종류 및 특징

종류	제조	특징	급원식품
이소말토 올리고당	전분(옥수수, 쌀 등)을 효소 처리하여 제조	• 단맛 약하고(설탕 단맛의 50~70%) 열량 높으며 식이섬유소 함량이 낮음 • 산과 열에 강함(볶음, 조림, 음료에 이용)	쌀, 옥수수, 꿀, 된장, 간장
프락토 올리고당	설탕(사탕수수)을 효소 처리하여 제조	• 단맛 강하고(이소말토올리고당보다 높음) 열량이 낮으며 식이섬유소 함량이 높음 • 산과 열에 약함(pH 낮은 음료, 샐러드나 요구르트에 이용)	바나나, 양파, 우엉, 돼지감자, 마늘, 꿀, 아스파라거스
갈락토 올리고당	유당을 효소반응 시켜 제조	• 단맛(설탕의 0.2배)과 열량이 낮고 식이섬유소 함량이 높음 • 산과 열에 강함(잼, 빵에 이용)	모유, 우유
자일로 올리고당	자일로스를 효소처리하여 제조	• 단맛과 열량이 낮고 식이섬유소 함량이 높음 • 열과 산에 강함	죽순, 옥수수

4) 다당류

다당류는 10개 이상의 단당류가 일직선으로 혹은 가지를 친 형태로 길게 연결되어 복잡하고 분자량이 큰 화합물로서 물에 잘 용해되지 않는다. 자연계에서 다당류는 동물에서 글리코겐, 식물에서 전분(곡류, 서류)이나 식이섬유소(채소, 과일)로 존재한다.

그림 4-3 **다당류의 구조**

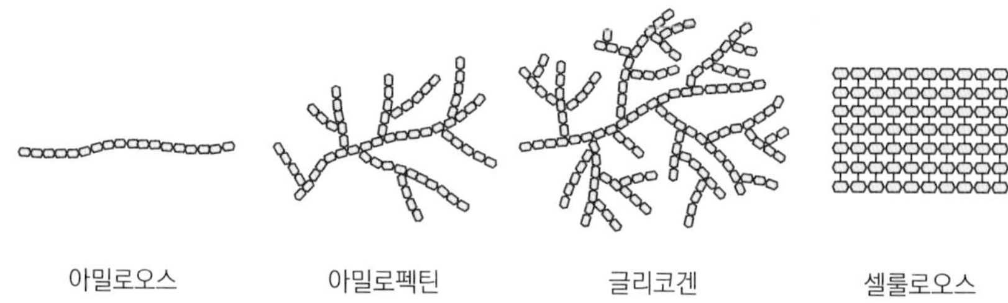

전분(starch)은 포도당이 길게 연결된 다당류로 일직선으로 연결된 아밀로오스(amylose)와 중간중간 가지를 친 분쇄상의 아밀로펙틴(amylpectin)으로 나뉘는데 아밀로오스 함량이 많은 전분은 익는 온도(호화온도)가 높고 점성이 약하며 익은 전분을 냉각하면 노화가 잘 일어나 빨리 굳는다. 하지만 아밀로펙틴 함량이 많은 전분은 익는 온도가 비교적 낮고 점성이 강하며 익은 전분을 냉각하면 노화가 잘 되지 않는다. 노화된 전분은 소화흡수성이 떨어지고 조직감도 단단하다. 전분을 열이나 산, 효소로 분해하면 저분자량의 탄수화물인 중간분해산물이 만들어지는데 이를 덱스트린(dextrin)이라 한다. 덱스트린은 단맛이 있고 물에 잘 녹아 식품첨가물로 사용하면 제품의 질감을 향상하고 안정화하기 때문에 소스류, 드레싱류, 수프류 제조 시 첨가한다.

- **호화**: 전분에 물과 열을 가했을 때 점차 수분을 흡수하면서 전분입자가 붕괴하고 점도가 급증하고 반투명한 상태, 즉 익은 상태가 되는 것
- **노화**: 호화된 전분을 냉각하면 호화로 붕괴된 전분입자가 재결정화하면서 투명도가 떨어지고 단단하게 되는 것

표 4-4 다양한 전분식품의 아밀로오스와 아밀로펙틴 함량

종류	아밀로오스(%)	아밀로펙틴(%)
쌀	20	80
메밀	100	0
찹쌀	0	100
감자	21~23	77~79
타피오카	17	83
옥수수	21~28	72~79
찰옥수수	0	100
밀	28	72

그림 4-4 **아밀로오스와 아밀로펙틴의 구조**

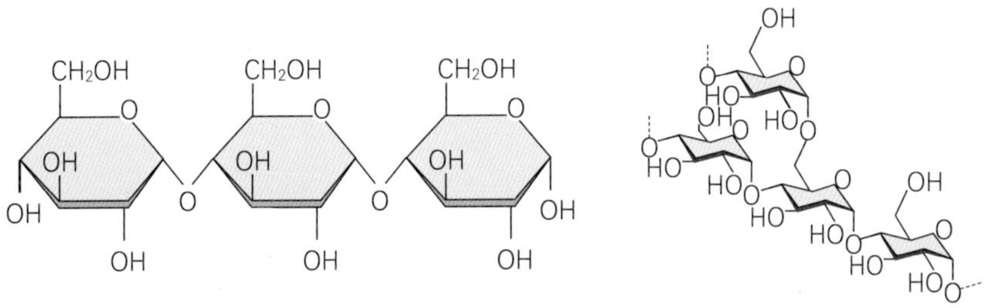

아밀로오스

아밀로펙틴

식이섬유소는 단당류가 수백 개에서 수천 개가 결합한 다당류로 체내에 소화효소가 없어서 소화 흡수되지 않지만 없어서는 안 될 중요한 영양성분이다. 식물 세포의 중요 구성분인 식이섬유소는 물에 녹는 정도에 따라 수용성 식이섬유소와 불용성 식이섬유소로 구분된다. 수용성 식이섬유소는 과일류, 해조류, 견과류에 함유되어 있으며, 불용성 식이섬유소는 곡류, 콩류, 채소류에 주로 함유되어 있다. 식이섬유소는 체내에서 혈중 콜레스테롤과 중성지방 수치를 낮추고 당의 흡수 속도를 낮추어 당뇨병에 도움을 주며, 위 속에 음식물이 오래 머물러 포만감을 오랫동안 느끼게 하므로 체중 조절에도 도움이 된다. 또한 장내 젖산균 증식에 이용되어 장운동을 촉진하고 변의 양을 늘려 변비 예방에 도움을 준다.

그림 4-5 식이섬유소 함량(g/100g)

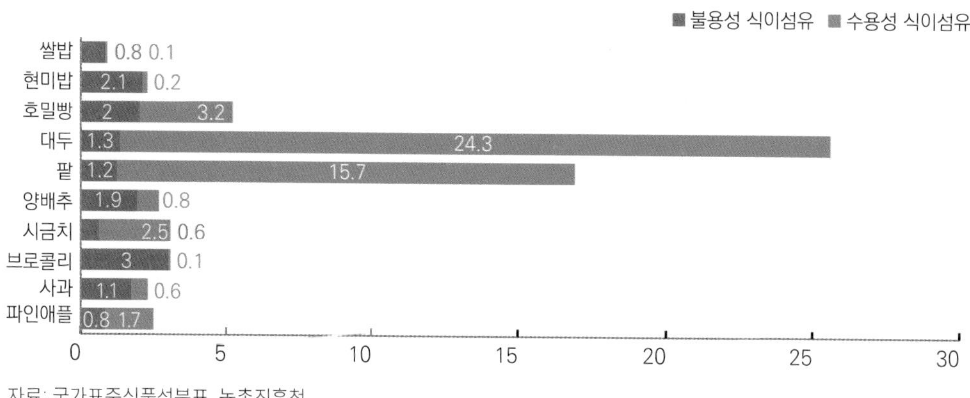

자료: 국가표준식품성분표, 농촌진흥청

2 소화와 흡수

우리가 음식을 먹으면 구강 내에 들어온 음식물은 저작활동을 통해 잘게 쪼개지고 타액과 함께 섞이게 된다. 탄수화물의 소화는 타액과 만나면서부터 시작된다. 타액에는 전분 분해효소인 프티알린(ptyalin)이 있어서 탄수화물을 덱스트린, 맥아당 등으로 분해한다. 타액과 혼합된 음식물은 위로 이동하여 위액에 의해 프티알린이 불활성화되고 위산과 혼합된 후 십이지장으로 이동한다. 췌장에서는 전분 분해효소인 아밀롭신(amylopsin)이 분비되어 덱스트린을 맥아당으로 분해하고, 소장에서는 이당류 분해효소인 말타아제(maltase), 수크라아제(sucrase), 락타아제(lactase)가 분비되어 각각 포도당, 과당, 갈락토오스의 단당류로 분해되어 문맥으로 흡수된 후 간으로 이동한다. 갈락토오스, 과당은 간에서 포도당으로 전환되고 포도당은 글리코겐으로 전환되어 간과 근육에 저장되어 포도당이 필요할 때 사용된다.

전분 분해효소: 아밀라아제라고도 하며 전분을 다당류, 덱스트린, 이당류, 단당류 등으로 분해하는 효소

그림 4-6 탄수화물의 소화과정

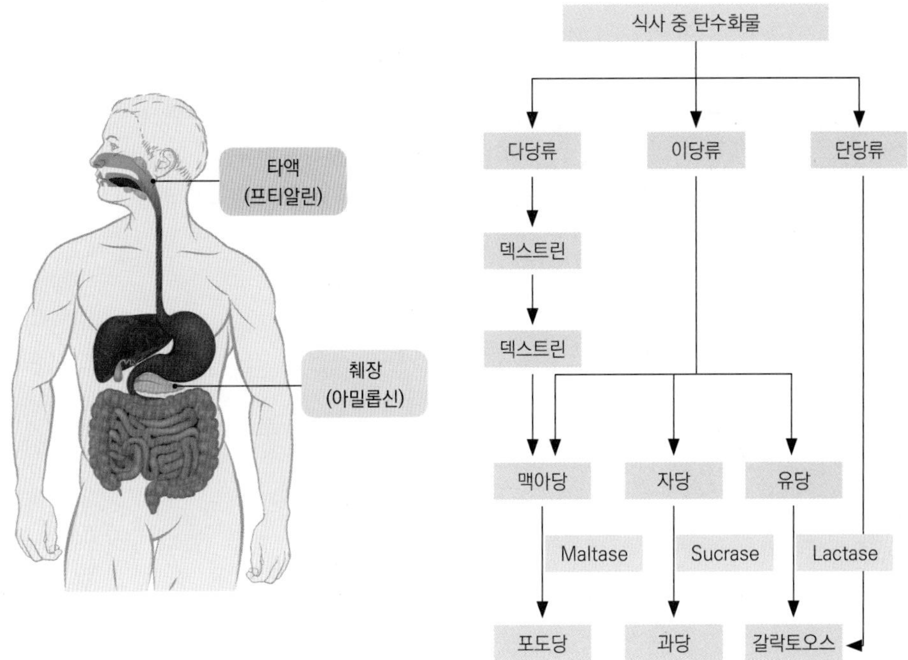

알아두기

√ 소화불량일 때 원인 식사에 따라 소화제를 선택한다

바쁜 일상으로 급히 식사하거나 과식할 경우 소화불량으로 인해 복부 팽만감, 구역질, 속 쓰림, 명치 통증 등의 증상을 느낀다. 이때 흔히 찾는 것이 소화제이다. 소화제에 함유된 소화효소는 종류와 효능이 다양하므로 원인을 제공한 음식의 종류에 따라 달리 선택하는 것이 더욱 효과적이다.

성분	효능	성분	효능
판크레아틴	탄수화물, 단백질, 지방 분해	셀룰라아제	섬유소 분해
디아스타제·프로테아제·셀룰라제(비오디아스타제)	탄수화물, 단백질, 지방 분해	시메티콘	장내 가스 제거
프로자임6, 프로테아제	단백질 분해	우르소데옥시콜산	지방 소화 촉진
판프로신	단백질 분해	리파아제	지방 분해

한식

탄수화물, 식이섬유소가 풍부한 식사이므로 탄크레아틴이나 비오디아스타제 함량이 충분한 소화제가 좋다.

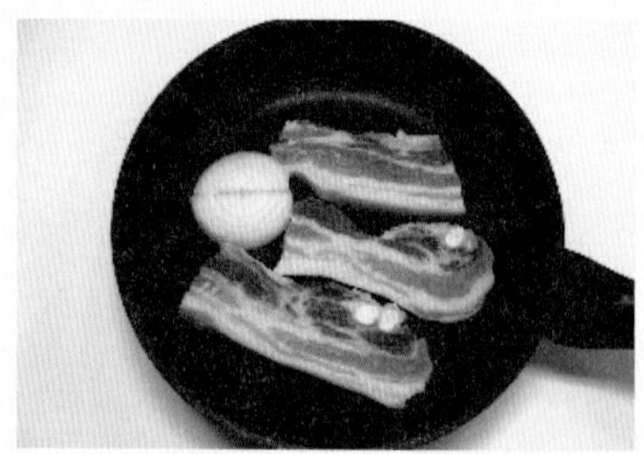

육식

육류에는 단백질과 지방이 풍부하므로 리파아제나 판프로신 등이 충분한 소화제가 좋다.

출처: 하이닥 뉴스, 백성민기자, 2023.10.23.

3 탄수화물의 체내기능

1) 에너지 공급

탄수화물은 체내에서 1g당 4kcal의 에너지를 내며 탄수화물이 체내에서 에너지를 내기 위해서는 비타민 B_1(티아민)이 필수적으로 필요하다. 탄수화물은 소화 흡수율이 높고 경제적이기 때문에 일일에너지 섭취량의 55~65%를 차지하는 중요한 에너지원이다.

2) 단맛 제공

탄수화물은 종류에 따라 단맛의 강도가 다르며, 음식에 첨가 시 맛을 향상해 주는 역할을 한다. 하지만 최근 당 섭취를 관리해야 하는 만성질환의 증가로 단맛을 주지만 에너지가 거의 없는 인공감미료 사용이 증가하고 있다.

표 4-5 다양한 당류의 단맛(감미도)

당류	감미도	당류	감미도
포도당	74	맥아당	33
과당	173	전화당	130
갈락토오스	32	자일리톨	75
자일로스	40	소르비톨	48
서당	100(기준)	사카린	20,000~70,000
유당	16	아스파탐	20,000

3) 혈당 유지

인간이 생명을 유지하고 신체활동을 하기 위해서는 혈당(혈중 포도당) 농도를 일정 수준으로 유지하는 것이 중요하다. 혈당은 호르몬에 의해서 약 0.1%(100mg/dL)로 조절되고 있는데 이를 '혈당 항상성'이라 한다. 혈당을 조절하는 호르몬 중 인슐린과 글루카

곤은 췌장에서 분비된다. 만약 혈액 항상성 유지가 되지 않아 저혈당이나 고혈당 상태가 되면 여러 부정적인 증상이 발생하여 건강에 문제를 일으키므로 이에 대한 관리가 매우 중요하다.

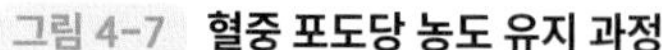

그림 4-7 혈중 포도당 농도 유지 과정

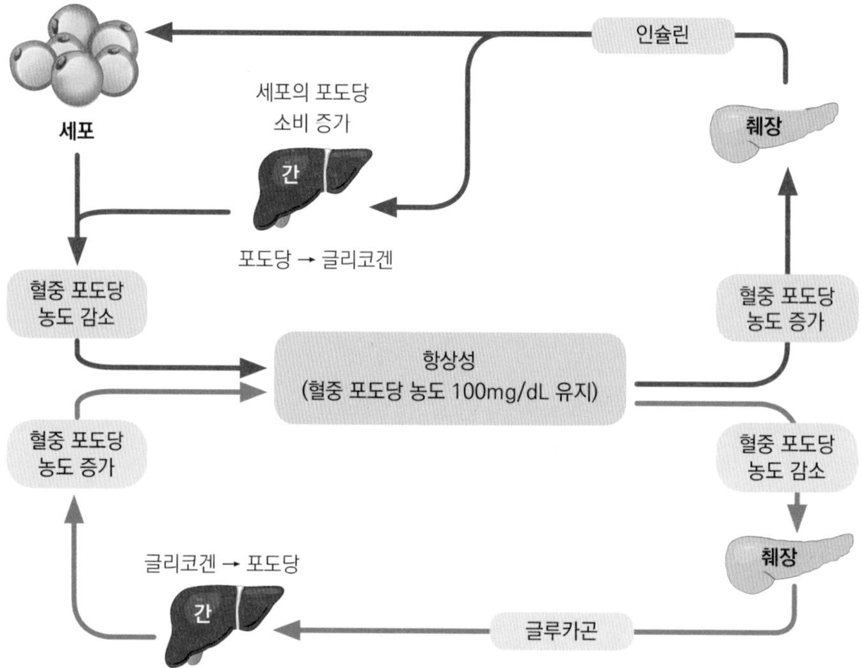

4) 단백질 절약 작용

체내 기관 중 포도당만을 에너지원으로 사용하는 기관(뇌, 적혈구)이 있다. 만약 우리가 충분한 양의 탄수화물을 섭취하지 못한다면 포도당이 부족해지고 이를 해결하고자 체단백질을 분해하여 포도당을 생합성한다. 이를 '포도당 신생합성 과정(gluconeogenesis)'이라 하는데 주로 근육, 심장, 간, 신장에 있는 단백질이 분해되므로 신체 기능에 영향을 줄 수 있다. 그러므로 탄수화물을 충분히 섭취하면 체내 단백질이 포도당으로 전환되지 않도록 하여 단백질을 절약하는 기능을 한다.

5) 케톤증 예방

탄수화물은 체내 지방이 산화할 때 필수적으로 필요하다. 그러나 탄수화물이 부족하면 지방이 불완전 분해되어 케톤체(ketone body)를 형성하고 혈액과 신체조직에 케톤체가 축적되는 케톤증(ketosis)을 유발한다. 축적된 케톤체는 산성 물질로 호흡과 소변을 통해 배설되고 아세톤 향의 입냄새와 탈수로 인한 갈증, 빈번한 배뇨, 피로감을 일으키며, 심한 경우 호흡곤란, 혼수상태 등을 일으킨다.

4 영양소 섭취기준

우리나라는 국민의 건강한 식생활을 위해 '한국인 영양소 섭취기준'을 정하고 있다. 이는 각 영양소를 통해 섭취하는 에너지양을 전체 섭취 에너지양에 대한 비율로 나타낸 에너지 적정비율(AMDR, Acceptable Macronutrient Distribution Range)로 제시한 것이다. 탄수화물은 섭취량이 과도해지면 다양한 만성질환이 발생할 가능성이 높아지므로 탄수화물의 기능과 경제성 등을 고려하여 탄수화물의 에너지 적정비율을 55~65%로 정했다.

표 4-6 탄수화물 중독 자가진단 테스트

탄수화물 중독 자가진단 테스트
□ 아침을 배불리 먹은 후 점심시간 전에 배가 고프다.
□ 밥, 빵, 과자 등 음식을 먹기 시작하면 끝이 없다.
□ 정말 배고프지 않더라도 먹을 때가 있다.
□ 저녁을 먹고 간식을 먹지 않으면 잠이 오지 않는다.
□ 스트레스를 받으면 자꾸 먹고 싶어진다.
□ 책상이나 식탁 위에 항상 과자, 초콜릿 등이 놓여 있다.
□ 오후 5시가 되면 피곤함과 배고픔을 느끼고 일이 손에 안 잡힌다.
□ 과자, 초콜릿 등 단 음식은 상상만 해도 먹고 싶어진다.
□ 다이어트를 위해 식이조절을 하는데 3일도 못 간다.

3개	4~6개	7개 이상
주의! 위험한 수준은 아니지만 관리 필요	위험! 탄수화물 섭취 줄이기 위한 식습관 개선이 필요함	중독! 전문의 상담이 필요함

5 급원식품

탄수화물 급원식품으로는 곡류, 서류, 과일류가 있고 가공식품으로는 빵, 떡, 국수, 과자, 시럽, 음료 등이 있다. 그러나 이들 식품 내 존재하는 당의 형태와 종류가 달라 섭취 시 소화흡수되는 속도에 영향을 주므로 혈당을 천천히 올리는 좋은 탄수화물 식품을 선택하는 것이 바람직하다.

그림 4-8 **탄수화물 급원식품(g/100g)**

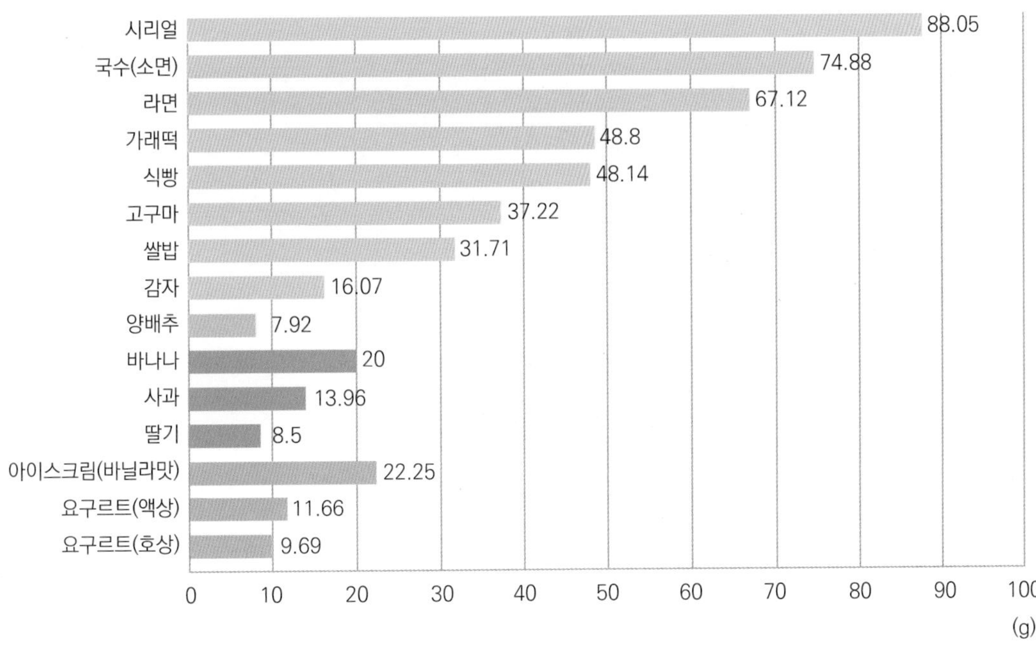

식품과 영양

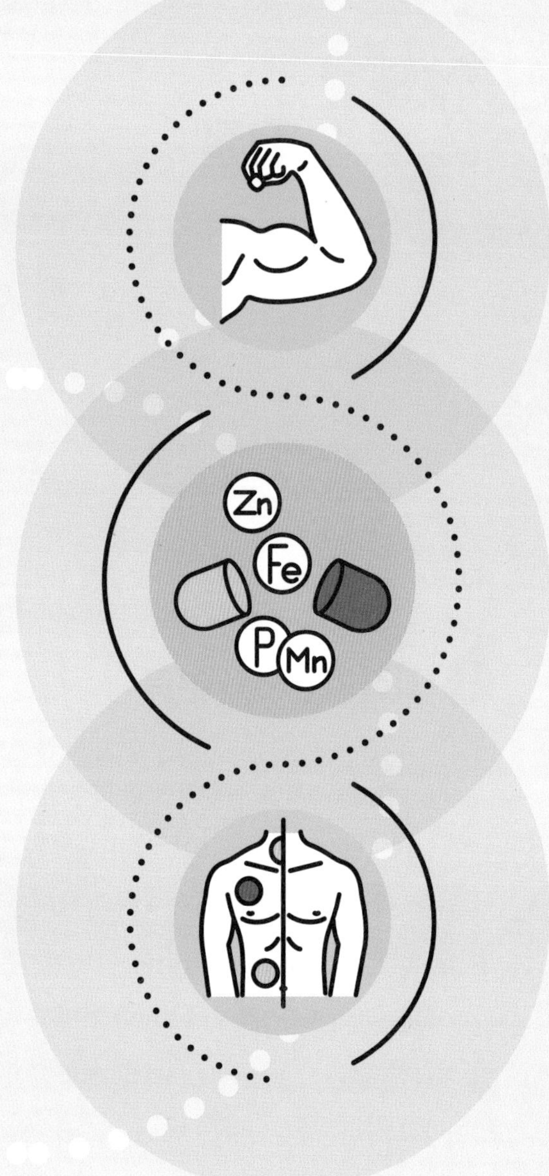

제5장

지질

제5장 — 지질

1 지질의 정의와 분류

지질(Lipids)은 흔히 지방이라고 부르며 탄수화물과 동일하게 탄소(C), 수소(H), 산소(O)가 기본 원소인 유기화합물이며 물에는 쉽게 용해되지 않고 알코올, 에테르, 벤젠, 클로로포름 등과 같은 유기용매에 용해되는 필수 영양소다. 지질은 1분자의 글리세롤(Glycerol)과 지방산들이 결합하여 이루어지는데, 결합된 지방산에 의해 지방의 특징이 나타난다. 글리세롤 1분자에 1개의 지방산이 결합한 것을 Monoglyceride, 2개의 지방산이 결합한 것은 Diglyceride, 3개의 지방산이 결합한 것을 Triglyceride(TG) 또는 중성지방이리고 한다. 중성지방은 Monoglyceride와 Diglyceride와는 전혀 다른 특성을 보인다.

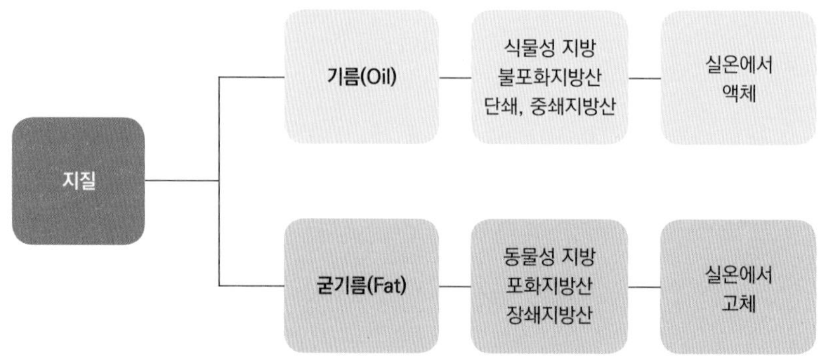

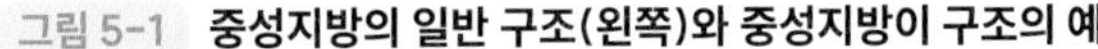

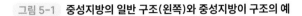

그림 5-1 중성지방의 일반 구조(왼쪽)와 중성지방이 구조의 예

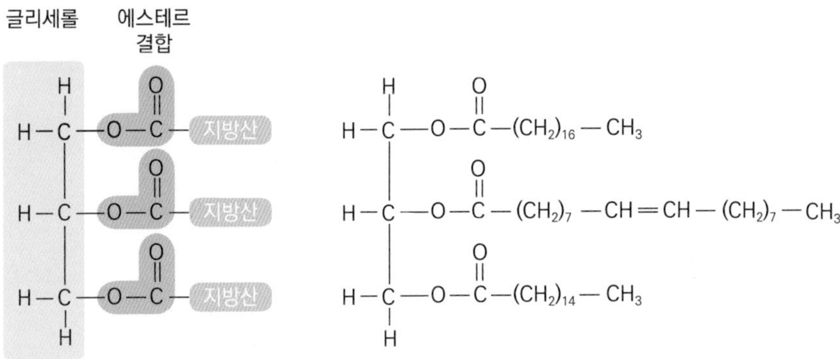

오른쪽: 글리세롤에 스테아르산, 올레산, 팔미트산이 결합되어 있다.

표 5-1 지질의 분류

분류	구성 성분	종류
단순지질	글리세롤과 지방산	중성지방, 밀랍
복합지질	글리세롤과 지방산 그리고 다른 성분	인지질, 당지질, 지단백질 등
유도지질	지질 분해산물	콜레스테롤, 에르고스테롤, 글리세롤 등

1) 단순지질(Simple lipids)

단순지질은 글리세롤과 지방산의 에스테르를 말하며, 중성지방과 밀랍이 있다. 중성지방(Triglyceride)은 3가의 알코올인 글리세롤과 지방산이 결합한 단순지질로 지질의 가장 일반적인 형태인데 그중에서도 식품 중에 존재하는 지질과 우리 몸 안에 저장되어 있는 지질의 거의 대부분(약 95%)은 글리세롤 1분자에 3개의 지방산이 에스테르 결합으로 연결되어 이루어진 중성지방(TG, Triglyceride)이다.

2) 복합지질(Compound lipids)

복합지질은 지방산과 글리세롤 이외에 인, 당, 황, 질소 등 비지방 분자단이 결합된 것으로 인지질, 당지질, 지단백질 등이 있다.

(1) 인지질

인지질(Phospholipids)은 글리세롤 1분자에 2개의 지방산이 결합하고 다른 1분자에는 인산(Phosphate)과 콜린(Choline)이 결합한 물질로 세포막의 중요성분이다. 인지질 중 가장 널리 알려진 것은 달걀노른자에 다량 함유되어 있는 레시틴(Lecithin)이 있다. 레시틴은 신경, 심장, 간, 골수 등에 많이 포함되어 있으며 물에 용해되는 콜린과 결합하여 유화제로 많이 이용되고 있다.

그림 5-2 **인지질의 일반 구조**

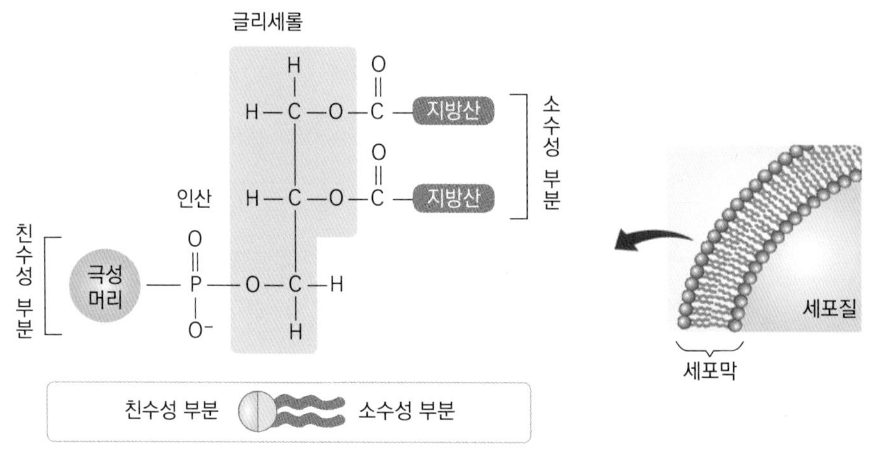

그림 5-3 **레시틴**

그림 5-4 **마요네즈에서 레시틴의 유화제 역할**

알아두기

✓ 난황의 유화성

난황에 들어 있는 레시틴은 마요네즈 제조 시 유화제 역할을 한다.
마요네즈 주재료: 달걀노른자, 식용유, 식초 등

(2) 지단백질

지단백질(Lipoprotein)은 물에 불용인 지질을 혈액 속에서 운반하기 위한 형태로 중성지방, 콜레스테롤, 인지질, 단백질 등이 결합한 물질이다. 지단백질은 각각의 지질이 어떤 비율로 어느만큼의 단백질과 결합하였느냐에 따라 비중과 크기가 달라지며 그 비중에 따라 킬로미크론(Chylomicrons), 초저밀도 지단백(VLDL, Very low density lipoprotein), 저밀도 지단백(LDL, Low density lipoprotein), 고밀도 지단백(HDL, High density lipoprotein)의 4종류로 나뉜다. 이들은 소장과 간에서 합성되며 그 각각의 역할도 모두 다르다.

그림 5-5 **지단백질의 구조**

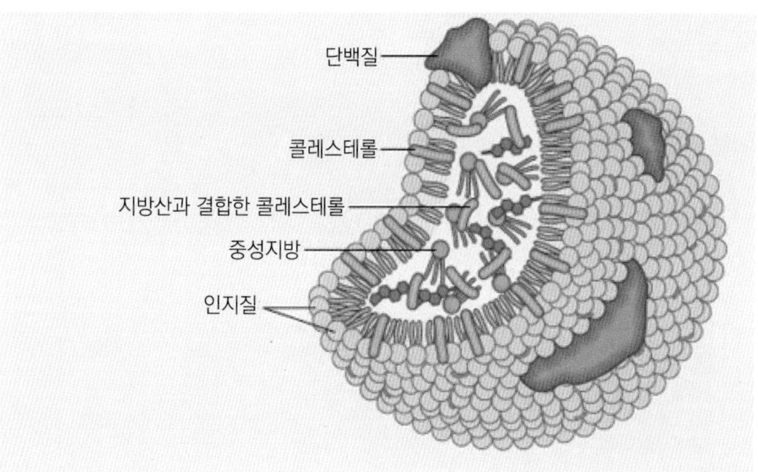

표 5-2 지단백질의 종류와 구성

종류	지름 크기 (mm)	조성(%)				생성 장소
		단백질	콜레스테롤	중성지방	인지질	
카일로 마이크론	75~100	2	5	90	3	소장
VLDL	30~80	10	12	60	18	소장, 간
LDL	20	25	50	10	15	간
HDL	7.5~10	50	20	5	25	간

3) 유도지질(Derived lipids)

유도지질은 단순지질 및 복합지질이 가수분해되어 생성되는 것으로 지방산과 글리세롤, 스테롤류가 이에 속한다. 스테롤류는 지방산과 에스테르(Ester)를 이루거나 free 형태로 동식물에 널리 분포하며 그 구조는 고리형이다. 동물에는 콜레스테롤(Cholesterol), 담즙산이 대표적이고 식물에는 에르고스테롤(Ergosterol)이 있다. 콜레스테롤은 모든 동물 조직에서 볼 수 있는 필수의 신체성분으로 혈관벽과 적혈구, 세포막을 보호하며 성호르몬의 합성, 담즙 및 비타민 D의 전구체가 되는 매우 중요한 물질이다.

콜레스테롤은 간, 장벽, 부신에서 하루 800mg 정도(2/3)가 합성되어 혈액을 통해 필요한 곳에 사용되고 식사를 통해서도 섭취(1/3)할 수 있는데 식사를 통한 콜레스테롤의 평균 흡수율은 55%로 나머지는 대변으로 배설된다.

그림 5-6 **식품 중 콜레스테롤 함량(mg/100g)**

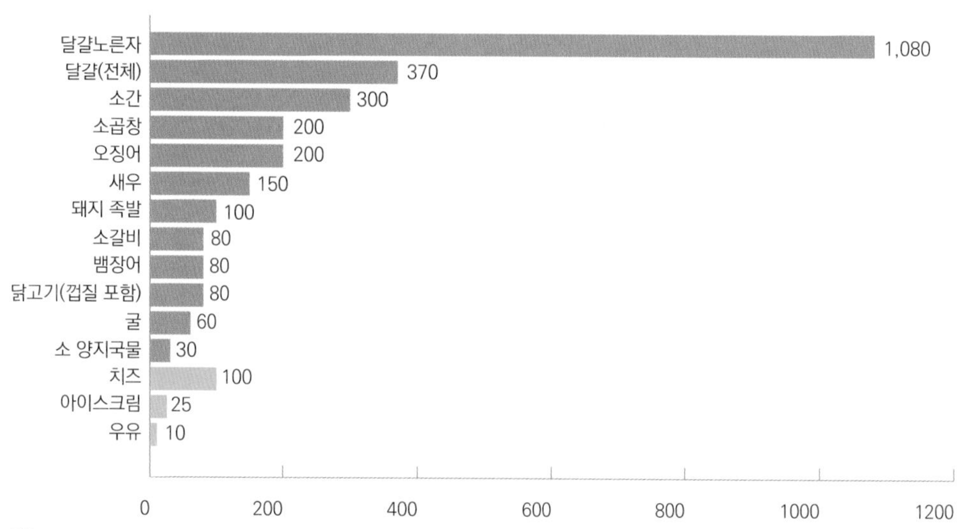

2 지방산의 분류

중성지방을 구성하는 지방산(Fatty acids)은 탄소 원자가 길게 연결된 사슬로서 한쪽 끝에는 메틸기(–CH_3), 다른 한쪽 끝에는 카르복실기(–COOH)를 가지고 있다. 지방산을 분류하는 방법은 탄화수소 사슬의 길이 즉 탄소 수에 따라 구분하는 방법이 있고, 불포화도 즉 탄소 간의 이중결합의 수에 따라 구분하는 방법이 있으며, 체내에서의 합성 여부에 따라 구분하는 방법이 있다.

그림 5-7 포화, 단일불포화, 다가불포화지방산의 화학구조

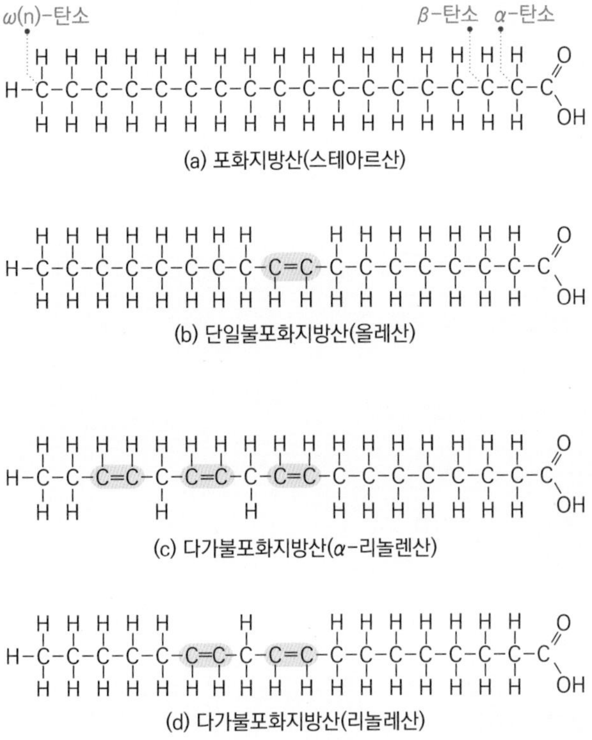

ω(n)-탄소 β-탄소 α-탄소

(a) 포화지방산(스테아르산)

(b) 단일불포화지방산(올레산)

(c) 다가불포화지방산(α-리놀렌산)

(d) 다가불포화지방산(리놀레산)

표 5-3 지방산의 구분

<table>
<tr><th></th><th>탄소 수</th><th colspan="3">명칭</th><th>지방산의 예</th><th>분포</th></tr>
<tr><td rowspan="3">탄소 수에 따라</td><td>C_6 미만</td><td colspan="3">짧은 사슬(단쇄) 지방산
(Short chain fatty acids)</td><td>프로피온산(C_3)
부티르산(C_4)</td><td>우유, 버터</td></tr>
<tr><td>C_6~C_{12}</td><td colspan="3">중간 사슬(중쇄) 지방산
(Medium chain fatty acids)</td><td>라우르산(C_{12})</td><td>야자유
코코넛유</td></tr>
<tr><td>C_{13} 이상</td><td colspan="3">긴 사슬(장쇄) 지방산
(Long chain fatty acids)</td><td>팔미트산(C_{16})</td><td>동물성유
식물성유
어유</td></tr>
<tr><td rowspan="4">이중결합의 수에 따라</td><td>없음</td><td colspan="3">포화지방산</td><td>스테아르산(C_{18})</td><td>동물성유
코코넛유
팜유</td></tr>
<tr><td>1개</td><td colspan="3">단일불포화지방산</td><td>올레산</td><td>식물성유
생선유</td></tr>
<tr><td rowspan="2">2개 이상</td><td rowspan="2">다가불포화지방산</td><td rowspan="2">이중 결합 위치에 따라</td><td>ω-3 지방산</td><td>α-리놀렌산, EPA, DHA</td><td>등푸른 생선
콩제품
들기름</td></tr>
<tr><td>ω-6 지방산</td><td>리놀레산, 아라키돈산</td><td>참기름, 간유</td></tr>
<tr><td rowspan="2">체내 합성 여부</td><td>합성 불가능</td><td colspan="3">필수 지방산</td><td>리놀레산, α-리놀렌산</td><td></td></tr>
<tr><td>합성 가능</td><td colspan="3">비필수 지방산</td><td>필수 지방산 이외의 지방산</td><td></td></tr>
</table>

* 자연계에는 C_{18}이 가장 많이 존재함

1) 탄소 수에 따른 분류

지방산의 탄소 수는 대부분이 짝수이며 탄소 수가 증가함에 따라 물에 녹기 어렵고 실온에서 고체를 유지하며 융점이 상승한다. 탄소 수가 4~6개인 짧은 사슬 지방산(Short chain fatty acids)은 부티르산이 있으며 우유나 버터가 산패할 때 나는 냄새의 원인이다. 탄소 수가 6~12개인 중간 사슬 지방산(Medium chain fatty acids)은 코코넛유, 팜유 등에 함유되어 있으며, 지질의 소화나 흡수에 문제가 있는 환자에게 공급할 수 있다. 탄소 수가 12개 이상인 긴 사슬 지방산(Long chain fatty acids)은 자연계에 널리 분포하고 있으며 팔미트산(C_{16}), 스테아르산(C_{18}), 리놀레산(C_{18}), 리놀렌산(C_{18}), 아라키돈산(C_{20}) 등이 있다. 탄소 수가 22개 이상인 지방산은 매우 긴 사슬 지방산(Extra long chain fatty acids)으로 분류하기도 한다.

2) 이중결합에 따른 분류

지방산은 탄화수소 사슬 내 이중결합의 수, 이중결합이 시작되는 위치 등에 따라 분류할 수 있다.

(1) 탄화수소 사슬 내 이중결합의 수

지방산은 탄화수소 사슬 내 이중결합의 수에 따라 분류하면 이중결합이 없는 포화지방산(SFA, Saturated fatty acid)과 이중결합이 있는 불포화지방산(UFA, Unsaturated fatty acid)으로 구분할 수 있다. 포화지방산은 구성하는 모든 탄소가 단일결합으로 연결되어 있는 지방산을 말한다. 불포화지방산은 지방산을 구성하는 탄소가 이중결합으로 연결되어 있는 지방산으로 이중결합이 하나인 경우는 단일 불포화지방산(MUFA, Monounsaturated fatty acid), 이중결합이 2개 이상인 경우는 다중 또는 다가불포화지방산(PUFA, Polyunsaturated fatty acid)이라고 한다. 동물성 식품에는 포화지방산이 상대적으로 더 많이 함유되어 있으며, 식물성 식품에는 불포화지방산이 더 많이 함유되어 있다. 불포화지방산이 많이 포함된 지질은 일반적으로 융점이 낮아서 실온에서는 액체 상태이다.

알아두기

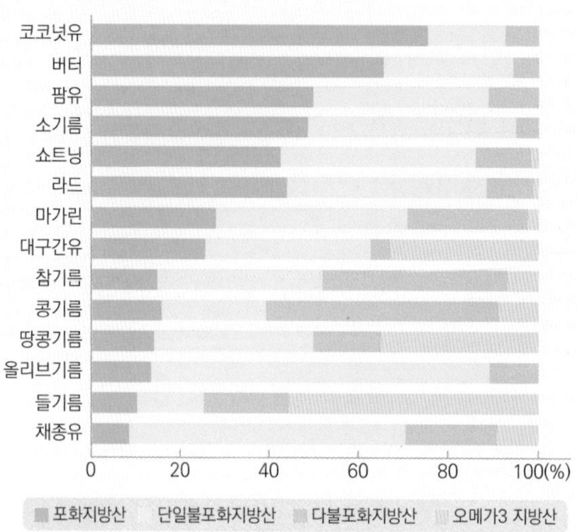

그림 5-8 식용 기름의 지방산 조성

표 5-4 포화 정도에 따른 지방산의 종류

	탄소수	종류	분자식	함유 식품
포화지방산	4	butyric acid	$C_4H_8O_2$ or C_3H_7COOH	버터
	6	caproic acid	$C_6H_{12}O_2$	버터, 야자유
	8	capylic acid	$C_8H_{16}O_2$	버터, 야자유
	10	capric acid	$C_{10}H_{20}O_2$	버터, 야자유
	12	lauric acid	$C_{12}H_{24}O_2$	버터, 야자유, 고래기름
	14	myristic acid	$C_{14}H_{28}O_2$	버터, 야자유, 낙화생유
	16	palmitic acid	$C_{16}H_{32}O_2$	일반 동식물유
	18	stearic acid	$C_{18}H_{36}O_2$	일반 동식물유
	20	arachidic acid	$C_{20}H_{40}O_2$	땅콩기름, 채종유
	22	behenic acid	$C_{22}H_{44}O_2$	땅콩기름, behen유
	24	lignoceric acid	$C_{24}H_{48}O_2$	땅콩기름
	26	cerotic acid	$C_{26}H_{52}O_2$	밀랍, 식물성 지방
	28	montanic acid	$C_{28}H_{56}O_2$	밀랍
	30	melissic acid	$C_{30}H_{60}O_2$	밀랍
불포화지방산	16	palmitoleic acid	$C_{16}H_{30}O_2$	어유, 인지
	18	oleic acid	$C_{18}H_{34}O_2$	일반 동식물성유
	18	linoleic acid	$C_{18}H_{32}O_2$	일반 식물성유
	18	linolenic acid	$C_{18}H_{30}O_2$	아마인유, 콩기름
	20	arachidonic acid	$C_{20}H_{32}O_2$	간유, 돼지기름
	22	erucic acid	$C_{22}H_{42}O_2$	채종유(평지씨 기름)
	22	clupanodonic acid	$C_{22}H_{34}O_2$	어유, 정어리 기름

(2) 이중결합의 위치

지방산은 불포화지방산의 메틸기($-CH_3$)를 기준으로 이중결합이 몇 번째 탄소에서 시작하느냐에 따라 ω-3(Omega-3)계 지방산, ω-6(Omega-6)계 지방산, ω-9(Omega-9)계 지방산으로 나눌 수 있다. 오메가 지방산 중 ω-3 지방산은 필수 지방산인 리놀렌산을 포함하고 있으며 등푸른 생선에 많이 포함되어 있는 영양적으로 중요한 지방산이다.

그림 5-9 **지방산의 구조**

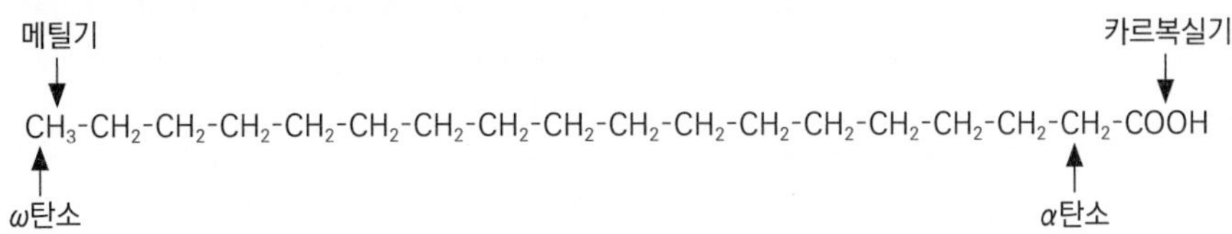

포화지방산(스테아르산, C18:0)

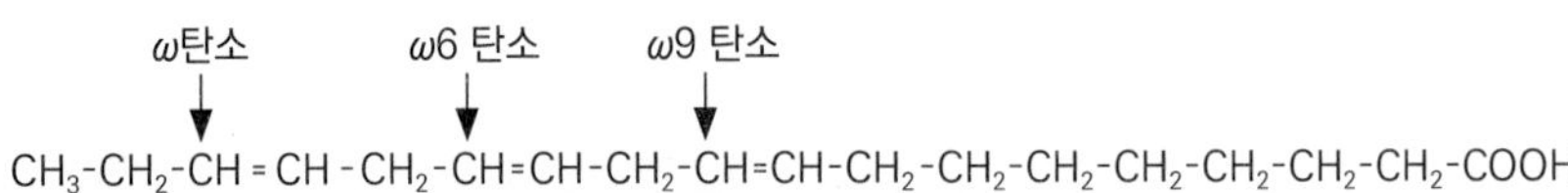

다가불포화지방산(리놀렌산, C18:0, ω3)

알아두기

✓ 트랜스지방

지방산의 화학적 결합 형태에서 탄소와 탄소 사이의 이중결합은 수소 원자와의 결합 방향에 따라 두 가지의 지방산으로 분류할 수 있다. 두 개의 수소원자가 같은 방향에 놓이면 시스(cis)형 지방산이라 하고, 다른 방향에 놓이면 트랜스(trans)형 지방산이라고 한다. 자연계의 불포화지방산은 대부분 시스형으로 존재하는데, 수소를 가하여 경화하거나 고온에서 가열하는 과정에서 이중결합의 구조가 시스형에서 트랜스형으로 바뀌게 된다.

트랜스지방산은 식물성 지방을 가공할 때 생성되며, 포화지방산과 유사한 기능을 하므로 가공식품의 과잉 섭취 시 심혈관질환의 위험을 높이게 된다. 식품의약품안전처에서는 2007년부터 가공식품 영양표시에 트랜스지방산 함량 표시를 의무화했다.

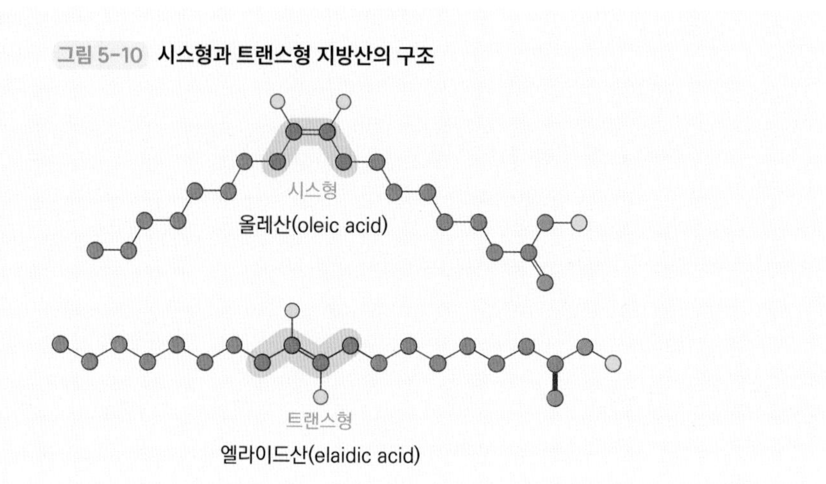

그림 5-10 **시스형과 트랜스형 지방산의 구조**

표 5-5 오메가 지방산의 종류와 급원 및 특징

명칭	탄소 수	이중 결합 수	계열	급원식품	특징	비고
Linoleic acid	18	1	ω-9	동물성 식물성 기름		혈청 콜레스테롤 수치를 낮춤
Linoleic acid	18	2	ω-6	식물성 기름	항피부병 인자 성장 인자	혈청 콜레스테롤 수치를 낮춤 혈청 중성지방에는 효과 없음
Linolenic acid	18	3	ω-3	아마인유	성장 인자	
Arachidonic acid	20	4	ω-6	간유	항피부병 인자	-
Eicosapentaenoic acid	20	5	ω-3	생선기름		혈청 중성지방을 낮추는 반면 혈청 콜레스테롤에는 영향없음
Docosahexaenoic acid	22	6	ω-3	생선기름		

3) 생체 합성에 따른 분류

필수 지방산(EFA, Essential fatty acids)은 불포화지방산 중 체내에서 합성되지 않지만 체내 생리작용에 꼭 필요하여 반드시 식품으로 섭취해야 하는 지방산이다. 인체에는 메틸기로부터 9번째 탄소 사이에 이중결합을 만들 수 있는 효소 체계가 없으므로 ω-6 계열의 리놀레산(Linoleic acid)과 ω-6계열의 리놀렌산(Linolenic acid)의 체내 합성이 불

가능하다.

ω-6 계열의 아라키돈산은 세포막의 구성 성분이며 리놀레산으로부터 합성되며 ω-3 계열의 EPA와 DHA는 리놀렌산으로부터 합성된다. EPA는 혈관 확장 물질인 프로스타글란딘(Prostaglandin)의 전구물질이며, DHA는 등푸른 생선에 많이 함유되어 있고 눈의 망막과 뇌의 피질에 분포하고 있다. 필수 지방산의 섭취가 부족하면 피부질환, 성장부진, 생식기능 감퇴, 신경과민이나 시력저하, 면역체계 이상 등이 발생하므로 반드시 충분히 섭취할 것을 권장하고 있다.

3 소화, 흡수, 이동, 대사

식품에 함유된 지질은 대부분 중성지방이며 인지질과 콜레스테롤이 포함되어 있다. 지질의 소화는 입과 위에서는 거의 일어나지 않으며 본격적인 소화는 소장에서 이루어지며 소장에서 흡수된다. 만약 지질의 소화나 흡수에 장애가 생긴 경우에는 지방변을 보게 된다.

1) 지질의 소화와 흡수

입에서는 지질의 소화효소가 거의 분비되지 않아 화학적 소화는 이루어지지 않는다. 위에서는 짧은 사슬 지방산과 중간 사슬 지방산을 소화할 수 있는 위 리파아제(Gastric lipase)가 분비되어 우유나 버터 등에 포함된 유화된 지방을 미량 소화하며 특히 유아기 때 일어난다. 지질소화의 대부분은 소장에서 일어나며 위에서 지질이 포함된 산성 죽 형태의 유미즙이 십이지장으로 내려오면 콜레시스토키닌(Cholecystokinin)이 분비되고 담낭을 수축시켜 담즙을 배출하게 하고, 췌장액의 소화효소를 분비하게 한다. 담즙은 간에서 합성되는 황록색의 액체로 콜레스테롤(Cholesterol)과 레시틴(Lecithin), 담즙산(Bile acid) 등을 함유하고 있는데 담즙산은 중성지방을 소화효소의 작용을 받기 쉽도록 유화하는 역할을 한다.

지질을 소화하는 효소인 췌장 리파아제(Pancreatic lipase)는 췌장에서 생성되어 미셀(Micelle) 덩어리 속에 담즙산과 섞여있는 중성지방을 글리세롤과 지방산으로 분해하며 분해된 Monoglycerides, 글리세롤과 지방산은 소장 점막세포에서 흡수된 후 중성지방으로 합성되어 인지질, 콜레스테롤 및 단백질과 함께 킬로미크론을 형성하며, 림프관을 통해 혈액으로 들어가서 간 등의 조직으로 이동한다.

그림 5-11 **지방질의 소화와 흡수**

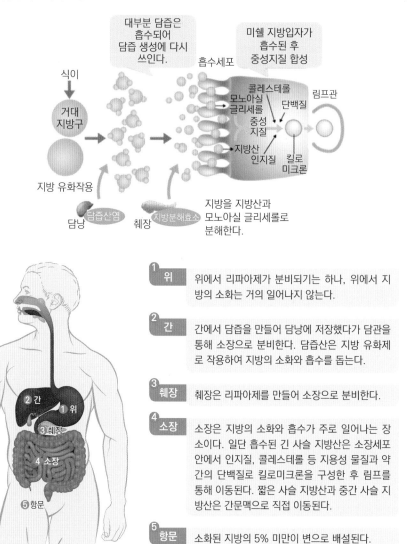

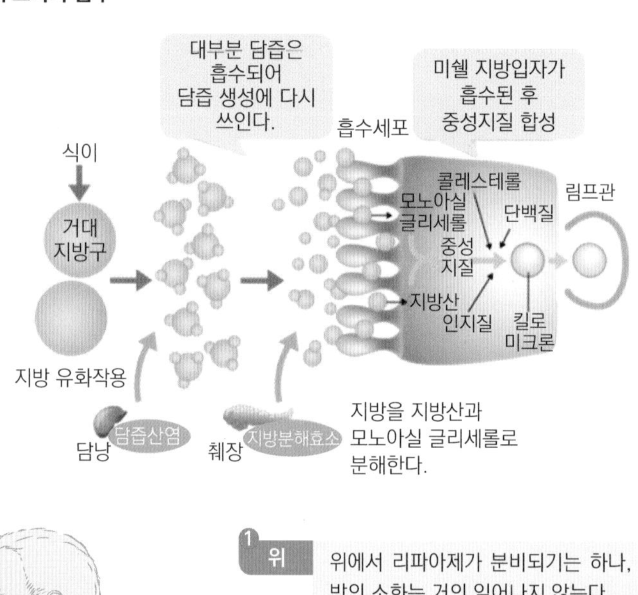

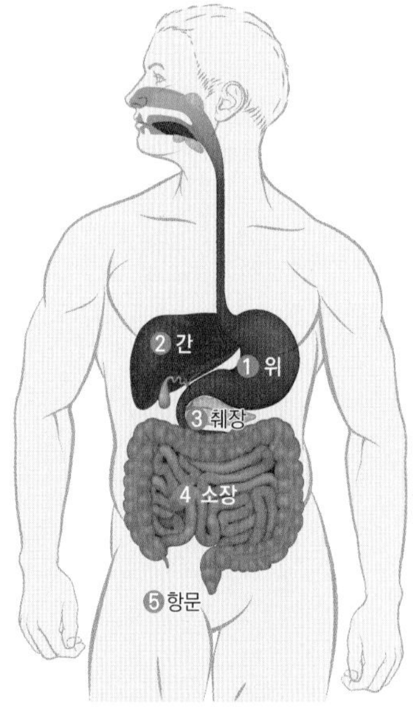

1 위 위에서 리파아제가 분비되기는 하나, 위에서 지방의 소화는 거의 일어나지 않는다.

2 간 간에서 담즙을 만들어 담낭에 저장했다가 담관을 통해 소장으로 분비한다. 담즙산은 지방 유화제로 작용하여 지방의 소화와 흡수를 돕는다.

3 췌장 췌장은 리파아제를 만들어 소장으로 분비한다.

4 소장 소장은 지방의 소화와 흡수가 주로 일어나는 장소이다. 일단 흡수된 긴 사슬 지방산은 소장세포 안에서 인지질, 콜레스테롤 등 지용성 물질과 약간의 단백질로 킬로미크론을 구성한 후 림프를 통해 이동된다. 짧은 사슬 지방산과 중간 사슬 지방산은 간문맥으로 직접 이동된다.

5 항문 소화된 지방의 5% 미만이 변으로 배설된다.

2) 지질의 이동과 지단백질

지질은 물에 용해되지 않으므로 단백질, 인지질 등과 결합하여 혈관을 통해 각 조직에 운반되는데, 구성 성분의 비율에 따라 4종류의 지단백질이 존재한다. 킬로미크론(Chylomicron)은 지단백 중에서 크기가 가장 크고 밀도가 낮은 것으로 식사에서 섭취한 중성지방(식이성 지방, 내인성 지방)을 소장에서 체내 각 조직으로 운반한다. 초저밀도 지단백질(VLDL, Very low density lipoprotein)은 주로 간에서 생성된 중성지방(내인성 지방)을 신체의 말초조직으로 운반하며, 중성지방이 적고 콜레스테롤이 많은 중간밀도 지단백질(IDL, Intermediate density lipoprotein)을 거쳐 저밀도 지단백질(LDL, Low density lipoprotein)로 전환된다.

저밀도 지단백질은 주로 콜레스테롤을 간에서 세포, 심장근육을 비롯한 각종 근육, 지방조직세포, 유선 및 기타 조직으로 운반한다. 혈중에 LDL이 과잉 축적되면 죽상동맥경화증의 원인이 된다. 고밀도 지단백질(HDL,High density lipoprotein)은 가장 밀도가 높고, 단백질 함량이 높은 지단백질로 콜레스테롤과 인지질을 운반하는데 특히 조직 내의 콜레스테롤을 간으로 운반하여 혈액 내 콜레스테롤의 수준을 조절한다. 따라서 HDL의 수치가 낮을 경우 동맥경화성 질환의 발병률이 높아진다.

그림 5-12 **혈청 지단백질의 종류**

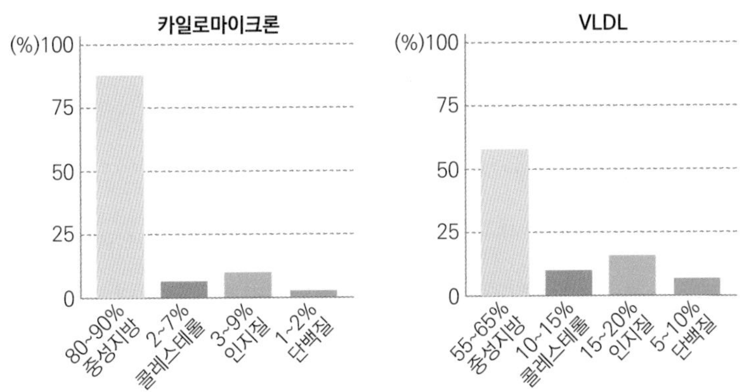

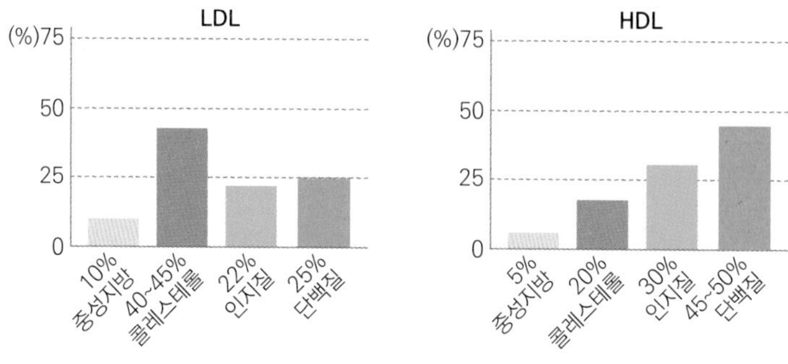

자료: 생활속의 영양학(김미경 외, 2005)

3) 지질의 대사

(1) 간에서의 대사

간에서는 소장으로부터 공급된 지방산과 글리세롤로 새로운 중성지방을 합성하기도 하고 사용하고 남은 포도당과 아미노산으로부터 지방을 합성하고 인지질, 콜레스테롤, 단백질을 첨가하여 지단백질로 만들어 지방 조직에 운반하여 지방을 저장하기도 한다. 그 외에 간에서는 긴 사슬 지방산을 매우 긴 사슬 지방산으로 합성하거나 탈수소화 시켜 이중결합이 있는 다른 종류의 지방산으로 만든다. 또한 간에서는 열량이 필요할 때 지질을 분해하여 조직에 에너지를 공급해주고 인지질이나 콜레스테롤을 합성하기도 하며, 지방의 소화흡수에 필요한 담즙산염을 만들기도 한다.

(2) 지방조직에서의 대사

지방조직은 에너지를 저장할 때 피하, 복강, 근육조직 내에 중성지방의 형태로 저장한다. 이러한 지방조직은 지방세포 내에 지질 분해효소와 합성효소가 있어 에너지 섭취량과 필요량에 따라 변화하게 된다. 즉 에너지 섭취량이 필요량보다 많을 때는 인슐린의 자극에 의해 지질합성이 활발해져 중성지방이 지방조직에 저장되면서 지방세포의 크기와 수가 증가하여 살이 찌게 된다. 반대로 에너지 섭취량이 필요량보다 부족할 때는 에피네프린, 성장호르몬, 글루카곤 등의 호르몬에 의해 중성지방이 분해된다.

그림 5-13 **지방산의 대사**

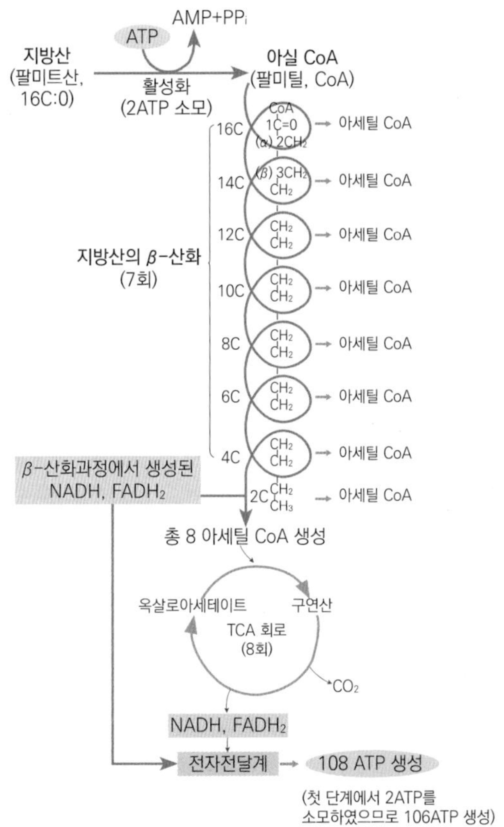

4 지질의 작용

1) 에너지의 공급과 저장

지질은 1g당 9kcal의 높은 에너지를 내는 효과적인 에너지 급원이며, 에너지의 과잉 섭취는 체중 증가를 가져온다. 지질은 체내 산화 시 비타민 B_1이 조효소로서의 역할을 하지 않아도 되므로 비타민 B_1의 절약작용을 하게 된다.

2) 필수 지방산과 지용성 비타민의 이용에 도움

지질은 리놀레산(Linoleic acid), 리놀렌산(Linolenic acid)과 아라키돈산(Arachidonic acid) 등 필수 지방산을 공급해준다. 필수 지방산은 체내에서 합성되지 않으므로 반드시 음식으로 섭취하여야 하고 옥수수기름, 콩기름과 같은 식물성 기름과 어류 등에 많이 들어 있으며 장기간 부족하게 되면 피부염과 생식능력의 감소가 나타나며 어린이의 경우에는 성장이 지연된다. 지용성 비타민(비타민 A, D, E, K)뿐만 아니라 스테롤이나 콜레스테롤은 유지류에 용해되는 특성이 있으며 이와 같은 지용성 비타민을 지질과 함께 섭취하면 체내 흡수율과 이용률을 높여준다.

3) 체조직의 구성분

지질은 체지방 조직과 세포막, 신경보호막, 호르몬과 비타민 D, 소화분비액 등의 구성 성분이며 세포막과 세포 소기관 막에 분포하여 신호전달 등의 중요한 기능을 하며 특히 인지질과 콜레스테롤 등은 뇌세포의 막을 구성하며 중요한 역할을 한다.

4) 체온유지 및 주요 장기의 보호

체지방 조직의 50%는 피하지방을 구성하고 있는데 이는 열의 발산을 막는 작용뿐만 아니라 열전도율이 낮기 때문에 뜨거운 목욕탕 안에 있어도 체온이 증가하지 않고 정상 체온을 유지하는 기능을 한다. 체지방 조직의 나머지 50%는 체내의 중요 장기를 둘러싸고 있으면서 외부 충격이 있을 시 완충 작용을 하여 장기와 골격을 보호하는 역할을 한다.

5) 풍미

적당한 양의 지방은 음식의 맛을 부드럽게 하고 식재료의 지용성 성분을 녹여 다양한 풍미를 주며 위에 오랫동안 머물러 있으므로 포만감을 준다.

5 지질의 섭취기준과 급원식품

한국인 영양소 섭취기준에 19세 이상은 에너지 중 지질의 적정 비율을 15~30%로 설정하고, 하루에 포화지방산은 7% 미만, 트랜스지방산은 1% 미만, 콜레스테롤은 300mg 미만으로 섭취하도록 설정했다. 필수 지방산은 리놀레산, 알파-리놀렌산, EPA+DHA 등으로, 충분 섭취량을 설정했다. 지질은 참기름, 식용유와 같은 각종 식물성 기름과 버터, 삼겹살, 소갈비와 같은 동물성 식품에 많이 포함되어 있고 코코넛유, 야자유와 같은 열대성 기름, 땅콩, 호두, 잣과 같은 견과류 등에도 많이 포함되어 있다. ω-3 지방산은 등푸른 생선과 콩제품, 들기름에 많이 함유되어 있다.

표 5-6 지질의 에너지 적정비율과 콜레스테롤 목표섭취량

연령	지방	오메가-6 지방산	오메가-3 지방산	포화지방산	트랜스 지방산	콜레스테롤
1~2세	20~35%	4~10%	1% 내외	-	-	-
3~18세	15~30%	4~10%	1% 내외	<8%	<1%	-
19세 이상	15~30%	4~10%	1% 내외	<7%	<1%	<300mg/일

그림 5-14 **지방 급원식품(g/100g)[1]**

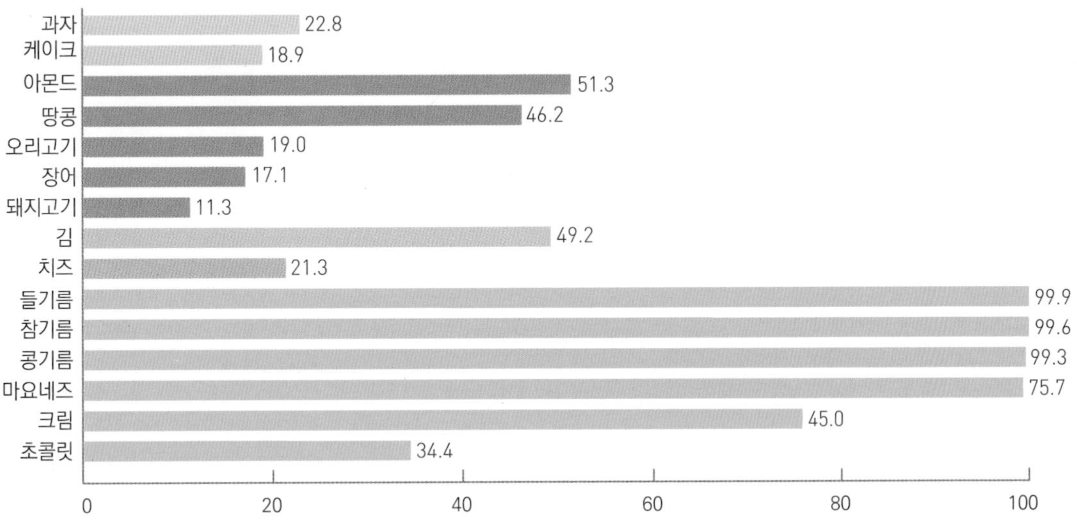

1) 2017년 국민건강영양조사의 식품별 섭취량과 식품별 지방 함량(국가표준식품성분표 DB 9.1) 자료를 활용하여 지방 주요 급원식품 상위 30위 산출

6 지질과 관련 있는 질병

체내 지질의 결핍은 섭취 부족과 소화흡수 장애 두 가지 원인으로 나타날 수 있고, 섭취 부족은 성장지연과 피부염 등의 결핍증이 나타나며 주로 성장기에 나타난다. 소화흡수 장애에 의한 결핍은 지질흡수 불량환자, 화상환자, 수술 환자 등 지질 요구량이 높은 경우에 발생할 수 있으며 담즙 생성 억제 및 담낭 폐색 등이 원인이 될 수 있다.

지질을 필요 이상으로 많이 섭취할 경우 암, 비만, 심혈관계 질환 등의 있으며 특히 혈액 중 LDL 농도가 높을수록 동맥경화증이 촉진되고 반면에 HDL은 각 조직의 콜레스테롤을 간으로 보내는 역할을 하기 때문에 혈중 HDL 농도가 낮을 경우 동맥경화증이 촉진된다.

포화지방산을 과도하게 섭취하면 유방암, 대장암, 직장암, 전립선암 등 암의 이환율이 증가한다.

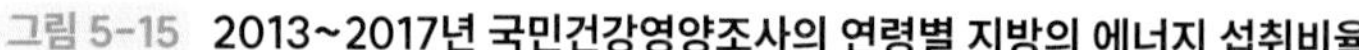

그림 5-15 2013~2017년 국민건강영양조사의 연령별 지방의 에너지 섭취비율

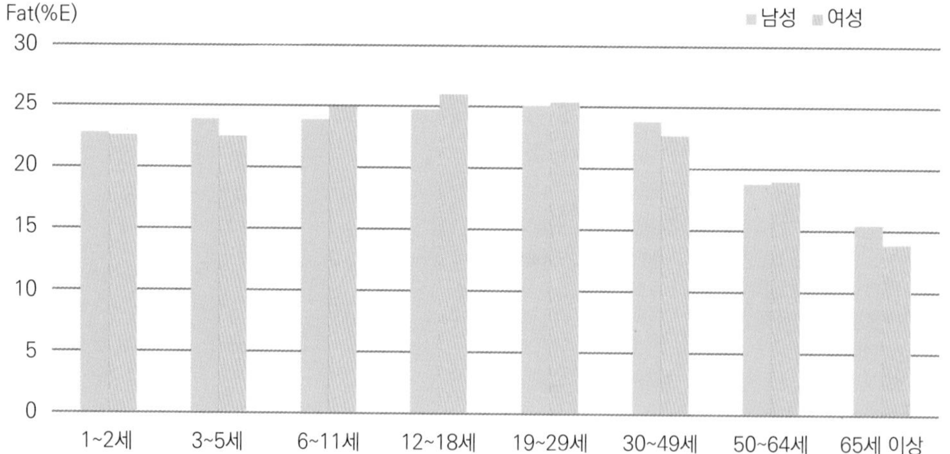

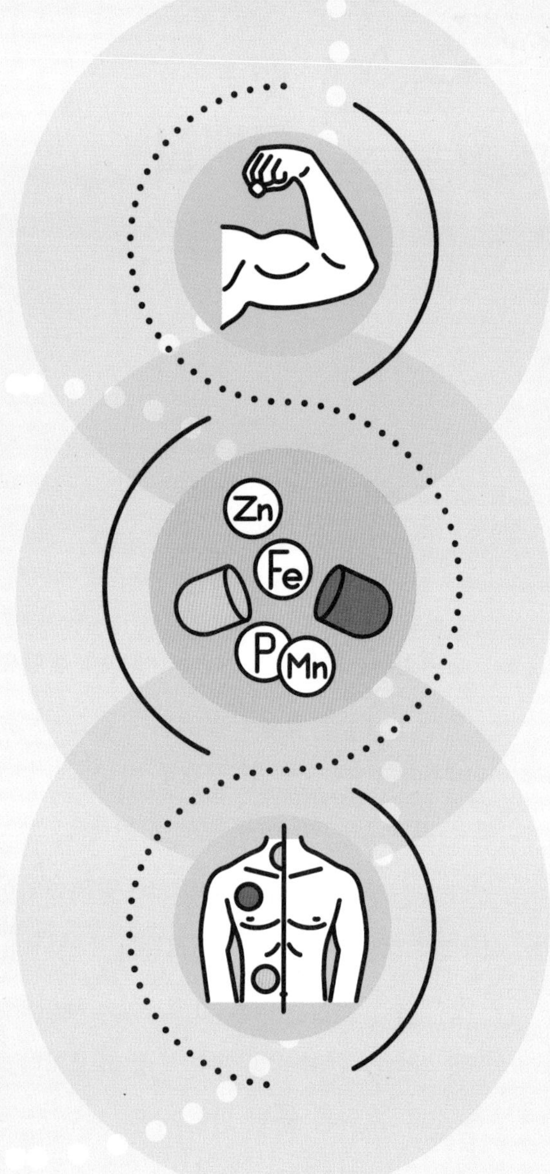

제6장

단백질

제6장 —
단백질

단백질은 그리스어 "protos"에서 유래했으며, 이는 "가장 중요한" 또는 "첫 번째"라는 의미이다. 이 명칭은 생명체의 기본 구성 요소로서 단백질이 차지하는 중요성을 잘 나타낸다고 볼 수 있다. 실제로 인체에서 단백질은 물 다음으로 가장 많은 양을 차지하는 물질로, 건조된 인체 무게의 약 반을 구성한다. 단백질은 근육의 약 3분의 1, 뼈와 연골의 5분의 1, 피부의 10분의 1을 차지하며, 혈액, 체액, 기타 조직에 두루 분포하여 신체 각 부분에서 핵심적인 기능을 수행한다.

단백질은 탄소, 수소, 산소, 질소 네 가지 주요 원소로 구성된 복잡한 화합물이며, 특히 질소는 단백질의 필수 구성 요소이다. 단백질의 기능은 매우 다양하다. 근육 활동, 소화, 호르몬 생성, 면역 작용, 세포 간 신호 전달 등 생명 활동의 거의 모든 과정에 필수적으로 관여하며, 우리 몸의 구조를 유지하고 기능을 수행하는 데 중요한 역할을 한다. 따라서 단백질은 건강한 삶을 유지하는 데 필수적인 영양소라고 할 수 있다. 균형 잡힌 식사를 통해 충분한 단백질을 섭취하는 것은 건강한 근육과 뼈를 유지하고, 질병에 대한 저항력을 높이며, 성장과 발달에 도움을 주는 데 중요하다.

1 아미노산

1) 정의 및 구조

인체를 구성하는 단백질은 20종 이상의 아미노산으로 이루어져 있다. 이 20여 가지의 아미노산만으로도 수백만 종의 단백질을 생성할 수 있어, 단백질의 종류와 기능은 아미노산의 종류와 함량, 그리고 아미노산의 배열 순서에 의해 결정된다. 모든 아미노산은 탄소 원자를 포함하고 있으며, 이 탄소 원자에는 아미노기(−NH2)와 카르복실기(−COOH)가 붙어 있고, 수소(H)와 탄소사슬(R)이 연결되어 있다. 탄소 사슬은 각 아미노산마다 상이하며, 이러한 차이점이 단백질의 구조와 기능에 영향을 준다. 아미노산들은 펩티드 결합(Peptide bond)을 통해 서로 연결되는데, 두 개의 아미노산이 펩티드 결합으로 이어지면 디펩티드, 세 개의 아미노산이 결합하면 트리펩티드, 그리고 더 많은 아미노산들이 연결되면 폴리펩티드를 형성한다.

그림 6-1 아미노산의 일반 구조

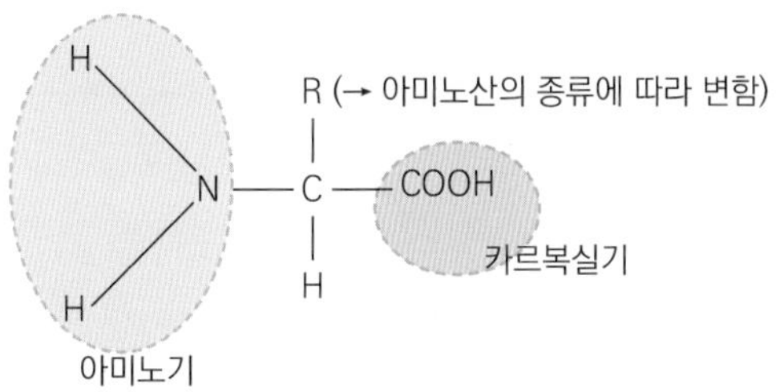

2) 필수 아미노산

필수 아미노산은 인체 내에서 자체적으로 합성할 수 없는 아미노산으로, 반드시 식품을 통해 섭취해야 한다. 단백질 합성은 세포 내에서 진행되는 핵심적인 과정이며, 이 과정에는 일반 아미노산뿐만 아니라 필수 아미노산도 반드시 요구된다. 그러므로 건강한 신체를 유지하기 위해서는 균형 잡힌 아미노산 섭취가 필수적이다. 필수 아미노산에는 히스티딘, 이소류신, 류신, 라이신, 메티오닌, 페닐알라닌, 트레오닌, 트립토판, 발린 등이 있으며, 이 중 히스티딘은 유아에게 필수적이다.

표 6-1 아미노산의 분류

필수 아미노산(Essential amino acids)	비필수 아미노산(Nonessential amino acids)
히스티딘(Histidine) 이소로이신(Isoleucine) 로이신(Leucine) 라이신(Lysine) 메티오닌(Methionine) 페닐알라닌(Phenylalanine) 트레오닌(Threonine) 트립토판(Tryptophane) 발린(Valine)	알라닌(Alanine) 아르기닌(Arginine) 아스파르틱산(Aspartic acid) 시스테인(Cystein) 글루탐산(Glutamic acid) 글루타민(Glutamine) 글라이신(Glycine) 프롤린(Proline) 세린(Serine) 티로신(Tyrosine)

* 아미노산은 체내에서 합성할 수 없는 9개의 필수 아미노산, 체내 합성이 가능한 11개의 불필수 아미노산으로 분류
* 조건적 필수 아미노산이란? 체내에서 합성될 수 있지만, 질병, 스트레스, 성장기 등 특수 상황에서는 체내 합성만으로는 충분하지 않아 식이를 통해 섭취해야 하는 아미노산. 대표적으로 아르기닌, 시스테인, 글루타민, 글라이신, 프롤린, 티로신의 6개가 존재

표 6-2 필수 아미노산의 종류와 특징

히스티딘	근육생성과 면역력 증진에 도움
이소류신	근육 성장과 발달에 중요한 역할
류신	에너지 생성과 근육 조직 보호에 관여
라이신	면역 체계 강화와 칼슘 흡수에 도움
메티오닌	단백질 합성과 핵산 합성에 필수적
페닐알라닌	신경전달물질인 도파민과 노르아드레날린 생성에 관여
트레오닌	콜라겐 생성과 면역 기능에 중요한 역할
트립토판	세로토닌과 멜라토닌 생성에 관여
발린	에너지 생성과 근육 성장에 도움

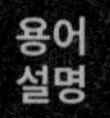

용어 설명

- **낫모양적혈구 빈혈증(겸상적혈구 빈혈증)**: 아미노산의 변화로 헤모글로빈의 구조와 기능이 변화되고, 결과적으로 적혈구가 낫모양으로 변형되어 생기는 빈혈
- **정상헤모글로빈**: 베타글로빈 사슬의 6번째 위치에 글루탐산이 존재
- **비정상헤모글로빈**: 베타글로빈 사슬의 6번째 위치에 글루탐산 대신 발린이 존재

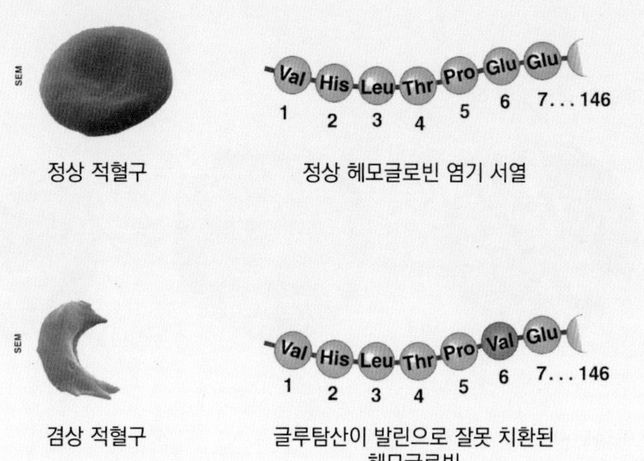

알아두기

√ 알레르기를 일으키는 단백질은?

- 글루텐(밀, 보리, 호밀 등)
- 카제인(우유)
- 오보뮤코이드(달걀흰자)
- 트로포미오신(갑각류, 조개류)

3) 제한 아미노산

인체는 모든 아미노산을 자체적으로 합성할 수 없어, 9종의 필수 아미노산을 반드시 음식물을 통해 섭취해야 한다. 이때 특정 식품에서 가장 부족한 필수 아미노산을 제한 아미노산(Limiting amino acid)이라 부르며, 가장 부족한 필수 아미노산은 제1 제한 아미노산, 그다음으로 부족한 필수 아미노산은 제2 제한 아미노산이라 한다. 즉, 특정 식품

으로 단백질을 충분히 섭취하더라도 제한 아미노산으로 인해 단백질 합성이 적절히 이루어지지 않을 수 있다. 예를 들어, 쌀의 경우 라이신과 트레오닌이 제한 아미노산이다. 반면, 콩은 라이신과 트레오닌은 풍부하나 메티오닌이 제한 아미노산이다. 따라서 쌀과 콩을 함께 섭취하면 서로의 부족한 아미노산을 보완하여 단백질의 영양 가치를 증진할 수 있다.

그림 6-2 **쌀과 콩의 상호보완 작용**

표 6-3 제한 아미노산 및 상호보완 식품

식품군	주요 제한 아미노산	보충 식품군	상호보완식품
곡류	라이신, 트레오닌	두류, 견과류, 육류	콩밥, 잣밥, 영양밥
두류	메티오닌, 시스테인	곡류, 견과류, 종실류	콩밥, 두부김밥
채소류	메티오닌	곡류, 두류, 견과류	시금치 들깨무침, 나물비빔밥
견과류, 종실류	라이신	두류, 곡류	깨두부 무침, 견과류 잡곡밥
옥수수	트립토판, 라이신	두류, 유제품	옥수수콩 샐러드, 치즈옥수수

단백질의 구조

단백질은 세포의 기본 구성 요소로 다양한 생체 기능을 수행하는 필수 영양소이다. 단백질의 구조는 4가지 단계로 이루어져 있으며, 단백질의 기능은 그 구조에 의해 결정된다.

1) 1차 구조(Primary structure)

아미노산이 펩티드 결합을 통해 연결된 사슬 형태의 구조로 단백질 고유의 아미노산 배열을 나타낸다. 아미노산 서열은 단백질의 2차, 3차, 4차 구조를 결정하는 기본적인 정보 역할을 한다.

2) 2차 구조(Secondary structure)

폴리펩티드 사슬이 수소 결합이나 이온 결합을 통해 형성하는 구조이다. 대표적인 2차 구조로는 α –나선 구조(α –helix)와 β –병풍(β –structure) 구조가 있다. 2차 구조는 단백질의 3차 구조를 형성하는 기본 단위 역할을 한다.

3) 3차 구조(Tertiary structure)

폴리펩티드 사슬이 수소 결합, 이온 결합, 소수 결합, –S–S 결합 및 펩티드 결합에 의해 구부러지고 압축되어 형성하는 복잡한 공간적 구조이다. 3차 구조는 단백질의 기능을 수행하는 데 필수적이며, 효소, 항체, 운반 단백질 등의 구조적 기반을 제공한다.

4) 4차 구조(Quaternary structure)

두 개 이상의 3차 구조를 가진 폴리펩티드 사슬이 서로 결합하여 형성하는 구조이다. 4차 구조는 단백질의 기능을 더욱 복잡하게 만들고, 다양한 기능을 수행하도록 한다. 모든 단백질이 4차 구조를 가지고 있는 것은 아니며, 헤모글로빈, 항체 등이 4차 구조를 가진 대표적인 예시다. 단백질의 기능은 그 구조에 의해 결정되므로 단백질 구조는 중요하다. 또한, 단백질 구조의 변화는 단백질 기능의 변화로 이어질 수 있으며, 이는 질병 발병과 관련될 수 있다.

그림 6-3 **단백질의 구조**

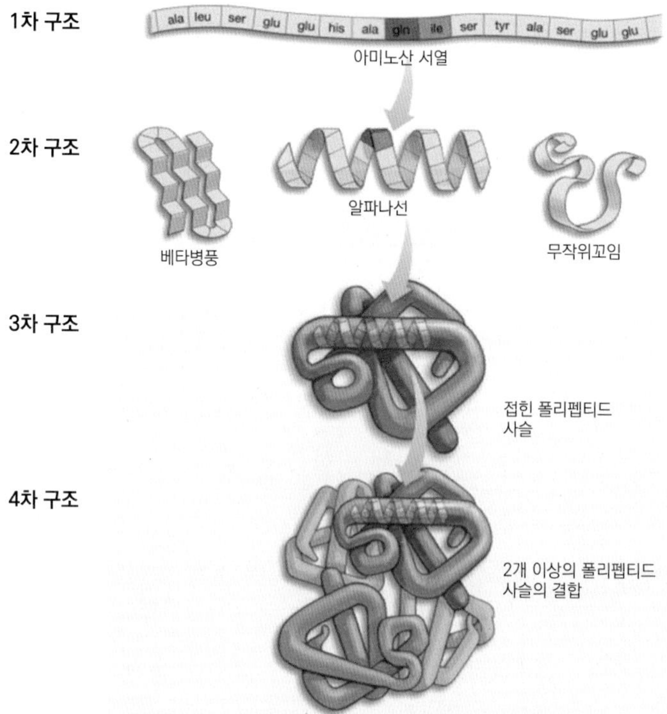

* 1차 구조: 단백질의 1차 구조는 단순한 아미노산의 순서이다. 그러나 이 순서는 단백질의 최종 모양을 결정해 준다.
* 2차 구조: 나선 모양의 알파나선, 병풍과 같은 베타병풍 구조, 그리고 덜 조직화된 무작위꼬임 구조와 같은 구조적 모티프는 대부분의 폴리펩티드 사슬의 2차 구조를 형성한다.
* 3차 구조: 2차 구조의 모티프는 분자의 3차 구조를 구성하여 더 큰 수준의 회전으로 단백질의 특정한 모양을 형성한다.
* 4차 구조: 여러 개의 폴리펩티드 사슬은 서로 연결되어 그림과 같은 헤모글로빈의 경우처럼 4차 구조를 형성한다.

알아두기

거미는 복부샘에서 거미집을 형성하는 거미줄을 분비한다.
건조한 실크 섬유로 만들어진 방사상 가닥들이 거미집의 모양을 유지한다.
나선형 가닥(포획 가닥)들은 바람이나 비 혹은 곤충들의 접촉에 반응하여 늘어날 수 있다.

거미줄: β 병풍구조를 포함하는 구조 단백질

알아두기

✓ 단백질 변성이란?

단백질의 구조가 변하여 원래의 성질이나 기능을 잃어버리는 현상. 변성의 원인은 열, 강한 교반, 산 등이 있으며 단백질의 구조가 서로 엉키며 새로운 형태가 만들어진다. 이로 인해 질감, 색상, 맛이 변한다.

예) - 머리카락 파마: 열과 화학약품으로 머리카락 단백질 구조 변형
- 요구르트 제조: 우유 단백질이 박테리아에 의해 변성
- 치즈 제조: 우유 단백질이 효소, 산에 의해 변성

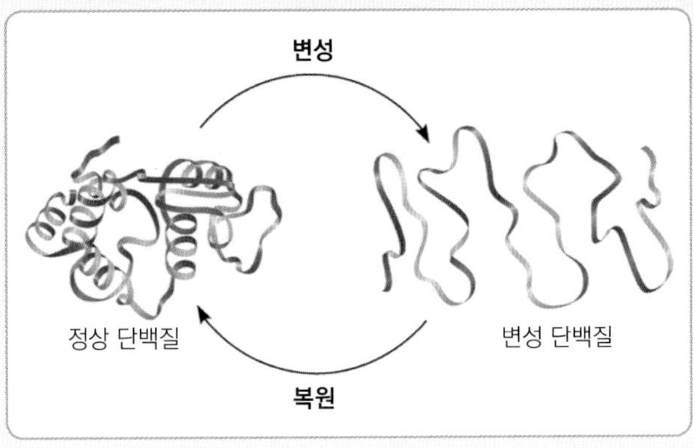

3 단백질의 분류

1) 영양적 분류

(1) 완전 단백질

완전 단백질은 인체의 정상적인 성장에 필요한 9가지 필수 아미노산을 모두 적절한 비율로 함유하고 있는 양질의 단백질을 말한다. 이는 성장 발달, 근육 유지 및 회복, 조직 재생, 면역 체계 강화 등 다양한 신체 기능 수행에 필수적이다. 우유의 카제인, 달걀의 알부민, 대두의 글리시닌이 완전 단백질에 해당한다.

(2) 부분적 불완전 단백질

부분적 불완전 단백질은 하나 혹은 그 이상의 필수 아미노산이 부족하거나 그 함량이 낮은 단백질을 뜻한다. 이는 생명 현상 유지에는 필요하지만, 성장에는 도움이 되지 못하는 단백질로 밀의 글리아딘, 보리의 호르테인 등이 여기에 해당한다. 단독으로 섭취하기보다 다른 단백질과 함께 섭취하면 완전 단백질로 보완될 수 있으므로 어느 정도의 영양적 가치를 갖는다.

(3) 불완전 단백질

불완전 단백질은 필수 아미노산 중 하나 이상이 완전히 부족하거나, 모든 필수 아미노산의 함량이 매우 낮은 단백질을 뜻한다. 단백질의 질이 낮아 단독으로 장기간 섭취하면 성장 지연, 체중 감소, 몸 쇠약 등의 문제를 일으킬 수 있어 영양적 가치가 매우 낮다. 옥수수의 제인과 젤라틴이 이에 해당한다.

2) 화학적 분류

(1) 단순 단백질

아미노산들이 단순히 연결되어 만들어지는 단백질을 단순 단백질이라고 한다. 단순 단백질은 우리 몸 곳곳에서 중요한 역할을 수행한다.

단순 단백질	함유 식품 혹은 기관	주요 역할
알부민	난백, 혈액, 우유	몸 안의 물질 운반, 면역 기능 유지, pH 조절
락트알부민	우유	칼슘 흡수 돕기, 항균 및 항바이러스 활성
글로불린	난백, 근육, 혈액	면역 체계 강화, 항체 생성, 호르몬 운반
글리시닌	대두	항산화, 항암, 항염증 효과, 혈압 조절
글루텐	밀, 보리	빵, 파스타 제조(탄력성, 점성 부여), 일부 사람들에게 글루텐 불내증 유발 가능성
오리제닌	쌀	항산화, 항염증 효과, 혈당 조절
콜라겐	연골, 피부, 뼈	피부 탄력 유지, 관절 보호, 뼈 강화
케라틴	모발, 손톱, 발톱	강도와 탄력성 부여, 모발과 손톱 보호

(2) 복합 단백질

단백질은 다양한 화합물(탄수화물, 지질, 인산, 색소, 철, 아연 등)과 결합하여 다양한 기능을 수행하는 복합 단백질을 형성한다.

복합 단백질	함유 식품 혹은 기관	단백질	주요 역할
당단백질	난백	오보뮤코이드	식품 내 점도와 윤활성 제공
지단백질	혈액, 간	LDL*, HDL*	혈액 내 지질과 결합하여 지방 운반
인단백질	우유, 난황	카제인, 비텔린	세포신호 전달, 영양 공급
색소단백질	적혈구	헤모글로빈	산소 운반, 호흡에 필수적
금속단백질	혈액, 간	트렌스페린	철 이온 운반
아연단백질	췌장 베타세포	인슐린	혈당 조절

* LDL(Low-density lipoprotein): 저밀도 지단백
* HDL(High-density lipoprotein): 고밀도 지단백

4 소화, 흡수 및 대사

1) 단백질의 소화

단백질은 소화 과정을 거쳐 아미노산으로 분해된 후, 혈액을 타고 전신으로 운반되어 체내에서 다양한 역할을 수행한다. 구강 내에서는 단백질 분해가 일어나지 않고, 씹는 행위를 통해 단백질의 구조가 물리적으로 파괴되어 효소가 쉽게 접근할 수 있도록 한다. 단백질의 소화는 위에서 본격적으로 시작된다. 위벽 세포에서는 펩시노겐이라는 비활성 형태의 효소가 분비된다. 위액 중 염산의 작용으로 강한 산성 환경이 되면 펩시노겐은 활성 펩신으로 변환되어 단백질 펩티드 사슬을 분해하기 시작한다. 특히, 우유 단백질인 카제인은 레닌이라는 효소에 의해 응고된 후 펩신에 의해 아미노산으로 분해된다. 부분적으로 분해된 펩티드들은 소장으로 이동하면서 췌장과 소장에서 분비되는 다양한 단백질 분해 효소들에 의해 더 작은 단백질로, 그리고 아미노산으로 최종 분해된다.

표 6-4 단백질의 소화

기관	효소	기질과 최종 분해산물
위	펩신(Pepsin)	단백질 → 큰 Polypeptides → Dipeptides
췌장	트립신(Trypsin) 키모트립신(Chymotrypsin) 카르복시펩티다제 (Carboxypeptidase)	단백질 → 큰 Polypeptides → Dipeptides 단백질 → 큰 Polypeptides → Dipeptides 작은 Polypeptides → Amino peptides dipeptides
소장	아미노펩티다제 (Aminopeptidase)	Polypeptides → Amino acids dipeptides
	디펩티다제(Dipeptidase)	Dipeptides → Amino acids

2) 단백질의 흡수 및 대사

소장에서 단백질이 아미노산으로 최종 분해되면 흡수 및 대사 단계로 넘어간다. 단백질의 흡수는 소장 내벽의 특수 세포와 간의 협력을 통해 이루어지는데, 능동적 수송을 통해 이루어지거나, 혈관을 타고 간으로 이동하기도 한다.

(1) 아미노산 풀 형성

간으로 운반된 아미노산은 일부가 혈장 단백질 형성 및 간 조직 보수에 사용되고, 나머지는 간과 혈액을 통해 각 조직으로 이동하여 아미노산 풀(Amino acid pool)을 형성한다. 아미노산 풀은 식사로 섭취하거나 체내에서 합성된 비필수 아미노산이 저장되는 곳으로 조직에서 필요한 다양한 단백질 합성을 위해 필요한 아미노산을 공급하기도 한다. 또한, 에너지가 부족할 경우 아미노산을 분해하여 에너지원으로 활용하기도 하며, 호르몬, 효소, 신경전달물질 등 특수한 기능을 가진 화합물로 전환되기도 하는 등 지속적 변화를 통해 동적인 평형 상태를 유지한다.

(2) 탄수화물 및 지방으로 전환

체내에서 필요한 단백질을 합성한 후 남은 아미노산은 탈아미노 반응(Oxidative

deamination)을 통해 질소 부분이 분리된다. 탈아미노 반응으로 생성된 탄소 골격의 일부는 탄수화물로 전환(Gluconeogenesis)되거나 케토제니스 과정을 통해 지방으로 전환될 수 있다. 이러한 탈아미노 과정은 에너지가 부족할 때 아미노산을 분해하여 에너지원으로 활용, 탄수화물 부족 시 혈당 유지를 위해 아미노산을 분해하여 탄수화물을 합성하는 혈당조절, 과잉 에너지가 지방으로 축적되도록 지방 축적 등 중요한 여러 기능을 한다.

(3) 요소의 생성 및 배설

탈아미노 반응 중 생성되는 암모니아는 수용성 가스로 신체에 유독하며, 혈액 1L당 0.01mg만 존재해도 생명이 위험할 수 있다. 따라서, 신체는 암모니아를 비독성 물질인 요소(Urea)로 변환하여 소변을 통해 체외로 배출해야 하며 이 과정은 주로 간에서 일어난다. 고단백 식단을 섭취하면 체내에서 더 많은 아미노산이 분해되어 탈아미노 반응을 통해 암모니아가 생성된다. 고단백 식사를 한 사람은 하루 1~2L의 소변 속에 20~40g의 요소를 배설하게 된다.

그림 6-4 **단백질 대사 및 활용**

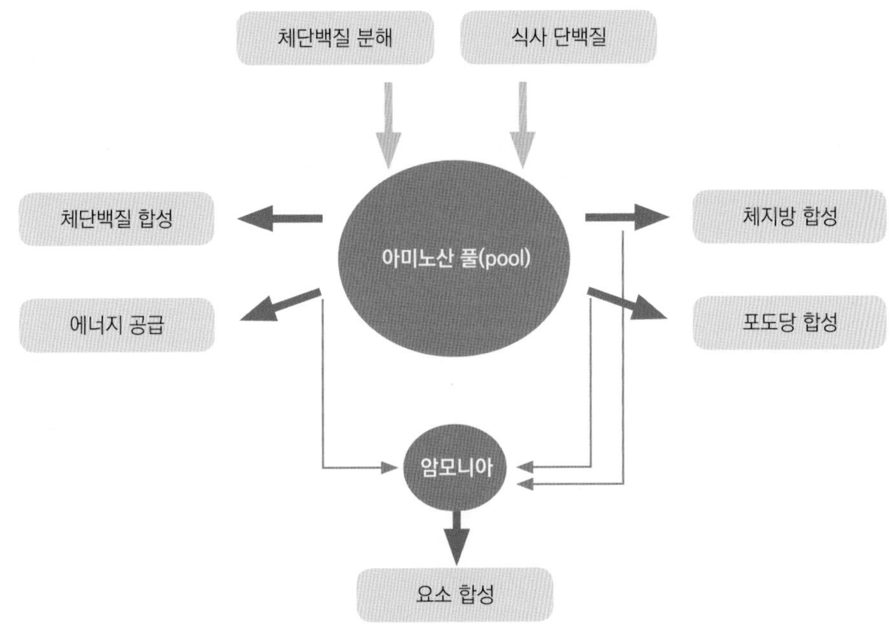

탈아미노 반응: 체내에서 필요한 단백질을 합성한 후 남은 아미노산은 탈아미노 반응을 통해 분해되는데, 이 반응은 아미노산 산화 효소(Amino acid oxidase)에 의해 일어나며, 아미노산 1개당 1개의 암모니아(NH3)와 1개의 α-케토산을 생성한다. 탈아미노 반응은 주로 간과 신장에서 일어난다.

5 단백질의 체내 작용

1) 에너지 공급

단백질은 1g당 4kcal의 에너지를 공급하며, 체조직의 구성 및 유지에 필수적인 역할을 한다. 특히 탄수화물이나 지방이 부족할 때 에너지원으로 활용된다. 하지만 단백질은 에너지원으로 활용하기 위해 분해되면서 체내 질소를 손실하게 되므로, 에너지원으로서 단백질을 과도하게 사용하는 것은 피해야 한다.

2) 새로운 조직의 합성과 보수

체내 조직은 끊임없이 노화되고 손상되므로, 새로운 조직을 합성하고 보수하는 것이 중요하다. 이를 조직 단백질의 전환(Turnover)이라고 하며 체내에서 중요한 역할을 수행한다. 소장점막의 상피세포는 3~4일, 간과 혈청 단백질은 6일이 경과하면 전단백질의 1/2이 새로운 단백질로 대체된다. 근육단백질은 180일 가량이 지나면 1/2이 새것으로 전환된다. 영아는 식이 단백질의 1/3이 새로운 조직을 형성하는 데 이용되며, 이때 단백질이 부족하면 뇌와 근육 형성, 혈액 공급에 영향을 미치고 성장이 지연된다. 또한, 체내 단백질은 심한 화상, 출혈, 외과적 수술 및 뼈 골절과 같은 질환에 의해 손상된 부분의 조직을 다시 만들어 준다. 따라서, 단백질 섭취가 부족하면 성장 지연, 근육 감소, 면역력 저하 등의 문제가 발생할 수 있다.

3) 효소, 호르몬 및 항체 형성

단백질은 다양한 효소, 호르몬, 항체 등의 구성 요소이다. 효소는 화학 반응을 촉매하는 역할을 하고, 호르몬은 신체 기능을 조절하며, 항체는 질병에 대한 저항력을 제공한다. 단백질 섭취가 부족하면 효소 결핍, 호르몬 불균형, 면역력 저하 등의 문제가 발생할 수 있으며, 심각한 경우 사망에 이르기도 한다.

4) 수분 평형 조절

혈액 내 단백질, 특히 알부민은 혈액의 삼투압을 유지하여 수분 이동을 조절하는 역할을 한다. 단백질 섭취가 부족하면 혈액의 삼투압이 낮아져 혈관 내 수분이 세포 밖으로 이동하여 부종이 발생할 수 있으며, 이는 중요한 장기 기능의 저하로 이어질 수 있다. 단백질의 정상적인 보충이 이루어지면 조직 내의 수분이 빠지므로 부종이 사라지게 된다.

5) 산-알칼리 평형 조절

아미노산은 산성과 알칼리성 특성을 가지고 있다. 따라서, 체내에서 생성되는 산과 알칼리를 중화시켜 체내 산-알칼리 평형을 유지하는 데 중요한 역할을 한다. 산-알칼리 평형이 깨지면 신체 기능에 이상을 초래할 수 있으므로, 단백질 섭취를 통해 체내 산-알칼리 평형을 유지하는 것이 중요하다.

6 권장량 및 급원식품

단백질은 우리 몸의 필수 영양소로서, 성장, 발달, 조직 보수, 신체 기능 유지 등 다양한 역할을 수행하므로, 적절한 양의 단백질 섭취는 건강 유지에 중요하다. 총에너지에 대한 단백질의 에너지 적정비율은 7~20%이다. 성장기 아동이나 청소년은 성장 과정에서 더 많은 단백질을 필요로 하며, 비교적 많은 양질의 단백질을 섭취해야 한다.

임산부와 수유부는 태아 또는 영아의 성장과 발달을 위해 일반인보다 더 많은 단백질을 섭취해야 한다. 또한, 성인의 경우, 임신 및 수유기를 제외하고는 불필요하게 많은 단백질을 섭취하는 것은 피해야 한다. 과도한 단백질 섭취는 신장에 부담을 줄 수 있으며, 요산 수치를 증가시키고 통풍을 유발할 수 있다. 주요 급원식품은 고기, 생선, 알 및 콩류이며, 일반적으로 식물성 식품보다 동물성 식품이 양질의 단백질을 더 많이 함유하고 있다. 대두는 식물성 식품 중에서 특히 질 좋은 단백질을 함유하고 있다.

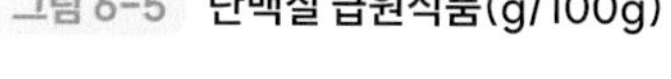
그림 6-5 단백질 급원식품(g/100g)

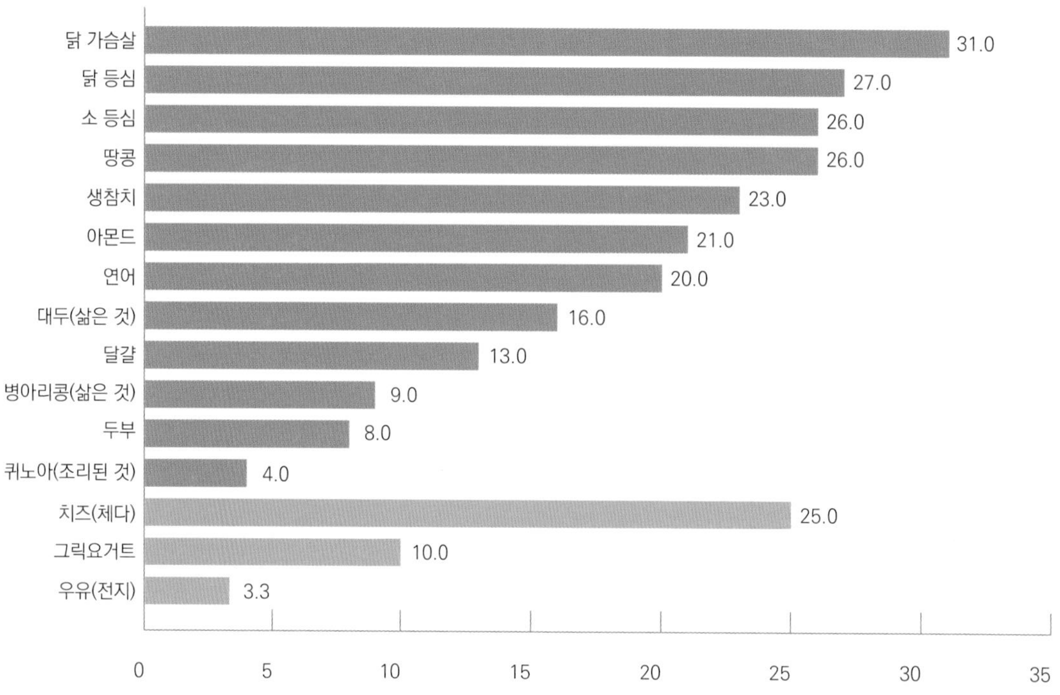

7 결핍증

단백질은 다른 영양소들처럼 체내에 오랫동안 저장되지 않지만 효소, 호르몬 및 항체와 체조직 형성 등에 필요하기 때문에 매일 적당량 공급되지 않으면 결핍증에 걸리기 쉽다. 또한, 열량 섭취가 부족하면 에너지원 확보를 위해 단백질이 분해되어 사용될 수 있으며, 이는 단백질 결핍으로 이어질 수 있다. 따라서, 반드시 매일 필요한 양을 섭취해야 한다. 대표적인 단백질 결핍 질환으로는 마라스무스와 콰시오커가 있다.

1) 마라스무스

마라스무스(Marasmus)는 아프리카 등지 유아 및 아동에게 단백질과 열량 부족으로 인해 발생하며, 성장 지연, 체지방 고갈, 뼈와 가죽만 남은 형상 등의 증상을 나타낸다.

2) 콰시오커

콰시오커(Kwashiokor)는 12~48개월 유아에게 흔히 발생하며, 부종, 근육 위축, 부스럼, 머리카락 건조 및 탈색 등의 증상을 나타낸다.

그림 6-6 마라스무스와 콰시오커

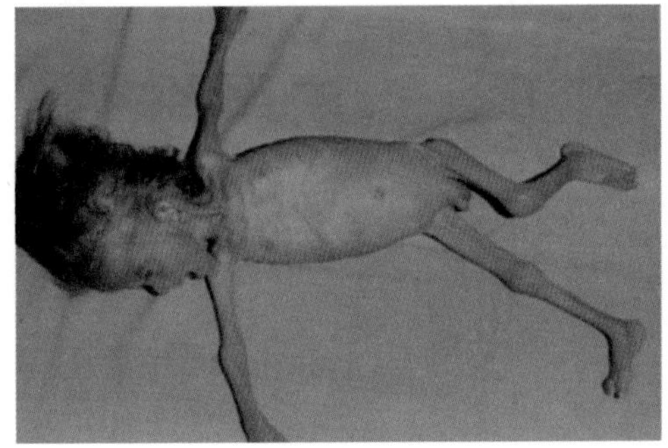

마라스무스

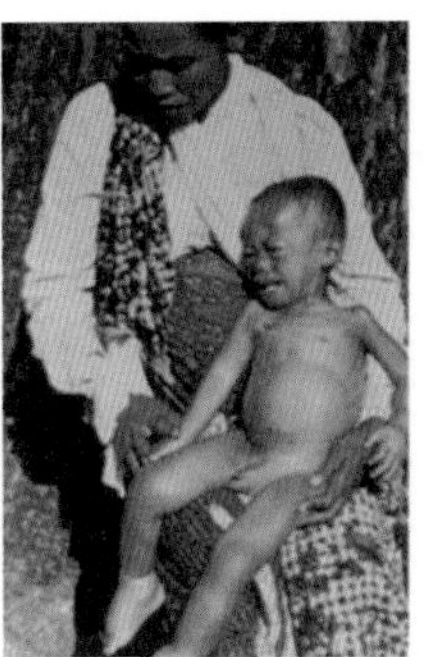

콰시오커

알아두기

✓ 단백질 과잉 섭취 시 문제점

- **체중 증가 유발**: 여분의 단백질은 에너지원으로 활용, 지방 또는 당질로 전환되어 체내에 축적된다.
- **피로감 유발**: 단백질 분해 및 합성 과정에서 많은 에너지가 소모된다.
- **신장 부담**: 많은 양의 질소 노폐물 배출 시 신장에 무리를 준다.
- **골밀도 감소**: 뼈에서 칼슘이 용출된다.

식품과 영양

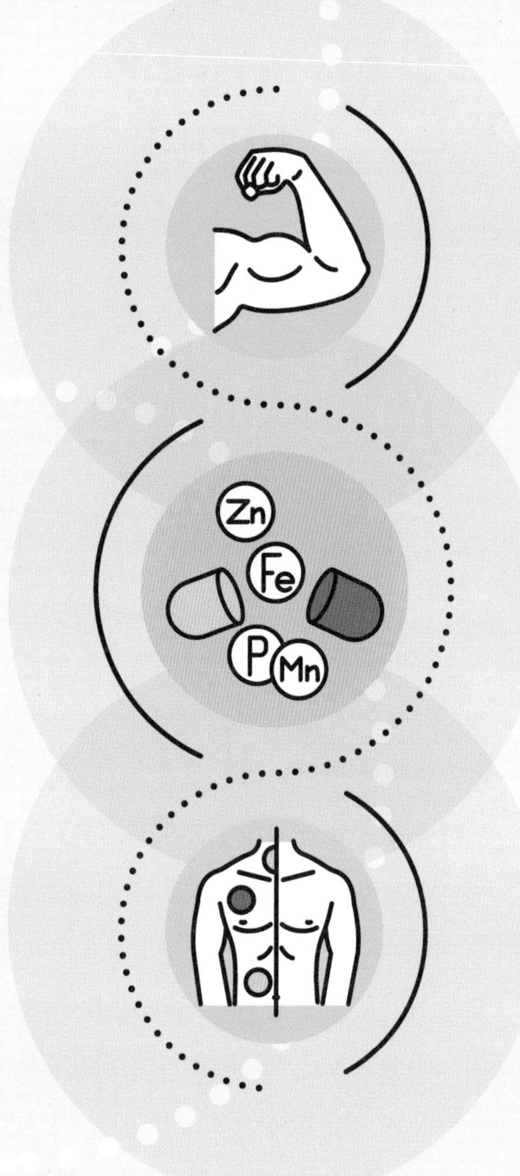

제7장

비타민

제7장 —
비타민

비타민은 생명 유지에 필수적인 미량 영양소로, 20세기 초 영국의 생화학자 프레데릭 홉킨스가 주요 영양소 외에 미지의 필수 성분이 존재함을 제시하면서 그 중요성이 부각되기 시작했다. 1910년경 폴란드 출신 생화학자 카지미어 펑크는 쌀겨 추출물이 각기병 치료에 효과가 있음을 발견하고, 생명 유지에 필수적인 아민류 물질이라는 의미로 “바이탈아민”이라는 용어를 처음 도입했다.

이후 다양한 비타민이 규명되면서 “비타민”이라는 용어가 정착되었다. 비타민의 명명은 대체로 발견 순서에 따라 A, B, C, D, E 등으로 이루어졌으며, 비타민 K는 예외적으로 응고(Koagulation)를 나타내는 ‘K’를 사용했다. 비타민 B군은 여러 성분으로 구성되어 B_1, B_2, B_3 등으로 구별한다. 비타민은 미량으로 요구되지만 다양한 생리 기능 수행에 핵심적인 역할을 한다. 주요 기능으로는 면역력 증진, 골격 건강 유지, 신경계 기능 조절, 피부 상태 개선, 에너지 대사 등이 있다. 비타민은 대부분 식이를 통해 섭취해야 하나, 일부는 체내에서 합성되기도 한다. 다양한 식품을 통해 균형 있게 비타민을 섭취하는 것이 건강 유지에 중요하다.

비타민의 특성

비타민은 생체 내에서 극소량으로도 큰 영향을 미치는 필수 미량 영양소이다. 이들은 주로 과일과 채소에 풍부하게 함유되어 있으며, 인체의 다양한 생리 기능을 조절하는 핵심 물질로 작용한다. 대부분의 비타민은 체내에서 합성되지 않거나 합성량이 불충분하여 식품을 섭취하여 보충해야 한다. 비타민의 섭취가 부족하거나 과다할 경우, 각 비타민 특유의 결핍 증상이나 과잉 증상이 발생할 수 있으므로 적절한 섭취가 중요하다.

비타민의 분류

비타민은 용해도에 따라 지용성과 수용성으로 분류된다.

1) 지용성 비타민

지용성 비타민에는 A, D, E, K가 있으며, 주로 간과 지방 조직에 저장된다. 이들은 식품의 지질과 함께 소화되며, 체내에 장기간 잔류하여 결핍 증상이 나타나기까지 오랜 시간이 걸릴 수 있다. 지방 섭취가 부족하거나 지질 소화에 문제가 있으면 결핍이 발생할 수 있고, 과다 섭취 시 독성을 유발할 가능성이 있다.

(1) 비타민 A

비타민 A는 한국인에게 흔히 부족한 영양소 중 하나로, 열, 빛, 공기에 쉽게 파괴되는 특성이 있다. 주로 생선(특히 간유), 버터, 동물의 간에 풍부하다. 식물성 식품에는 직접 존재하지 않지만, 비타민 A로 전환 가능한 색소(프로비타민)를 함유하고 있다. 레티놀과 카로티노이드(특히 β-카로틴)가 대표적이며, β-카로틴은 당근 등에 많이 함유되어 있다. 비타민 A 결핍 시 야맹증, 각막건조증, 피부 각질화, 호흡기 질환 등이 발생할 수 있다. 과다 섭취 시에는 두통, 구토, 설사 등의 증상이 나타날 수 있다. 주요 급원 동물성 식품으로는 간, 생선 간유, 버터, 달걀노른자, 유제품, 지방이 많은 생선과 식물성 식품으로는 당근, 고구마, 시금치, 케일, 브로콜리, 호박, 망고, 파프리카, 살구 등이 있다. 동물성 식품에는 즉시 이용 가능한 형태의 비타민 A가, 식물성 식품에는 체내에서 전환되는 β-카로틴이 풍부하므로, 균형 있게 섭취하는 것이 바람직하다. 비타민 A가 부족하면 시력 상실을 유발할 수 있다.

그림 7-1 비타민 A의 부족과 시력 상실

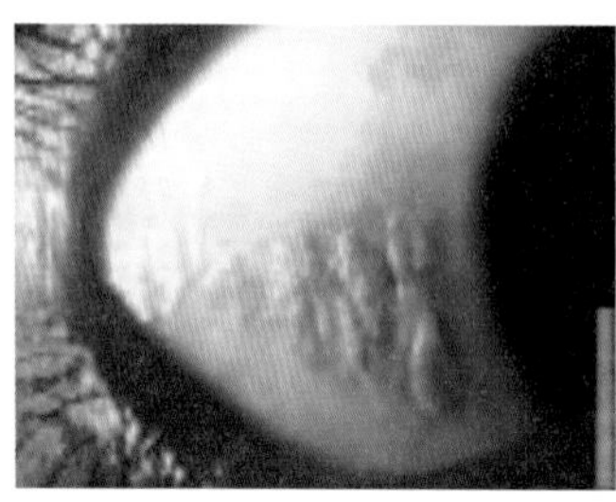

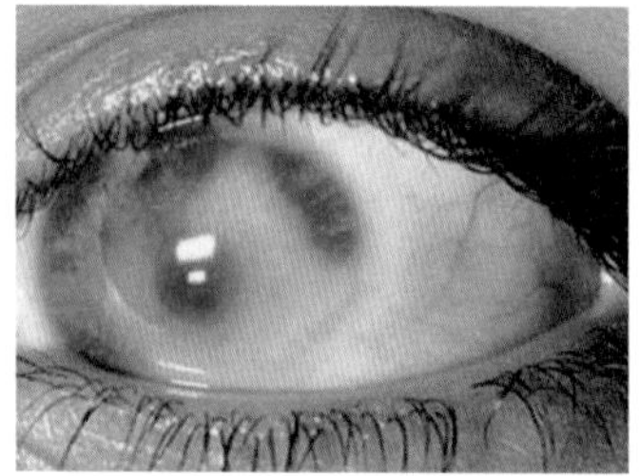

그림 7-2 비타민 A 급원식품(μg RAE/100g)

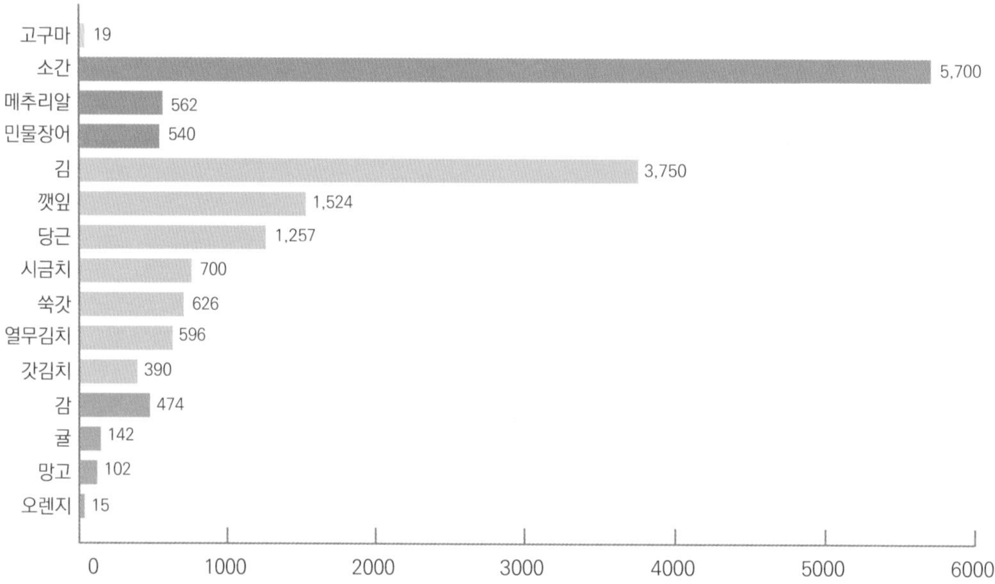

(2) 비타민 D

비타민 D는 칼슘 대사에 핵심적인 역할을 하는 지용성 비타민으로, 체내에서 합성이 가능하다. 피부의 특정 스테롤이 자외선에 노출되면 비타민 D가 생성될 수 있는데, 주로 7-디히드로콜레스테롤과 에르고스테롤이 각각 비타민 D_3와 D_2로 전환된다. 이렇게 만들어진 비타민 D는 간에서 추가 변환 과정을 거쳐 칼슘 대사에 관여하게 된다. 이러한 특성 때문에 비타민 D는 반드시 식품을 통해서만 섭취할 필요는 없다. 그러나 일조량이 부족한 북반구 지역, 대기오염으로 자외선 노출이 제한되는 환경, 또는 노년기의 신체활동 감소 등의 상황에서는 식이를 통한 별도의 비타민 D 섭취가 권장된다.

비타민 D는 주로 간에 저장되며, 칼슘 흡수 촉진과 신장에서 칼슘과 인의 재흡수를 도와 골격 강화에 중요한 역할을 한다. 또한 세포와 신경 기능 유지, 혈액 응고 과정에도 관여한다. 결핍 시 유아는 구루병, 성인은 골연화증이나 골다공증이 발생할 수 있다. 과다 섭취 시 구토, 설사, 체중 감소, 신장 손상, 신장결석, 고칼슘뇨증, 성장 장애 등이 발생할 수 있다. 주요 급원 식품으로는 동물성 식품 중 지방이 많은 생선, 생선 간유, 달걀노른자, 간, 유제품 등이 있다. 식물성 식품으로는 표고버섯, 목이버섯, 강화된 식물성 음료 등이 있다. 비타민 D는 자연 식품에서 얻기 어려워 많은 국가에서 우유, 시리얼, 오렌지 주스 등으로 보충하고 있다. 적절한 햇빛 노출을 통한 체내 생성도 중요한 공급원이나, 과도한 자외선 노출은 피부 건강에 해로울 수 있어 균형 잡힌 접근이 필요하다.

그림 7-3 **정상 골격과 골다공증 골격**

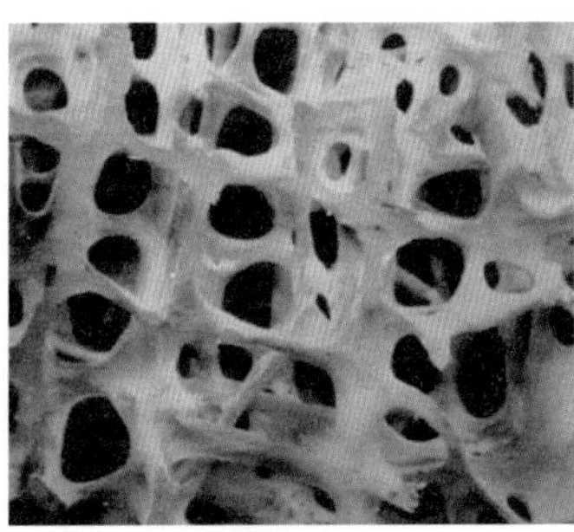

정상 골격

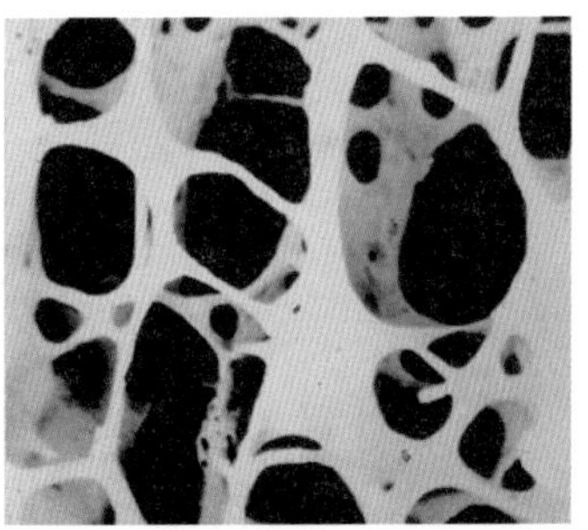

골다공증 골격

그림 7-4 비타민 D와 골격질환

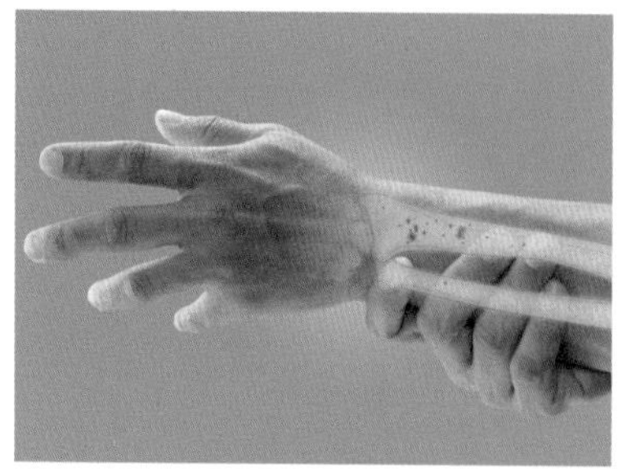

성인의 골다공증

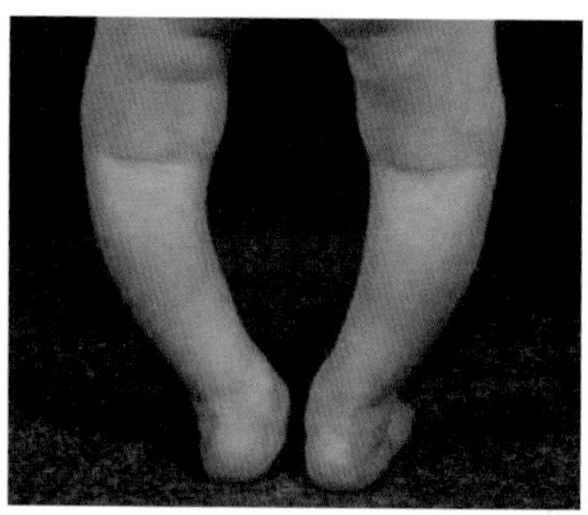

어린이의 구루병

그림 7-5 비타민 D 급원식품(IU/100g)

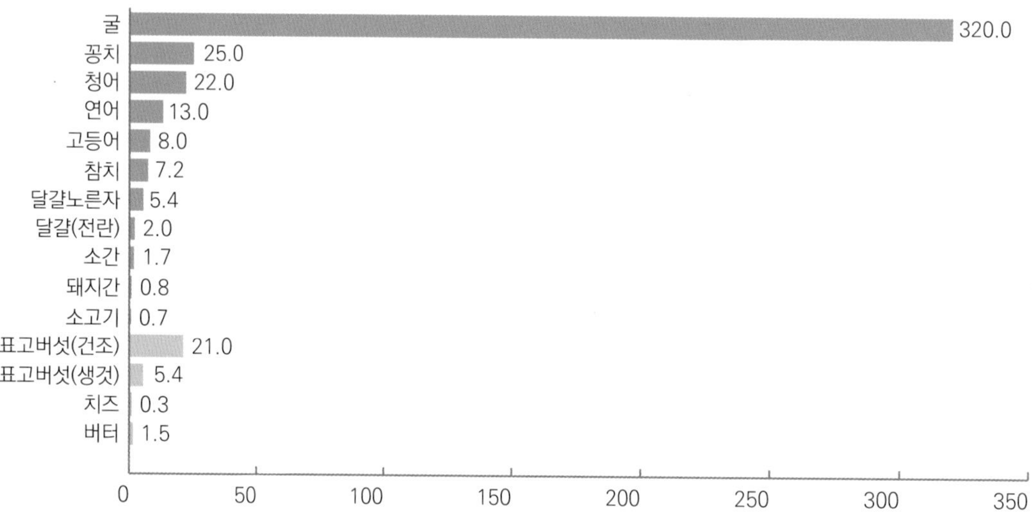

* IU(International Unit): 국제단위

(3) 비타민 E

비타민 E는 4종의 토코페롤과 4종의 토코트리에놀을 포함한 총 8가지 형태로 존재한다. 이는 세포막에 널리 분포하여 고도불포화지방산의 비효소적 산화를 방지하는 항산화제 역할을 한다. 비타민 E 부족 시 세포 손상과 노화 가속화가 일어날 수 있다. 비타민 E의 항산화 작용은 심혈관 질환 위험 감소, 면역 기능 향상, 염증 완화 등 다양한 건강상의 이점을 제공하며, 비타민 C나 셀레늄 같은 다른 항산화 물질과 시너지 효과

를 낸다. 결핍 시 신경계 문제와 면역력 저하가 나타날 수 있으나, 과다 섭취 역시 출혈 위험 증가 등의 부작용을 야기할 수 있어 주의가 필요하다. 주요 공급원으로는 식물성 기름, 견과류와 씨앗, 녹색 잎채소, 과일이 있다. 또한 지방이 많은 생선, 마요네즈, 마가린도 비타민 E의 급원이 된다. 식물성 기름과 견과류가 풍부한 공급원이므로 식단에 포함하는 것이 좋지만, 일부 식품의 높은 칼로리를 고려해 적정량을 섭취해야 한다.

그림 7-6 비타민 E 급원식품(mg α-TE/100g)

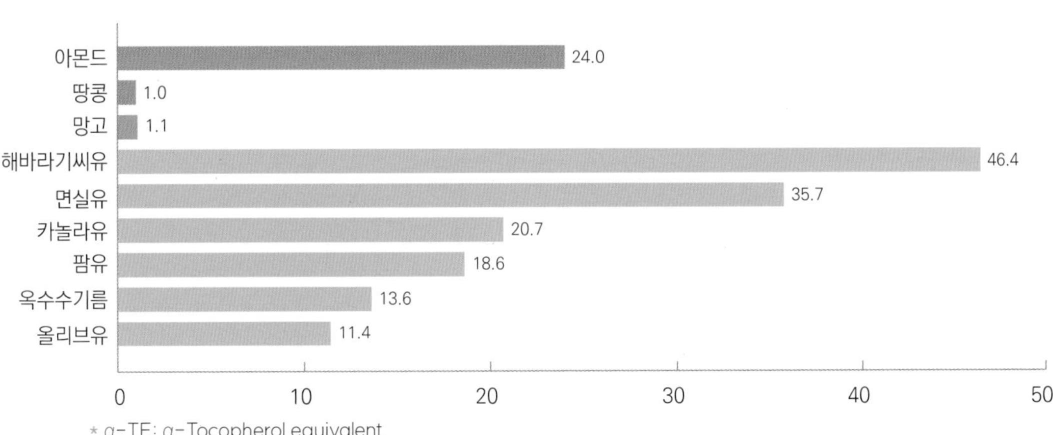

* α-TE: α-Tocopherol equivalent

(4) 비타민 K

비타민 K는 혈액 응고 단백질인 프로트롬빈 합성에 필수적이어서, 부족 시 혈액 응고 기능 저하를 초래할 수 있다. 와파린 같은 항응고제 복용 환자는 비타민 K 섭취에 특별히 주의해야 한다. 비타민 K_2는 혈액 응고 외에도 뼈 건강 유지에 중요한 역할을 하며, 골밀도 증가와 골절 위험 감소에 기여한다. 또한 심혈관 건강 증진에도 도움을 주어 혈관 석회화 방지로 동맥경화 위험을 낮출 수 있다. 최근 연구는 뇌 기능 개선과 인지 기능 유지에도 관여함을 보여주고 있다. 비타민 K_2는 장내 미생물에 의해 합성되어 체내에서 활용되므로, 성인의 결핍증은 드물다. 그러나 신생아는 장내 비타민 K 합성 박테리아가 부족하고 모유의 비타민 K 함량이 낮아 결핍 위험이 있어, 출생 시 비타민 K 보충을 받지 않고 모유만 섭취하는 영아는 출혈성 질환에 취약할 수 있다. 비타민 K의 주요 급원 식품으로는 녹색잎 채소, 각종 허브, 식물성 기름, 발효식품, 동물성 식품, 과일, 그리고 녹차 등이 있다.

그림 7-7 비타민 K 급원식품(μg/100g)

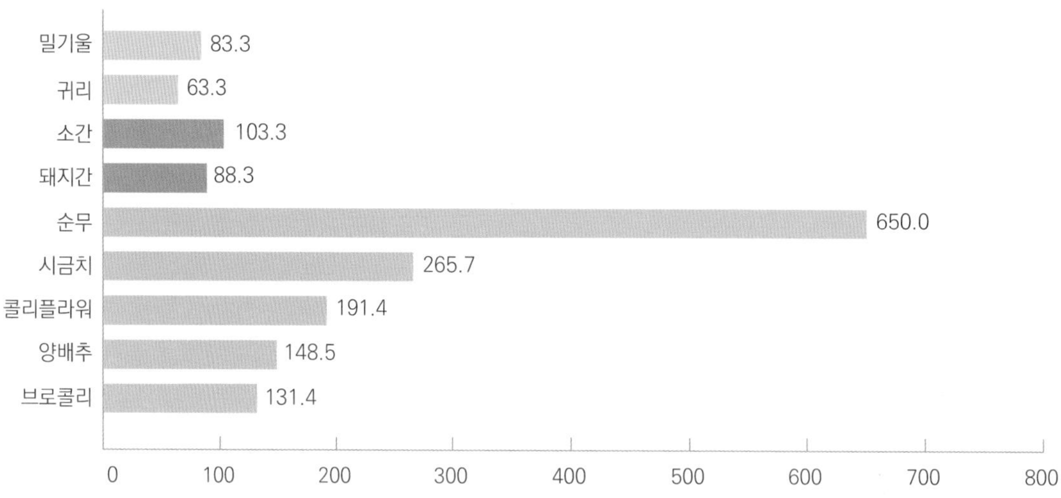

표 7-1 지용성 비타민의 기능과 결핍증

	기능	결핍증	과잉증	급원식품	성인 1일 영양소 섭취기준
비타민 A	• 시각기능 • 세포분화 조절 • 항산화 작용 • 배아의 발달	• 야맹증 • 안구건조증 • 피부이상 • 성장부진 • 면역기능 약화 • 성기능 장애	• 급성: 오심, 구토, 두통, 현기증, 시력 불선명, 근육기능 조정 불량 등 • 영아: 천문(泉門)의 융기 • 만성: 두통, 탈모증, 입술 균열, 피부 건조 및 가려움증, 간장 비대, 골 관절 통증	• 동물의 간, 어유, 달걀 등 • 카로티노이드: 녹황색 채소, 해조류, 과일	**권장 섭취량** [19~49세] • 남 800μg RAE • 여 650μg RAE [50~64세] • 남 750μg RAE • 여 600μg RAE **상한 섭취량** • 3,000μg RAE • RAE(Retinol activity equivalent)
비타민 D	• 체내 칼슘과 무기질 항상성 유지 • 뼈에 칼슘 축적 • 일부 세포의 증식과 분화 조절	• 구루병 • 골연화증 (성인) • 골다공증	• 고칼슘혈증 및 고칼슘뇨증 • 신장·심혈관계의 손상 • 신장결석 • 구토감, 허약감, 변비, 흥분 등 • 아동의 성장 저해	• 비타민 D_2: 이스트 • 비타민 D_3: 생선 간유, 정어리, 난황, 버터 등에 소량 함유	**충분 섭취량** • 10μg **상한 섭취량** • 100μg

<table>
<tr><td>비타민 E</td><td>• 항산화제
• 면역기능 유지
• 심혈관계 질환 예방
• 신경·근육계 보존</td><td>• 용혈성 빈혈</td><td rowspan="2">• 과잉증 심하지 않음</td><td>• 식물성 기름, 밀의 배아, 땅콩, 아스파라거스, 녹색 채소, 마가린, 난황, 간, 우유</td><td>충분 섭취량
12mg α-TE
상한 섭취량
• 540mg α-TE
• α-TE(α-Tocopherol equivalent)</td></tr>
<tr><td>비타민 K</td><td>• 혈액응고
• 골다공증 예방</td><td>• 혈액응고 지연</td><td>• 시금치, 무청, 브로콜리 등의 녹색 채소, 콩류, 대두유, 면실유</td><td>충분 섭취량
• 남 75μg
• 여 65μg</td></tr>
</table>

2) 수용성 비타민

비타민 B군과 비타민 C는 수용성 비타민에 속한다. 이들은 체내 조직에 저장되지 않으며, 과잉 섭취된 양은 신장을 통해 소변으로 배출된다.

(1) 비타민 C

비타민 C는 수용성으로 체내에 저장되지 않으며, 인간을 포함한 일부 동물은 체내에서 합성할 수 없어 반드시 식품으로 섭취해야 한다. 체내에서 비타민 C는 산화-환원 반응 조절, 세포 간질 생성, 지혈 작용, 효소 활성화, 호르몬 대사, 해독 작용, 그리고 탄수화물, 지방, 아미노산, 무기질 등의 전반적인 영양 대사에 관여한다. 비타민 C는 콜라겐 형성에도 중요하며, 강력한 항산화제로 작용한다. 결핍 시 모세혈관 파괴, 다양한 조직에서의 출혈, 체중 감소, 면역 기능 저하, 상처 회복 지연, 고지혈증, 빈혈 등이 발생할 수 있다. 비타민 C의 결핍증으로는 괴혈병이 대표적인데, 초기 증상은 잇몸 부종과 출혈이며, 심해지면 치아 탈락, 피하 출혈 등이 나타나고 사망에 이를 수 있다.

비타민 C의 주요 급원 식품은 채소류 및 과일류 등이다. 육류, 어류, 난류, 유제품에는 소량 포함되어 있고 곡류에는 거의 없다. 흡연, 음주, 운동, 불포화지방 섭취 등도 비타민 C 요구량에 영향을 미친다. 특히 흡연은 비타민 C의 섭취량과 흡수율을 낮추고 대사율을 높이는 반면, 정기적인 운동은 혈중 비타민 C 농도를 높이는 것으로 보고되었다.

그림 7-8 괴혈병

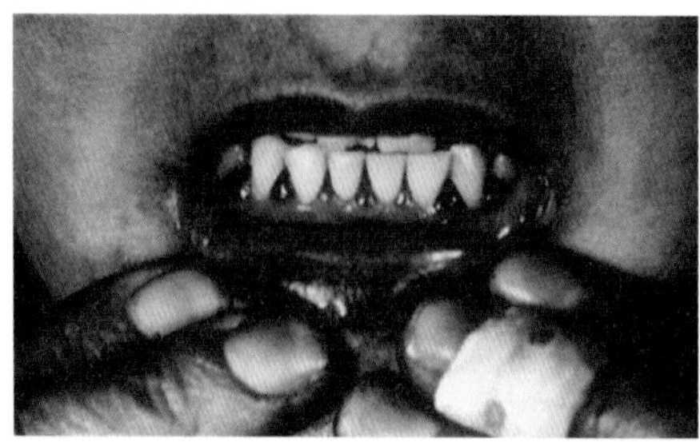

출처: 위키백과

그림 7-9 비타민 C 급원식품(mg/100g)

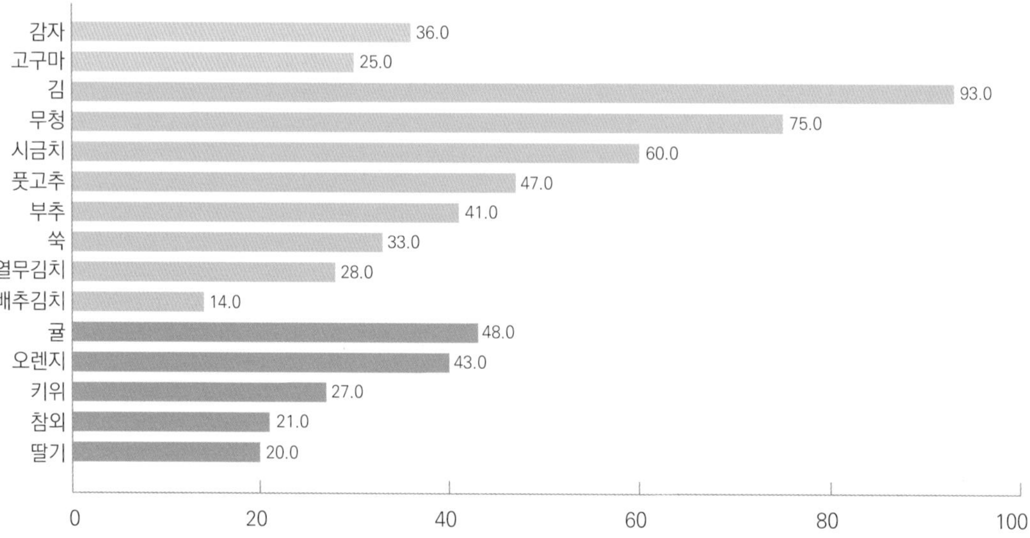

표 7-2 비타민 C의 안정성

요인	영향	손실 최소화 방법
열	고온에서 빠르게 분해됨	조리시간 단축, 낮은 온도 조리
물	물에 쉽게 용해되어 유실	최소한의 물 사용, 찌기 선호
공기(산소)	산화되어 분해	밀폐용기에 보관, 자르기 직전에 준비, 공기접촉 최소화
빛	빛에 노출 시 분해 촉진	어두운 곳에 보관, 불투명 용기 사용
pH	알칼리성 환경에서 불안정	레몬즙 첨가
금속이온	구리, 철 등의 금속이온 존재 시 분해 촉진	스테인리스 스틸 조리기구 사용, 금속 용기 장기보관 피하기
효소	일부 효소에 의해 분해	신선한 재료 사용, 효소의 비활성화를 위한 데치기

(2) 비타민 B군

① 비타민 B_1

20세기 초 일본에서는 정제된 쌀 위주의 식단으로 인한 각기병이 국민병으로 불렸다. 1911년 풍크가 쌀겨에서 각기병 예방 물질을 추출했고, 1926년 윌리엄스가 이 물질의 구조를 규명하고 합성에 성공하여 비타민 B_1 또는 티아민이라 명명하게 되었다.

티아민 피로인산은 탄수화물 대사의 주요 조효소로, 포도당의 에너지 전환 과정에 관여한다. 따라서 비타민 B_1의 권장 섭취량은 에너지 섭취량을 기준으로 설정된다. 주요 기능으로는 탄수화물 대사 조절, 젖산 생성 억제, 신경 기능 정상화, 각기병 예방 등이 있으며, 결핍 시 식욕 감퇴, 체중 감소, 불안, 초조, 두통, 피로 등이 나타난다. 정제된 곡물 위주의 고탄수화물 식단, 과도한 육체 노동, 발열, 임신, 수유 시 비타민 B_1 필요량이 증가한다. 비타민 B_1의 주요 공급원은 곡류 및 곡물제품, 육류 중 돼지고기, 소고기, 간 및 두류, 생선이며, 맥주 효모도 중요한 급원이다. 비타민 B_1은 알칼리성 환경(pH 8 이상)과 고온에서 쉽게 분해되는 특성이 있으므로 적절한 조리법으로 다양한 식품을 섭취하면 비타민 B_1을 충분히 섭취할 수 있다.

그림 7-10 **비타민 B_1 부족과 각기병**

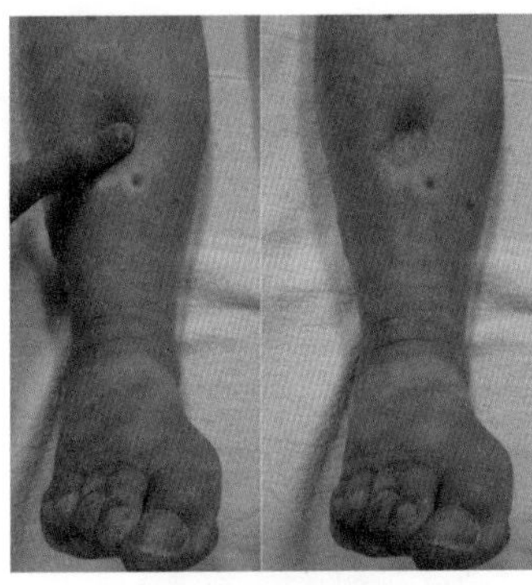

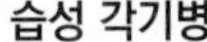

습성 각기병

건성 각기병

* 습성 각기병은 심장과 순환계에 영향을 미치는 각기병의 형태이다. 다리 부종, 호흡 곤란, 빠른 심장박동, 식욕부진 등이 주요 증상이다.
* 건성 각기병은 주로 신경계에 영향을 미치는 각기병의 형태로 주요 증상은 다리 근육 약화, 감각이상 및 보행장애, 정신혼란 등이 있다.

그림 7-11 비타민 B_1 급원식품(mg/100g)

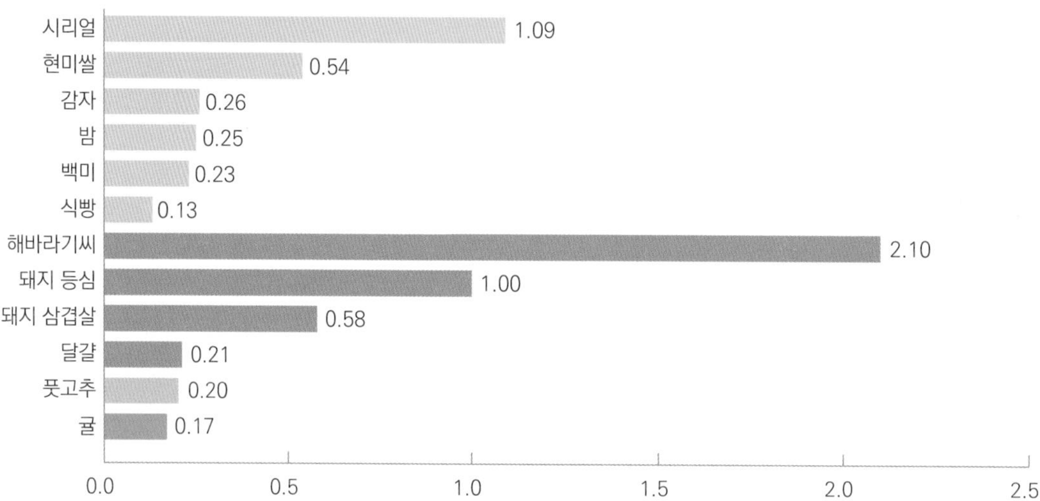

② 비타민 B_2

비타민 B_2는 리보플라빈으로도 불리며, 주요 영양소 대사 과정에서 조효소로 기능하여, 태아 성장, 신경전달물질 생성, 시력 개선, 피부와 부속기관 건강 유지에 중요한 역할을 한다. 결핍 시 주로 구강 부위에 문제가 발생한다. 구각염, 구순염, 설염 등이 나타날 수 있으며, 얼굴, 음낭, 외음부에 지루성 피부염이 생길 수 있고, 눈의 충혈도 나타날 수 있다. 비타민 B_2는 자연계에 널리 분포한다. 주요 급원식품으로는 육류, 어류, 유제품, 콩류, 버섯(특히 양송이), 녹색 채소, 곡물, 달걀, 견과류 등이 있다. 또한, 비타민 B_2는 열, 산, 산화제에 안정적이나 빛과 방사선에 취약하므로 불투명 용기에 보관하면 손실을 줄일 수 있다.

그림 7-12 비타민 B_2 부족과 구순염

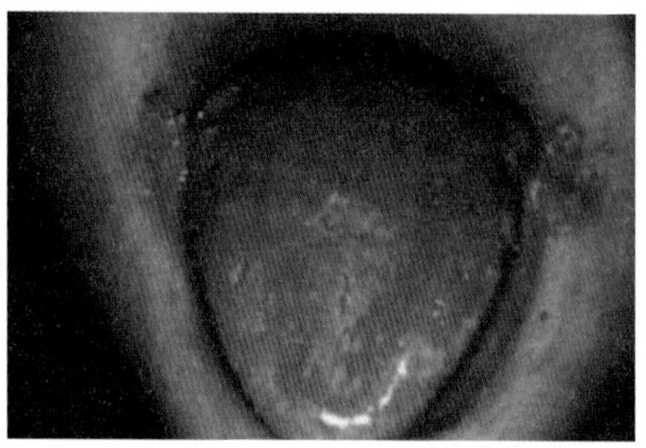

그림 7-13 비타민 B_2 급원식품(mg/100g)

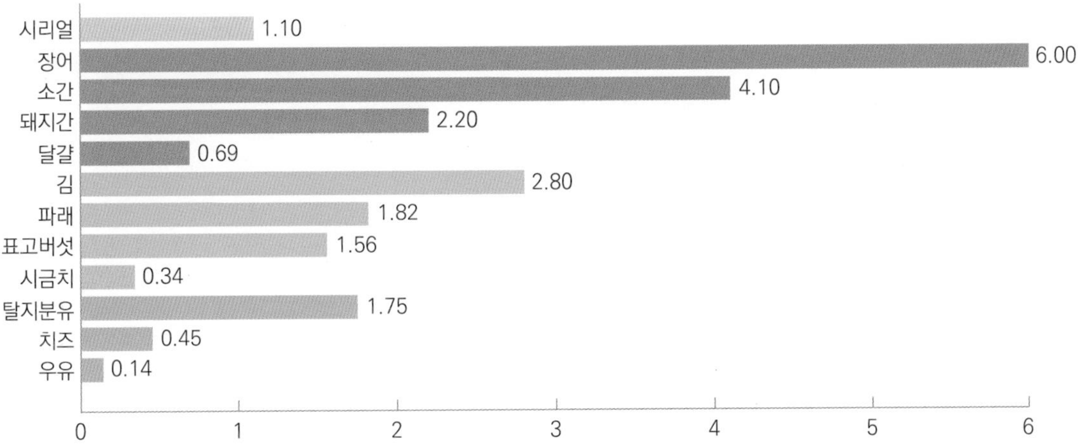

③ 니아신

니아신은 인체 내에서 필수 아미노산인 트립토판으로부터 합성이 가능하다. 60mg의 트립토판이 약 1mg의 니아신으로 전환될 수 있어, 1mg의 나이아신 당량(Niacin Equivalent, NE)은 60mg의 트립토판과 동등하게 여겨진다. 체내에서 니아신은 NAD와 NADP라는 주요 조효소의 구성 요소로 작용한다. 이 조효소들은 다양한 산화-환원 반응에 참여하며, 주요 영양소 대사, 세포 호흡, 스테로이드 합성 등 여러 생화학적 과정에 필수적이다. 니아신 결핍의 대표적 질병은 펠라그라로, 주로 옥수수 위주 식단을 하는 아프리카 지역에서 많이 발생한다. "4D's"로 알려진 증상(피부염, 설사, 치매, 사망)을 나타낸다. 니아신의 주요 급원 식품은 육류, 생선, 콩류, 종실류 등이다. 우유나 달걀은 니아신 함량은 낮지만, 전구체인 트립토판을 충분히 함유하고 있어 간접적인 공급원이 될 수 있다.

그림 7-14 니아신 부족과 펠라그라

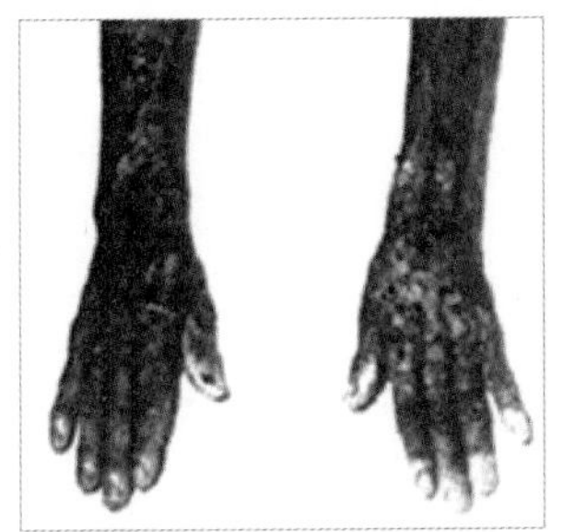
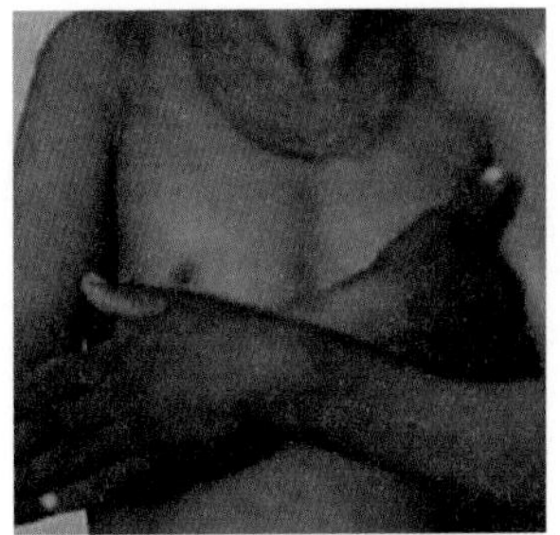

그림 7-15 니아신 급원식품(mg NE/100g)

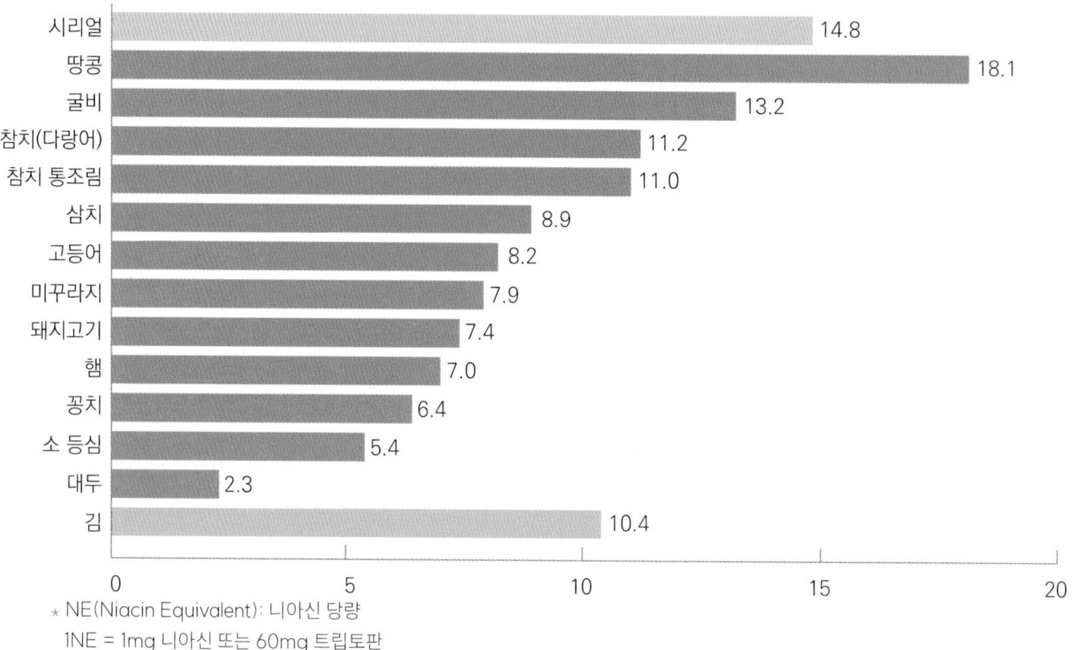

* NE(Niacin Equivalent): 니아신 당량
1NE = 1mg 니아신 또는 60mg 트립토판

④ 비타민 B_6

비타민 B_6는 열에 안정적이나 자외선과 산화에 취약하며, 산성 환경에서는 안정적이지만 알칼리성 환경에서는 불안정하다. 체내에서는 주로 PLP(pyridoxal phosphate) 형태의 조효소로 작용한다. 에너지 생성에 직접 관여하지는 않지만, 아미노산 대사와 헴색소 합성에 중요한 역할을 한다. 따라서 단백질 섭취량 증가 시 비타민 B_6의 요구량도 함께 증가한다. 또한, 비타민 B_6는 헤모글로빈의 산소 결합을 돕는 기능이 있어, 결핍 시 소적혈구성 저혈색소성 빈혈이 발생할 수 있다. 이는 적혈구 크기 감소와 헤모글로빈 농도 저하로 인한 산소 운반 능력 감소를 초래한다. 또한 주요 신경전달물질 합성에 관여하며, 면역 반응에도 영향을 미쳐 비타민 B_6 섭취는 알레르기와 아토피 예방에 도움을 준다. 비타민 B_6는 다양한 식품에 널리 분포하고 장내 미생물에 의해서도 합성되어 결핍증은 드물다. 부족 시 피부염, 구각염, 우울증, 면역기능 저하, 빈혈, 불면증 등이 나타날 수 있다. 주요 급원 식품으로는 육류, 생선, 전분질 채소, 바나나, 견과류와 씨앗 등이 있다.

그림 7-16 비타민 B_6 급원식품(mg/100g)

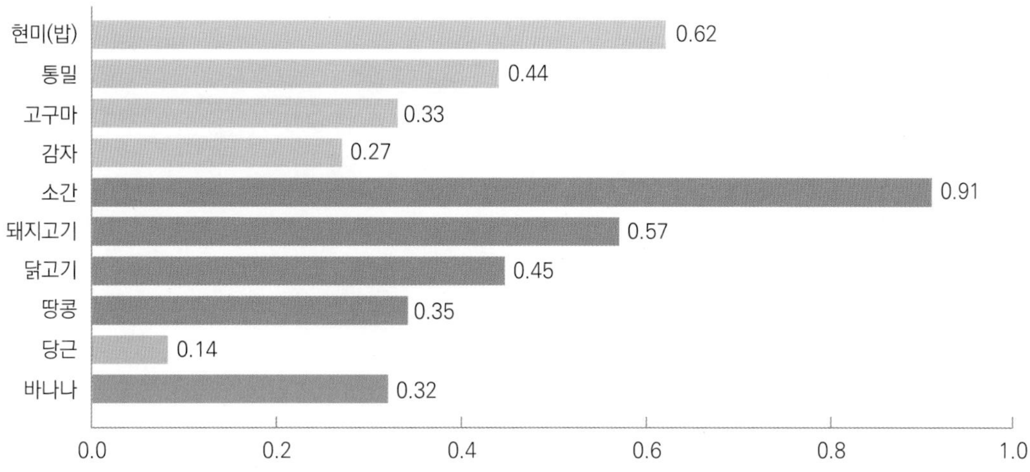

⑤ 엽산

엽산은 라틴어 'folium'(잎)에서 유래한 명칭으로, 녹색 잎채소에 풍부하다. 이는 아미노산, 핵산, 단백질, 티아민, 포르피린 합성에 필수적이며, 세포 분열과 성장에 중요하다. 특히 태아의 신경관 발달에 핵심적인 역할을 하여, 임신 초기 충분한 섭취 시 신경관 결손 위험을 50% 이상 줄일 수 있다. 엽산 부족은 임산부, 수유 여성, 미숙아, 청소년, 노인에게 흔하며, 임신 중 결핍은 전 세계적 영양 문제로 인식된다. 부족 시 거대적아구성 빈혈이 발생할 수 있고, 임신 중에는 조산, 유산, 저체중아 출산, 신경관 결손 위험이 증가한다. 주요 급원 식품은 녹색 잎채소(시금치, 브로콜리, 상추, 아스파라거스 등), 콩류, 효모, 과일, 곡물(귀리, 퀴노아 등)이며, 소간, 달걀노른자, 연어 등 동물성 식품에도 포함되어 있다. 엽산은 가공이나 조리 시 50~90%가 파괴될 수 있으며, 열, 산화, 자외선에 취약하다. 따라서 채소는 적은 양의 물로 찌거나 전자레인지로 조리하는 것이 좋다. 비타민 C는 엽산을 산화로부터 보호하므로, 최소한의 조리로 섭취하는 것이 바람직하다. 임산부나 특정 건강 상태의 사람들은 필요에 따라 보충제로 섭취할 수 있다.

용어 설명 **거대 적아구성 빈혈**

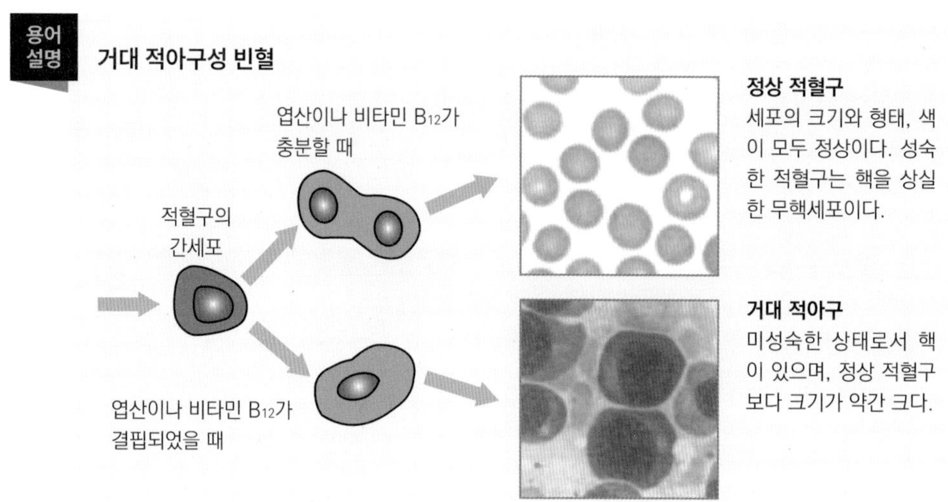

그림 7-17 엽산 급원식품(μg/100g)

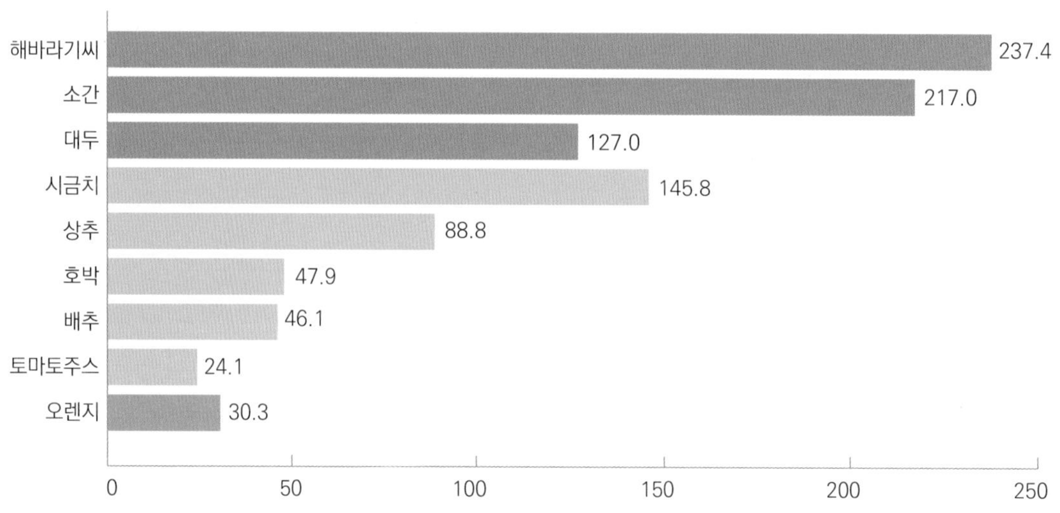

알아두기

✓ 비타민의 상한 섭취량(Tolerable Upper Level, UL)

수용성 비타민 중 상한 섭취량이 설정되어 있는 비타민은 비타민 C, 비타민 B_3, B_6, 엽산으로 과다섭취 시 부작용이 있을 수 있다. 예를 들어 비타민 C의 과다섭취는 설사, 위장장애 등을 유발하고 비타민 B_3와 B_6의 경우 각각 피부 홍조, 신경 손상의 부작용이 있을 수 있으며, 엽산의 과다섭취는 신경계에 영향을 줄 수 있다.

⑥ 비타민 B_{12}

비타민 B_{12}는 다양한 생리 기능을 수행하는 필수 영양소다. 항악성빈혈인자, 동물성 장인자, 동물성 단백질인자로 작용하며, 젖산균 성장을 촉진한다. 조혈 비타민으로 적혈구 생성에 필수적이며, 분자 구조 중심에 코발트를 포함해 코발아민이라고도 불린다.

비타민 B_{12} 결핍 시 주요 증상 중 하나는 거대 적아구성 빈혈이다. 이는 DNA 합성 장애로 비정상적으로 큰 적혈구 전구세포가 생성되는 현상이다. 이로 인해 전체 적혈구 수가 감소하여 피로, 어지러움, 호흡곤란, 창백한 피부, 빈혈이 나타나며, 식욕부진, 설사, 체중 감소, 감각 이상, 기억력 감퇴로 이어질 수 있다. 비타민 B_{12} 결핍 환자의 75~90%는 신경계 증상을 경험하는데, 이는 사지 말단의 저림이나 무감각, 운동 기능 저하, 인지 능력 감소 등으로 나타난다. 비타민 B_{12}의 주요 급원식품은 동물의 간이 가장 풍부하며, 어류 및 해산물, 육류, 가금류, 유제품, 달걀, 발효식품 등이 있다. 일반적으로 동물성 식품이 주요 공급원이다. 채식주의자나 비건은 강화식품이나 보충제를 통해 비타민 B_{12}를 섭취하는 것이 중요하다.

그림 7-18 **비타민 B_{12}의 흡수과정**

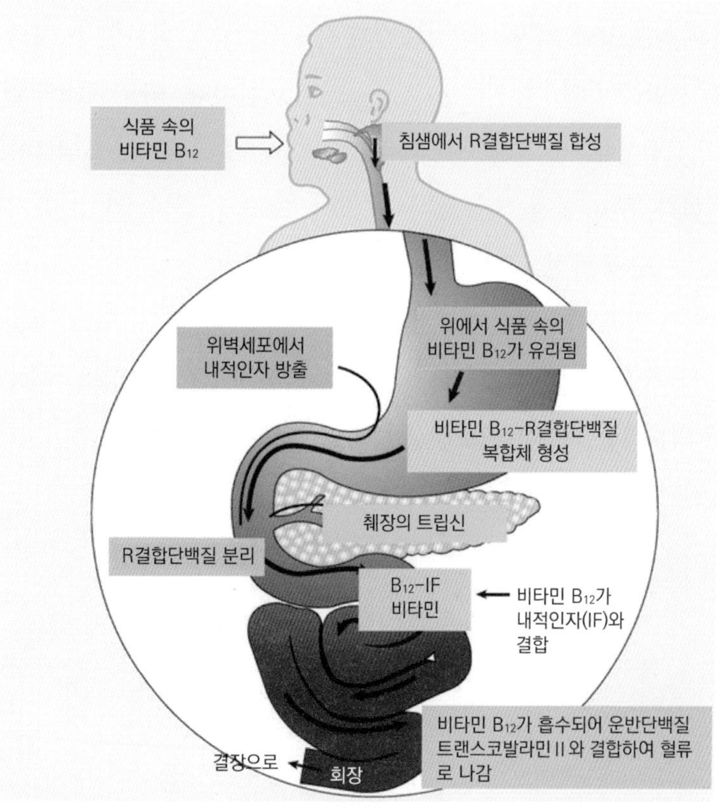

IF(Intrinsic Factor) 내적 인자란?

IF는 위벽의 벽세포에서 분비되는 당단백질로 비타민 B_{12}와 결합하여 복합체를 형성한 후 소장으로 이동하여 비타민 B_{12}의 흡수를 돕는 역할을 한다.

그림 7-19 비타민 B_{12} 급원식품(μg/100g)

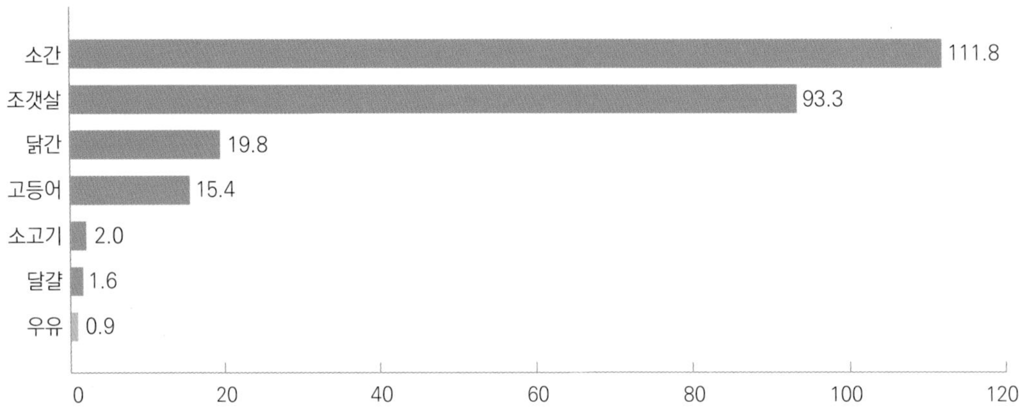

⑦ 판토텐산

판토텐산은 식품 중에 가장 광범위하게 존재하는 수용성 비타민 중 하나로 체내에서 다른 물질과 결합하여 판토테인(Pantotheine)으로 변환된다. 이는 ATP와 결합해 Coenzyme A를 형성하는데, 이 조효소는 에너지 대사, 지방산 합성, 스테로이드계 호르몬 합성에 관여한다. 주요 급원 식품으로는 닭고기, 소고기, 감자, 간, 신장, 효모, 달걀노른자 등이 있다. 균형 잡힌 식사를 하는 경우 판토텐산의 결핍증은 거의 나타나지 않는다. 그러나 식품 가공 과정에서 판토텐산의 상당량이 손실될 수 있다. 예를 들어, 곡류 도정이나 기타 가공 중 34~74% 정도의 판토텐산이 파괴될 수 있다. 따라서 가공식품에 과도하게 의존하는 식단은 판토텐산 섭취에 불리할 수 있다.

그림 7-20 판토텐산 급원식품(μg/100g)

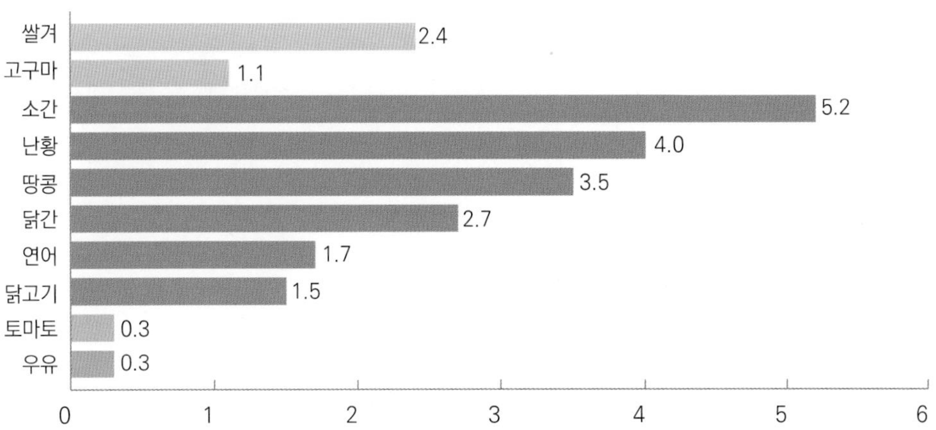

⑧ 비오틴

비오틴은 항피부염 인자로도 알려져 있으며, 화학적으로 황을 포함한다. 체내에서는 효소 단백질과 결합하여 이산화탄소 고정, 지방산 합성과 산화, 탄수화물 및 아미노산 대사 조절 등의 기능을 수행한다. 비오틴 결핍은 드물지만, 특이하게 생난백 과다 섭취 시 발생할 수 있다. 이는 생난백의 아비딘(Avidin)이 비오틴과 강하게 결합해 소화기관에서 분해되지 않아 비오틴 흡수를 방해하기 때문이다. 결핍 시 피부 박리와 탈모 등의 증상이 나타나며, 이는 필수 지방산 결핍 증상과 유사하다. 주요 급원 식품은 간과 효모이며, 달걀노른자, 콩류, 곡물 등도 상당량의 비오틴을 함유한다. 균형 잡힌 식단으로 비오틴을 충분히 섭취할 수 있으며, 이는 건강한 피부와 모발 유지, 효율적인 대사 기능에 도움을 준다.

그림 7-21 비오틴 급원식품(μg/100g)

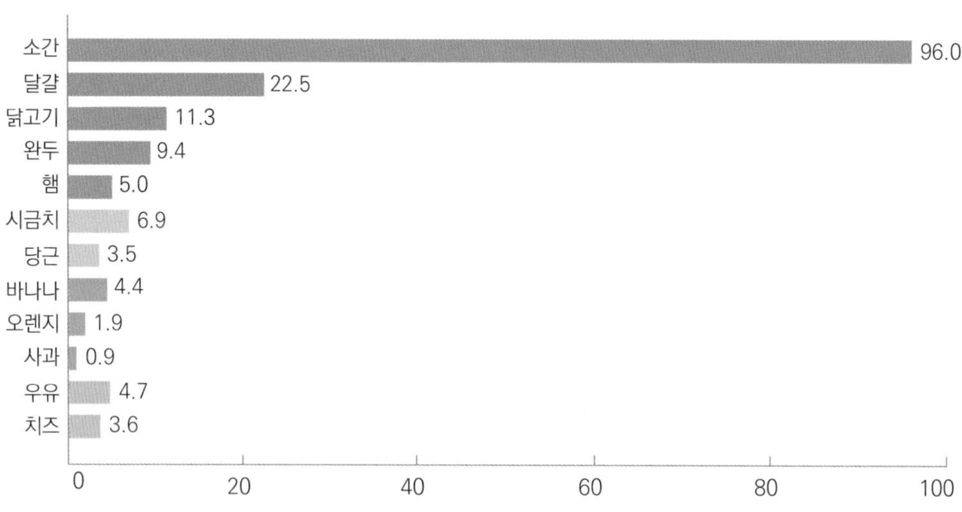

표 7-3 수용성 비타민의 기능과 결핍증

	체내 기능	결핍증	섭취 시 주의할 점	성인 1일 영양소 섭취기준
비타민 C	• 항산화 작용, 콜라겐 합성, 면역 기능 강화 등	• 괴혈병(잇몸 출혈, 멍이 쉽게 듦), 면역력 저하	• 과다 섭취 시 위장장애 유발, 흡연자는 추가섭취 필요	**권장 섭취량** • 100mg **상한 섭취량** • 2,000mg
비타민 B_1 (티아민, Thiamine)	• 에너지 대사 과정 중 산화, 환원 반응에 관여하는 조효소의 전구체	• 습성 각기: 심장 확대, 부종 • 건성 각기: 말초 신경마비, 정신적 혼란	• 채소를 끓일 때 50% 정도 손실 • 육류의 조리 시 20~30%가량 파괴	**권장 섭취량** • 남 1.2mg • 여 1.1mg
비타민 B_2 (리보플라빈, Riboflavin)		• 눈이 빛에 대해 예민해짐 • 성장부진 • 구순구각염	• 광선에 의해 빠른 속도로 파괴(우유나 유제품이 빛에 노출되지 않도록 종이팩이나 불투명 플라스틱 용기에 저장)	**권장 섭취량** • 남 1.5mg • 여 1.2mg
니아신 (Niacin)		• 펠라그라(피부염, 설사, 정신 혼란증을 동반함) • 식욕부진 • 짜증, 허약감, 어지러움증	• 아미노산인 트립토판으로부터 합성되기도 함 • 과량 섭취 시 피부발진, 십이지장궤양, 간 이상 초래	**권장 섭취량** • 남 16mg NE • 여 14mg NE **상한 섭취량(니코틴산/니코틴아미드)** • 35/1,000mg NE * NE(Niacin equivalent)

	체내 기능	결핍증	섭취 시 주의할 점	성인 1일 영양소 섭취기준
비타민 B_6 (피리독신, Pyridonxine)	• 단백질 분해, 합성	• 피부염 • 설염 • 우울증 • 정신혼란 • 경련	• 비타민 B_6가 부족해지기 쉬운 경우 • 질이 좋지 않은 식사를 계속할 때 • 알코올 과음 또는 중독 시 • 식사 내용이 불량한 노인	**권장 섭취량** • 남 1.5mg • 여 1.4mg **상한 섭취량** • 100mg
엽산 (Folic acid)	• 핵산 합성 • 세포분열 • 적혈구 형성	• 거대 적아구성 빈혈 • 이분 척추	• 임신 이전이나 임신 초기의 부족은 기형아 발생 위험 증가	**권장 섭취량** • 400µg DFE **상한 섭취량** • 1,000µg DFE * DFE(Dietary folate equivalent)
비타민 B_{12} (Cobalamin)		• 거대 적아구성 빈혈 • 신경세포 퇴화 현상	• 비타민 B_{12}가 결핍되기 쉬운 경우 • 위와 장질환으로 인한 흡수 불량 시 • 노인기의 위축성 위염 • 채식주의자	**권장 섭취량** • 2.4µg
판토텐산 (Panto-thenic acid)	• 에너지 생산 • 세포대사	-	• 가공식품 과다섭취 주의	**충분 섭취량** • 5µg
비오틴 (Biotin)	• 항피부염 인자 • 주요 영양원의 대사 도움	-	• 생난백 과다섭취 주의	**충분 섭취량** • 30µg

식품과
영양

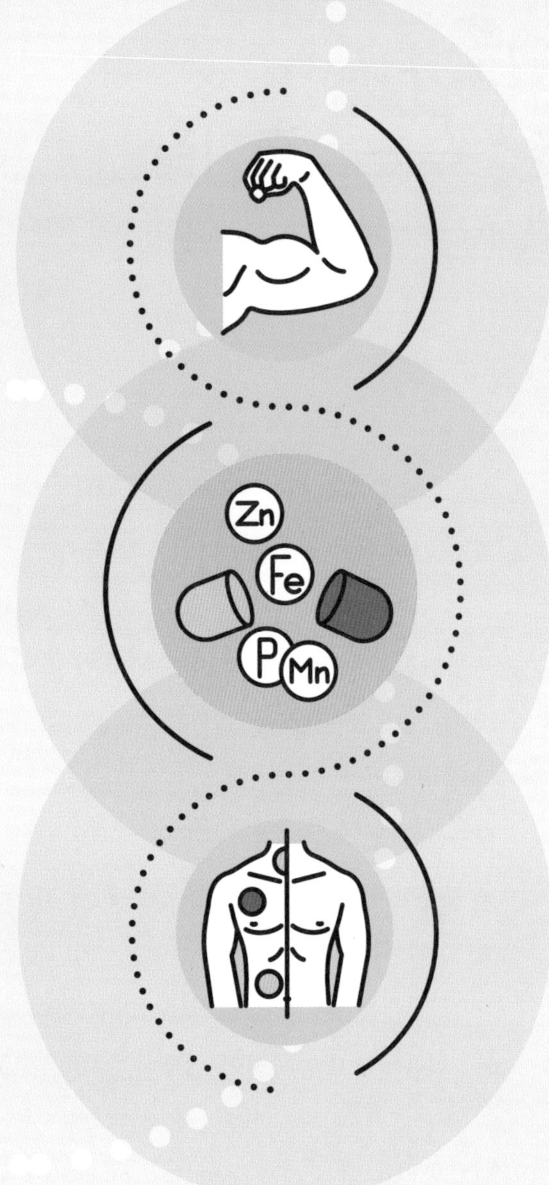

제8장

무기질

제8장 — 무기질

무기질은 식품을 550℃ 정도에서 강한 열처리를 하여 완전히 산화된 후에 남아 있는 회분(Ash)으로 성인 체중의 약 4%에 해당한다. 산성을 형성하는 무기질은 P, S, Cl 등의 음이온이며, 알칼리성을 형성하는 무기질은 Ca^{2+}, Mg^{2+}, Na^{+}, K^{+} 등의 양이온이다. 식품을 태운 회분 속에 남아 있는 무기질의 종류에 따라 산성식품과 알칼리성 식품으로 분류한다. 육류 및 생선류 등은 P, S, Cl 등의 산성 원소를 남기므로 산성식품이라고 하며, 대부분의 과일과 채소는 연소되면 Ca^{2+},Mg^{2+}, Na^{+}, K^{+} 등과 같은 알칼리성 원소가 남기 때문에 알칼리성 식품이라고 한다. 그러나 레몬 등의 감귤류는 신맛을 내므로 산성식품이라고 분류하기 쉬우나, 구연산(Citric acid) 등은 체내에서 완전 대사가 되면, K^{+}을 남기기 때문에 알칼리성 식품이다.

무기질은 신체 내에서 약 25종의 원소만 발견되고 있으나, 체내 기능에 알려진 무기질은 약 15종 정도이다. 무기질은 1일 권장 섭취량이 100mg 이상인 경우는 다량 무기질, 1일 권장 섭취량이 100mg 이하인 경우는 미량 무기질로 구분한다. 무기질은 식물을 섭취하는 동물의 몸속 및 자연에 광범위하게 존재한다.

그림 8-1 산성식품과 알칼리성 식품

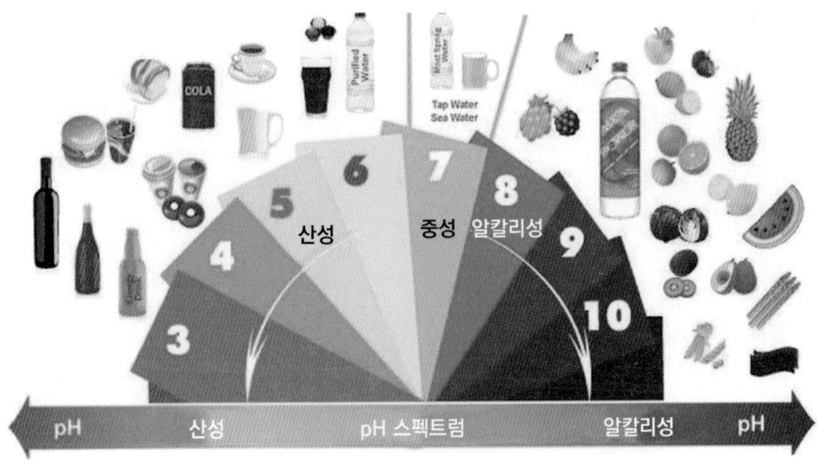

그림 8-2 무기질의 기능 및 작용

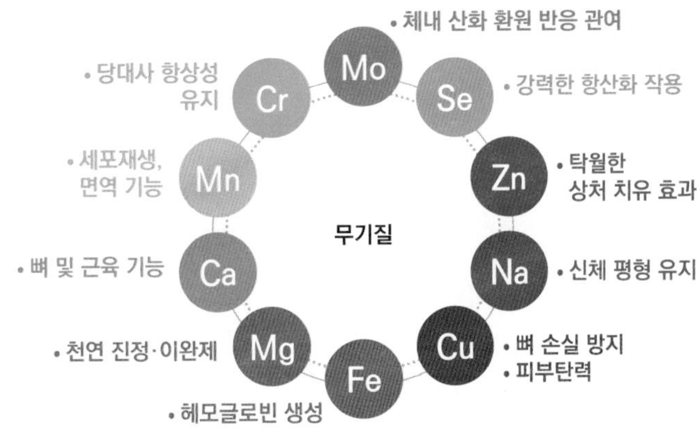

1 무기질의 특성

무기질의 첫 번째 특성은 뼈에 있는 칼슘 인산염(Calcium phosphate)처럼 어떤 특정한 유기화합물과 결합하여 존재하거나 용액 내에서 이온화하여 단독으로 존재한다. 무기질의 두 번째 특성은 무기질의 유용성(Bioavailability)으로 특정한 무기질이 체내에서 얼마나 잘 흡수되어 생화학적 기능에 유효한지를 나타내는 것이다. Fe^{2+}, Mg^{2+}, Ca^{2+}

등의 이온 무기질의 체내 흡수율은 여러 요인들에 의해 영향을 받으며, 한 종류의 무기질을 다량 섭취하게 되면 다른 무기질의 흡수와 대사를 방해하는 길항작용(Antagonism)을 한다. 무기질의 세 번째 특성은 공기, 열, 산 또는 다른 물질과 혼합되어도 파괴되지 않으나, 물에 용해되므로 조리할 때 무기질의 손실이 크다.

2 다량 무기질

1) 칼슘(Calcium, Ca)

칼슘은 체내에 가장 많이 함유된 무기질로서 체중의 1.5~2.0%을 차지한다. 체내 총 칼슘의 99% 이상이 골격(뼈)과 치아를 구성하며, 나머지는 혈액이나 세포외액에서 이온 형태로 1% 정도 존재한다. 골격(뼈)의 칼슘은 체내에서 인과 결합하여 인산염(Hydroxyapatite) 형태로 존재한다. 칼슘의 흡수율은 성인의 경우 30% 내외이며, 영유아에서는 60%, 소아 및 청소년은 40% 정도이다. 칼슘의 흡수는 2가 양이온(Ca^{2+}) 상태에서 잘 되며, 비타민 D, 유당 및 정상적인 장운동 등은 칼슘의 흡수를 돕는다. 그러나 식이 중 다량의 피틴산이나 수산에 의해서는 체내 흡수가 감소된다.

표 8-1 칼슘 흡수를 촉진 또는 저해하는 요인

칼슘 흡수 촉진인자	칼슘 흡수 저해인자
신체의 높은 칼슘 요구도: 성장기, 임신, 수유부, 칼슘 결핍	• 노인(가령 현상) • 섬유소
호르몬: 비타민 D, 부갑상선호르몬	비타민 D 부족
장내 환경을 산성으로 만드는 요인들: 위산, 유당, 포도당	장내 환경을 알칼리로 만드는 요인들: 약물, 칼슘 배설 증가
정상적인 장운동	수산(Oxalic acid): 시금치*, 고구마
운동: 골밀도를 증진시키는 운동	피틴산(Phytic acid): Calcium-phytate 복합체 형성

* 시금치 중의 칼슘 흡수율: 5%

칼슘은 우리 몸의 골격과 치아를 구성하며, 세포내액에 존재하는 칼슘은 근육의 수축에 관여한다. 혈액 응고에 중요한 피브린 형성에 관여하며, 효소를 활성화하여 대사를 조절하는 데 도움을 준다. 칼슘은 심장의 규칙적인 박동, 세포막을 통한 물질 이동의 조절인자 등의 중요한 생리작용을 하며, 신경자극 전달물질을 분비하도록 도움을 준다. 혈중 칼슘의 양이 부족할 경우 근육이 지속적인 자극을 받아 경련이 나타나는 테타니(Tetany) 증세를 초래할 수 있으며, 골다공증, 우울증, 통증 등을 유발한다. 칼슘은 뱅어포 등의 뼈째 먹는 잔생선 및 해조류, 육류 및 생선류, 우유 및 유제품, 치즈, 브로콜리 등에 함유되어 있으며, 식물 중 케일, 무 잎사귀 등도 칼슘이 풍부하다.

그림 8-3 **칼슘 급원식품(mg/100g)**

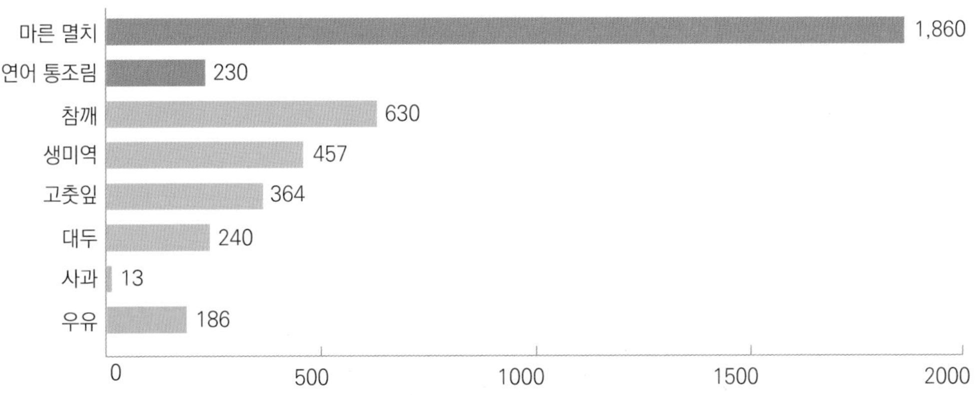

2) 인(Phosphorus, P)

인은 성인 체중의 0.8~1.1%로 체내 무기질 중에서 칼슘 다음으로 많은 양을 차지하며, 체내에서 존재하는 인은 85% 정도가 칼슘과 결합한 인산칼슘 형태로 골격과 치아조직에 함유되어 있다. 인은 지방과 결합하여 인지질을 형성하며, 이는 세포막의 구성 성분이고, DNA(Deoxyribo nucleic acid)와 RNA(Ribonucleic acid)의 구조에서도 중요한 역할을 담당한다. 인은 신장에서 수소이온의 분비를 촉진하여 체액의 pH를 조절하며, 신경과 근육 기능을 조정하는 데도 도움을 준다. 또한 비타민과 효소의 활성화, 골격의 구성 등에도 관여한다. 균형적인 칼슘과 인의 섭취 비율은 1:1일 때, 골격 형성이 가장 효율적으로 이루어진다. 인은 동식물계에 널리 분포되어 있으므로 정상적인 식사 시 결핍의 우려는 크지 않다. 인의 좋은 급원식품으로는 전곡류, 현미, 치즈, 간, 전지유, 생선, 달걀 및 아몬드 등이 있다.

그림 8-4 **인 급원식품(mg/100g)**

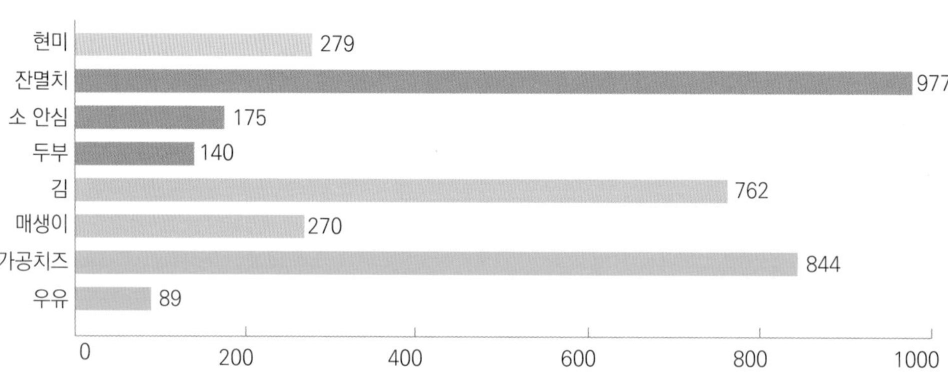

3) 마그네슘(Magnesium, Mg)

마그네슘은 성인 체내에 25g 정도 함유되어 있다. 그중 60% 정도가 골격과 치아 구성에 필수적이며, 탄산이나 인산 복합체를 형성하고 있다. 나머지는 근육과 연조직, 세포액 간에 2가의 양이온(Mg^{2+}) 상태로 존재한다. 체내의 심장 기능에 관여하며, 여러 효소의 보조인자나 활성제로 작용한다. ATP(Adenosine triphosphate)의 구조적인 안정 유지 및 에너지 대사에 관여, cAMP(Cyclic adenosine monophosphate)의 생성에 관여, 신경자극의 전달과 근육의 긴장 및 이완작용을 한다. 마그네슘은 녹색 채소인 클로로필(Chlorophyll)의 성분이며, 녹황색 채소에 많이 함유되어 있다. 또한 도정하지 않은 곡류, 시금치, 우유, 견과류, 종실류 및 육류 등에도 함유되어 있다.

그림 8-5 **마그네슘 급원식품(mg/100g)**

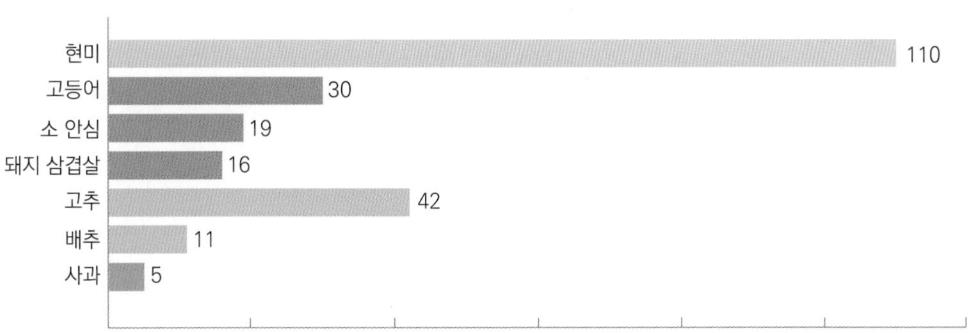

4) 나트륨(Sodium, Na)

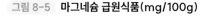

나트륨은 소금 또는 염화나트륨(NaCl)의 구성 성분이다. 정상 성인의 체내 나트륨 함량은 약 85g 정도로 세포외액의 대표적인 양이온이며, 체내에서 삼투압 및 체액량을 조절하고 산과 알칼리 평형을 유지하는 데 관여한다. 또한 나트륨은 충격을 근육에 전달하고 신경을 자극하는 기능이 있다. 나트륨은 섭취한 양의 95%가 흡수되어 주로 신장을 통하여 소변으로 배설되며, 소량은 대변, 땀 및 입김 등을 통하여 배설된다. 나트륨은 고추장, 간장, 된장, 화학조미료, 양념류, 젓갈, 베이킹소다 및 가공식품 등에 많이 함유되어 있다.

그림 8-6 **나트륨 급원식품(mg/100g)**

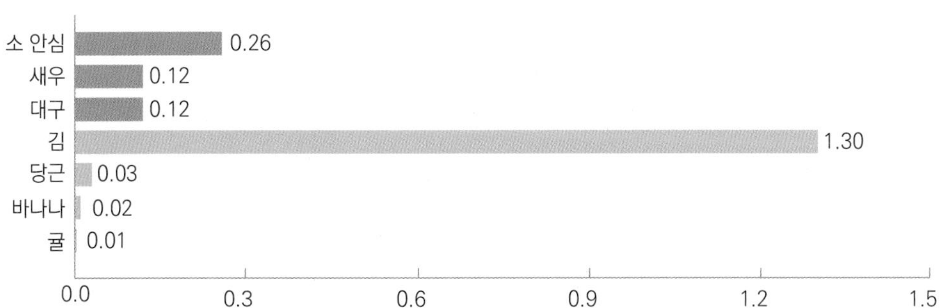

알아두기

라면을 먹고 자면 체내의 염분과 수분의 균형이 깨져서 얼굴이 붓게 된다. 따라서 라면 등의 짠 음식을 먹은 뒤에 우유를 마시거나 라면을 끓일 때 우유를 넣어서 섭취하면, 우유에 함유된 칼륨이 나트륨 배출을 도와 얼굴이 붓지 않게 도와준다. 특히 칼륨은 우리 체내에서 정상적인 삼투압을 유지시켜 수분 평형을 만드는 데 중요한 무기질이다.

5) 칼륨(Potassium, K)

칼륨은 체내에 135~250g이 존재하며, 이 중 95%가 세포내액에 양이온으로 존재하고, 대부분이 근육세포 내에 존재한다. 칼륨은 체액의 균형을 유지하는 데 중요한 역할을 하며, 나트륨과 반대로 혈압을 낮추는 역할을 한다. 또한 근육의 수축이나 신경의 자극 전달에도 관여하며, 산 · 알칼리의 평형 유지, 단백질 합성에 관여 등 중요한 생리적 기능을 담당한다. 칼륨은 신선한 과일이나 채소에 풍부하며, 정어리, 연어, 고등어, 조개류, 전곡류, 육류 및 미역 등에도 함유되어 있다.

6) 황(Sulfur, S)

성인 체중의 약 0.25%를 황은 메티오닌(Methionine), 시스테인(Cystein) 및 시스틴(Cystine)과 같은 유황을 함유하는 아미노산에 존재하며, 수소와 결합한 SH 형태로 존재한다. 황은 티아민과 비오틴 등 수용성 비타민과 담즙산, 당지질, 황산 콘드로이친과 황산 뮤코이틴 등에도 함유되어 해독작용을 하거나 콜라겐 합성에 관여한다. 유황은 양배추, 마늘, 양파, 육류, 우유, 달걀, 두유와 같은 함황아미노산이 많은 단백질을 섭취하면 자연히 충족된다.

7) 염소(Chlorine, Cl)

성인 체중의 0.15%를 차지하는 염소는 주로 세포외액에 존재하는 음이온으로 삼투압을 조절하고, 체액의 산, 염기의 균형을 유지하며 타액 아밀라아제를 활성화시키고, 위액 중의 염산으로 존재하며, 위액의 산도 유지, 세균의 발효를 방지하고 소화에 도움을 준다. 염소는 혈장과 세포외액에 있으며, 뇌와 척수액에서도 발견된다. 염소는 주로 소금으로 섭취되며, 결핍증은 거의 드물다. 염소는 육류, 달걀, 치즈 및 훈제 식품 등에는 풍부하나, 과일과 채소에는 소량 함유되어 있다.

표 8-2 다량 무기질

다량 무기질	생리적 기능	결핍증	과잉증	급원식품	성인 1일 영양소 섭취기준
칼슘 (Calcium, Ca)	• 골격과 치아를 구성 • 근육의 수축에 관여 • 혈액 응고에 중요한 피브린 형성에 관여 • 신경자극 전달물질을 분비하게 도움 • 세포막 투과성 조절	• 구루병 • 골다공증 • 골연화증	• 고칼슘혈증 • 신장 • 결석	• 우유 및 유제품 • 육류 및 생선류, 치즈, 뱅어포 등의 뼈째 먹는 생선 및 해조류 등 • 식물 중 케일, 무 잎사귀 등	**권장 섭취량** • 남 800mg • 여 700mg **상한 섭취량** • 2,500mg
인 (Phosphorus, P)	• 골격과 치아 구성 • 세포막의 구성 성분 • 산·염기평형 조절 • 핵산의 구성 성분 • 효소의 활성화에 관여	• 저인산혈증 • 근육의 약화 • 통증 유발	• 고인산혈증 • 저칼슘혈증	• 현미, 전곡류 • 치즈, 간, 전지유, 생선 • 아몬드	**권장 섭취량** • 700mg **상한 섭취량** • 3,500mg
마그네슘 (Magnesium, Mg)	• 골격을 구성 및 체내 화학반응에 관여 • 근육의 정상적인 움직임 • 눈밑 떨림 현상에 관여 • 신경의 자극전달 및 심장기능에도 관여	• 눈밑 떨림 • 근육통 • 허약	• 구역질 • 호흡둔화	• 녹황색 채소, 도정하지 않은 곡류 • 견과류, 종실류 • 육류	**권장 섭취량** • 남 370mg • 여 280mg **상한 섭취량** • 350mg

나트륨 (Sodium, Na)	• 세포외액의 양이온 • 삼투압 및 체액량을 조절 • 산·염기평형 조절 • 신경자극 전달 • 포도당 흡수에 관여	• 식욕부진 • 무기력 • 근육경련	• 고혈압	• 젓갈, 간장, 화학조미료, 양념류, 베이킹소다 및 가공식품 등	**충분 섭취량** • 1,500mg **목표 섭취량** • 2,300mg
칼륨 (Potassium, K)	• 세포내액의 양이온 • 수분평형조절 • 근육의 수축과 신경의 자극전달에 관여	• 식욕부진 • 근육약화 • 마비 증상	• 호흡곤란 • 심장마비	• 신선한 과일이나 채소, 전곡류, 육류 등	**충분 섭취량** • 3,500mg
황 (Sulfur, S)	• 해독작용 • 콜라겐 합성 • 글루타치온의 구성 성분	• 머리카락, 손톱, 피부 등에 윤기 상실	-	• 육류, 우유, 달걀 등	-
염소 (Chlorine, Cl)	• 산·염기평형 조절 • 위액의 산도 유지 • 세균의 발효 방지	• 거의 드묾	-	• 육류, 달걀, 치즈	**충분 섭취량** • 2,300mg

3 미량 무기질

1) 철(Iron, Fe)

철분은 체내 함유량이 0.004% 정도로 정상 성인 남성의 경우 체중 1kg당 50mg, 여성의 경우 40mg의 철이 요구된다. 이 중 체내 철분의 약 70%는 적혈구의 헤모글로빈(Hemoglobin)과 근육조직의 미오글로빈(Myoglobin)에 존재하며, 일부는 골수, 장 및 췌장 등에 저장된다. 골수에서 만들어진 적혈구는 체내에서 120일 동안 생존하며, 적혈구가 수명을 다하여 파괴되면 적혈구 중의 철은 단백질로부터 유리되어 다시 헤모글로빈과 미오글로빈 합성에 재이용된다.

철은 크게 헴철(Heme iron)과 비헴철(Nonheme iron)로 나뉘는데, 헴철은 헤모글로빈과 미오글로빈과 결합한 철의 형태이며, 비헴철은 다른 유기물질과 결합하지 않고 유리된 상태로 존재하는 형태를 말한다. 헴철은 비헴철에 비해 흡수율이 높고, 동물성 식품에 많이 함유되어 있다. 소량의 철은 피부, 땀 및 장 점막의 탈피 등으로 손실되기도 한다. 체내에서 철은 비타민 C와 유기산 등에 의해 흡수가 촉진되며, 식사 때나 철분 제제 복용 시 한 잔의 오렌지주스를 같이 마시는 경우 철분의 흡수율을 높일 수 있다. 그러나 과량의 식이섬유, 피틴산, 수산 및 타닌 등은 철의 흡수를 감소시킨다. 철은 달걀, 육류 및 가금류 등의 동물성 식품과 채소, 곡류, 미역 등의 식물성 식품에 함유되어 있다. 그러나 우유는 단백질과 칼슘의 급원으로서 철분의 함량이 낮다.

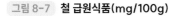

그림 8-7 **철 급원식품(mg/100g)**

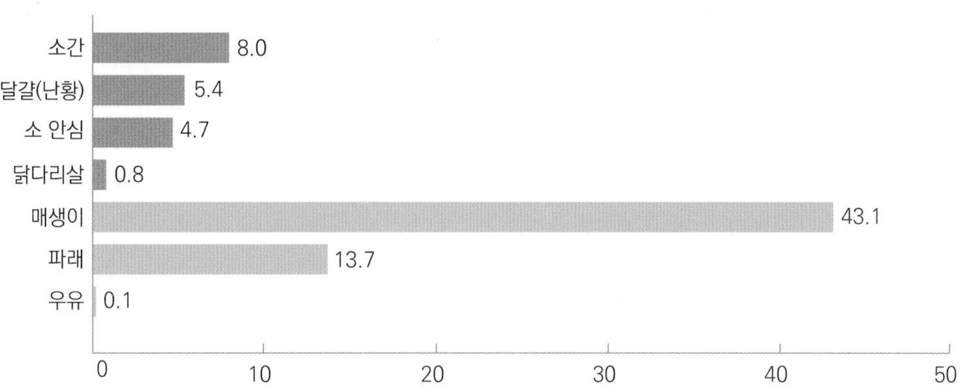

2) 아연(Zinc, Zn)

아연은 체내에 약 1.5~2.5g을 함유하고 있는데, 약 60%는 근육, 30%는 골격에 분포되어 있다. 아연은 성장 발달 및 면역기능 조절, 췌장에서 인슐린 생성에 관여 및 미각과 후각을 감지하는 데 관여한다. 식이섬유와 피틴산 등은 아연의 체내 흡수율을 저하시키며, 과량 섭취한 구리와 철도 소장에서 아연의 흡수를 방해한다. 아연 결핍으로 인해 초기 단계에서는 성장이 지연되고, 아연 결핍이 심각한 단계에서는 미각의 변화, 식욕감퇴, 성장지연, 피부 변화 및 면역기능 저하 등의 다양한 임상증상이 나타난다. 아연은 거의 모든 식품에 들어 있으며, 특히 굴에 다량 함유되어 있고, 육류, 어패류, 가금류, 콩, 견과류, 달걀 및 영양소를 강화한 시리얼 등도 아연의 좋은 급원이다.

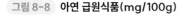

그림 8-8 아연 급원식품(mg/100g)

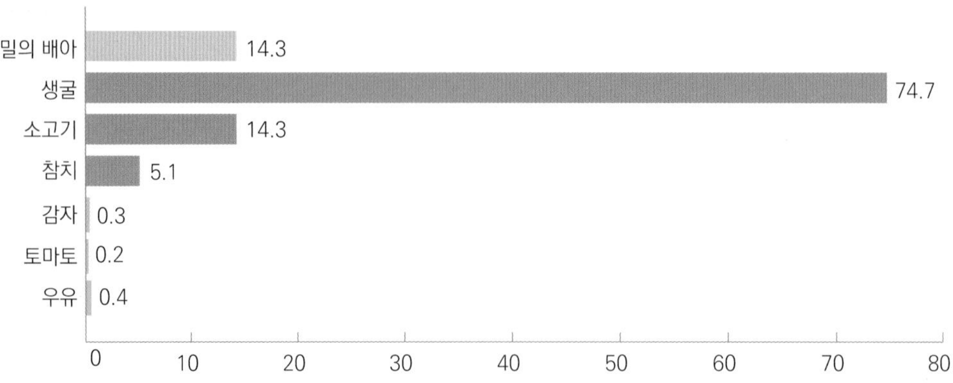

3) 구리(Cupper, Cu)

모든 조직에서 발견되는 구리의 체내 함유량은 약 100~150mg으로 적지만, 이 중 75%는 뼈와 근육에 농축되어 있으며, 뇌, 간, 신장, 심장 및 모발 등에도 존재한다. 대표적으로 생체 내에서 비타민 C 산화효소, 폴리페놀 산화효소를 비롯하여 연체류의 헤모시아닌 등은 구리 함유 효소이다. 구리는 인체 내에서 철이 헤모글로빈의 합성 시 중요한 역할을 한다. 철의 대사에서 헤모글로빈의 합성을 촉매하는 작용을 하므로 구리의 섭취가 부족하면 적혈구의 성숙이 불완전해져서 적혈구가 감소하거나 빈혈을 초래한다. 또한 구리는 활성산소로부터 세포를 보호하는 역할에도 도움을 준다. 구리는 곡류, 어패류, 견과류, 두류, 간, 버섯, 감자, 토마토, 바나나 등에 많이 함유되어 있다.

그림 8-9 구리 급원식품(mg/100g)

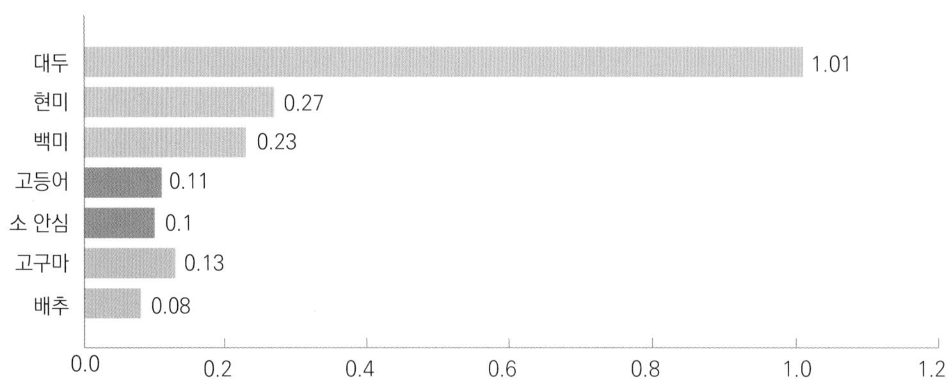

4) 요오드(Iodine, I)

건강한 성인은 체내에 15~20mg의 요오드를 가지고 있으며, 그중 80% 정도는 갑상선에서 발견되어 갑상선 기능과 밀접한 관계가 있다. 요오드는 갑상선에서 분비되는 호르몬인 티록신의 구성 성분이며, 티록신은 인체 내에서 기초대사량을 조절하는 데 관여한다. 요오드의 섭취가 부족하면 갑상선종, 갑상선기능비대증 등의 질환이 나타나며, 요오드 과잉 섭취 시에도 갑상선기능항진증이 유발된다. 요오드가 많이 함유된 식품은 고등어, 미역, 김, 다시마 등의 해조류이다.

그림 8-10 **요오드 급원식품(mg/100g)**

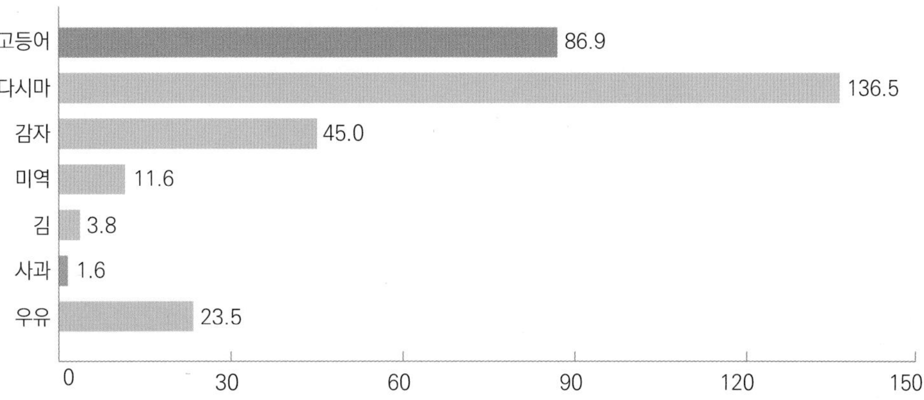

5) 불소(Fluorine, F)

불소는 체내의 95% 정도가 뼈와 치아에 존재하며, 칼슘에 대한 친화력이 높아서 칼슘 인산염 분자의 수산(−OH)기를 대체하여 Fluoroapatite를 형성한다. 이는 충치와 골다공증을 억제하므로 식수에 불소 1ppm 정도를 첨가한다. 불소도 2.5ppm 이상으로 과잉 섭취하면 독성이 발현되는데, 장기간에 걸쳐 만성 과잉증인 불소 침착증으로 이어지면 반상치(Mottled enamel)가 나타난다. 불소는 닭고기, 고등어, 해조류, 연어 및 정어리 등과 불소를 첨가한 식수 등에 함유되어 있다.

그림 8-11 불소 급원식품(mg/100g)

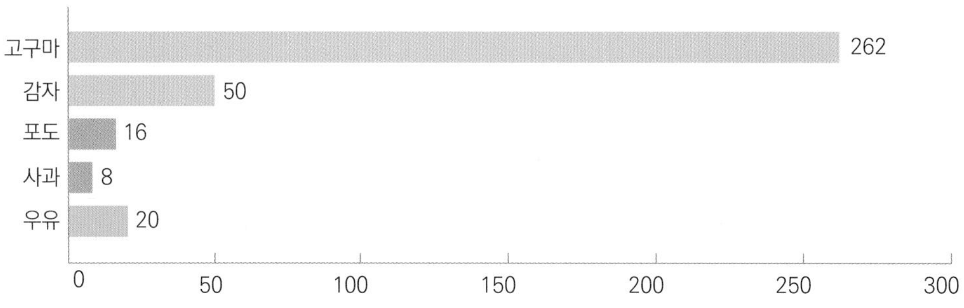

그림 8-12 불소 과다섭취로 인한 반상치 유발

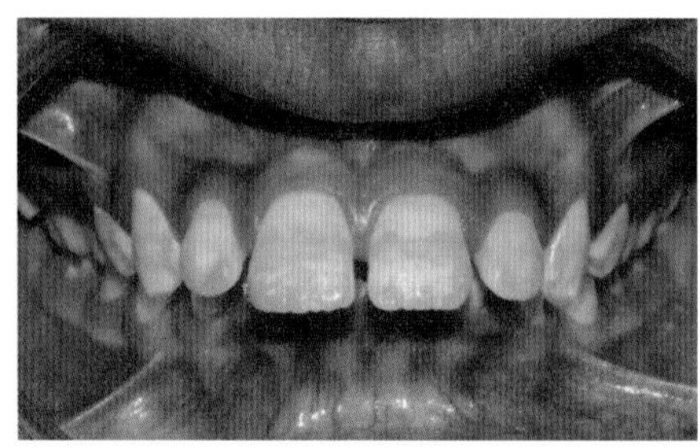

6) 셀레늄(Selenium, Se)

셀레늄은 동식물 조직에 셀레노메티오닌과 셀레노시스테인의 형태로 존재하며, 신체의 간에 30%, 신장에 15%, 근육에 30%, 혈장에 10% 정도 분포되어 있는 미량원소다. 셀레늄은 대표적인 항산화 무기질이며, 면역기능과 갑상선 기능을 유지하는 데 관여한다. 셀레늄은 글루타치온 퍼옥시다제(Glutathione peroxidase)의 성분으로서 비타민 E와 상호작용을 통해 항산화 작용을 한다. 셀레늄은 흑마늘, 우유 및 유제품, 견과류, 도정하지 않은 곡류 및 육류 등에 많이 함유되어 있다.

그림 8-13 **셀레늄의 효능**

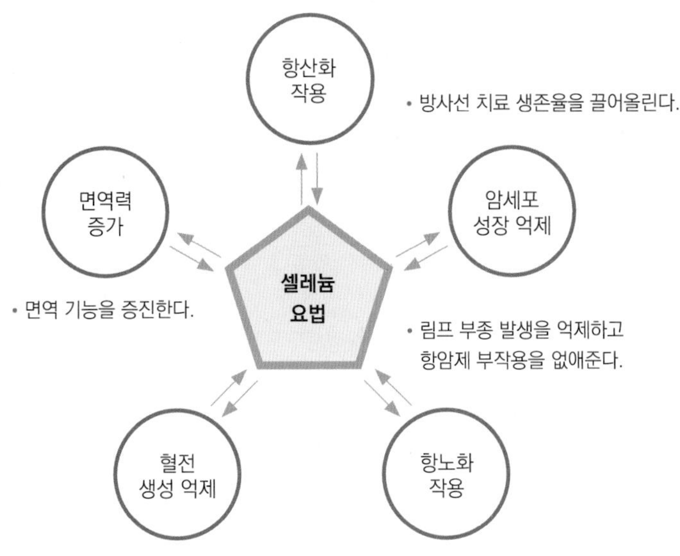

그림 8-14 **셀레늄 급원식품(mg/100g)**

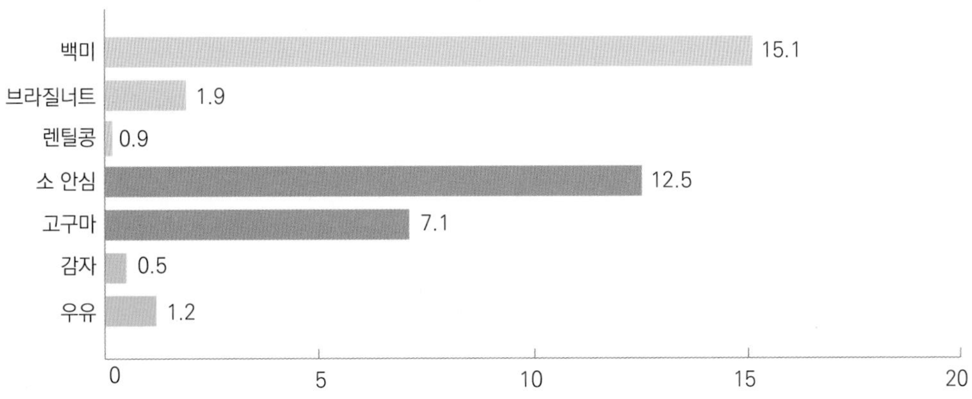

7) 코발트(Cobalt, Co)

코발트는 비타민 B_{12}의 구성 성분이며, 적혈구 형성에 관여한다. 반추동물은 장내 세균에 의해 코발트로부터 비타민 B_{12}를 합성할 수 있고, 사람의 경우에도 장내 미생물에 의해 어느 정도는 합성할 수 있으므로 정상적인 식사를 하는 사람에게 결핍증은 드물지만, 코발트가 결핍되면 비타민 B_{12}의 결핍과 함께 악성빈혈을 초래할 수 있다. 코발트의 급원식품으로는 어패류, 생선 및 다시마 등이 있다.

그림 8-15 **비타민 B_{12}의 구조식**

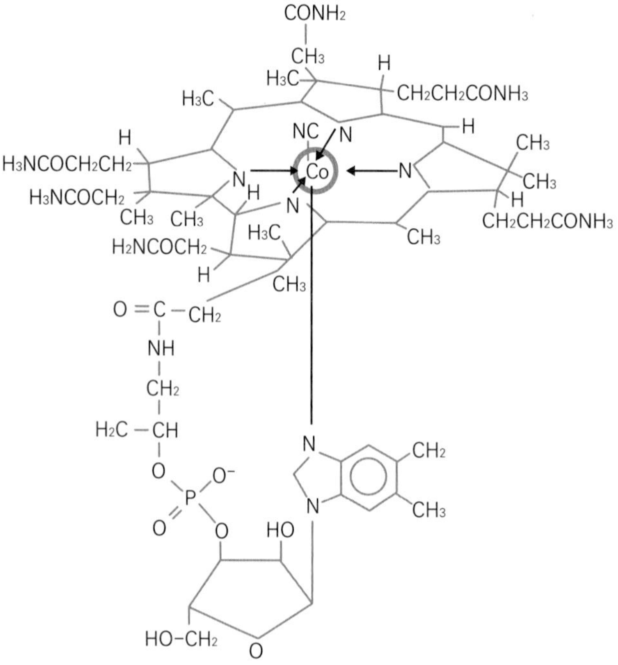

8) 망간(Manganese, Mn)

망간은 성인의 체내에 약 20mg 정도 있으며, 주로 간, 골격, 췌장 및 뇌하수체에 존재한다. 피루브산 탄산효소(Pyruvate carboxylase), 아르기나제(Arginase), 글루타민 합성효소(Glutamine synthetase) 및 Mn−SOD(Superoxide dismutase)의 보조인자로 작용하며, 가수분해효소, 인산화효소 및 전이효소 등을 활성화하여 당질, 단백질, 지질대사에 관여한다. 망간은 땅콩, 호두 등의 견과류, 전곡류, 콩류 및 도정하지 않은 곡류로 만든 시리얼 등에 함유되어 있다.

그림 8-16 망간 급원식품(mg/100g)

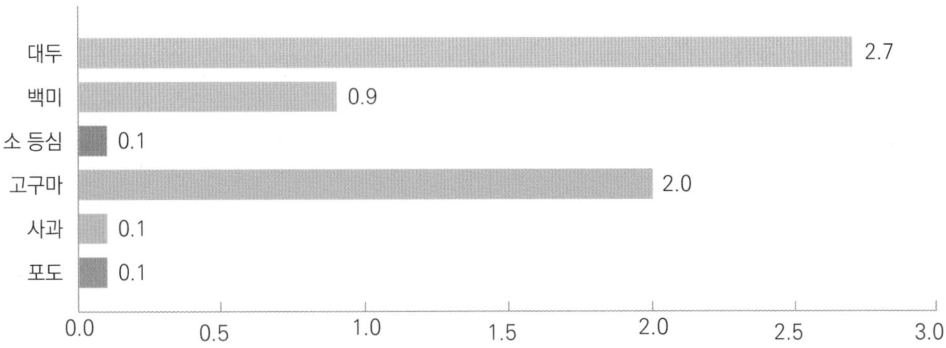

표 8-3 미량 무기질

미량 무기질	생리적 기능	결핍증	과잉증	급원식품	성인 1일 영양소 섭취기준
철 (Iron, Fe)	• 헤모글로빈(Hemoglobin)과 근육조직의 미오글로빈(Myoglobin)에 존재 • 조혈작용을 도움 • 효소의 구성 성분	• 철결핍성 빈혈(피부 창백, 허약, 식욕부진 등)	• 혈색소증	• 채소, 곡류 등의 식물성 식품과 달걀, 육류 등의 동물성 식품	**권장 섭취량** • 남 10mg • 여 14mg **상한 섭취량** • 45mg
아연 (Zinc, Zn)	• 미각과 후각을 감지하는 데 관여 • 성장 발달 및 면역기능 조절 • 면역기능에 관여	• 성장지연 • 왜소증 • 상처회복 지연 • 미각 감퇴	• 2가 양이온(철, 구리 등) 흡수 저해	• 어패류(굴, 게 등), 가금류, 콩, 견과류, 영양소를 강화한 시리얼 등	**권장 섭취량** • 남 10mg • 여 8mg **상한 섭취량** • 35mg
구리 (Cupper, Cu)	• 철의 흡수와 이용에 관여 • 세포 보호	• 빈혈 • 성장장애	• 복통 • 간질환 • 윌슨병	• 어패류, 견과류, 두류, 간, 버섯, 감자, 토마토, 바나나 등	**권장 섭취량** • 남 850μg • 여 650μg **상한 섭취량** • 10,000μg
요오드 (Iodione, I)	• 갑상선호르몬의 성분 • 기초대사량을 조절하는 데 관여	• 갑산선종 • 갑상선기능비대증	• 갑상선기능항진증	• 미역, 김, 다시마 등의 해조류	**권장 섭취량** • 150μg **상한 섭취량** • 2,400μg

미량 무기질	생리적 기능	결핍증	과잉증	급원식품	성인 1일 영양소 섭취기준
불소 (Fluorine, F)	• 충치와 골다공증의 예방	• 뼈와 치아의 쇠약	• 반상치	• 고등어, 해조류, 연어 및 정어리 등 • 불소를 첨가한 식수	**충분 섭취량** • 남 3.4mg • 여 2.7mg **상한 섭취량** • 10mg
셀레늄 (Selenium, Se)	• 항산화 무기질 • 면역기능 및 갑상선 기능의 유지	• 근육약화 • 성장장애	• 구토 • 설사 • 신경계 손상	• 견과류, 도정하지 않은 곡류 및 육류 등	**권장 섭취량** • 60μg **상한 섭취량** • 400μg
코발트 (Cobalt, Co)	• 비타민 B_{12}의 구성 성분 • 적혈구 형성에 관여	• 악성빈혈	-	• 어패류, 생선 및 다시마 등	-
망간 (Manganese, Mn)	• 효소의 보조인자 • 당질, 단백질, 지질대사에 관여	• HDL-콜레스테롤 수치 감소 • 피부홍반 • 발진	• 신경계 장애 • 면역 기능 장애 • 간 손상 • 췌장염	• 땅콩, 호두 등의 견과류 • 전곡류, 콩류 및 도정하지 않은 곡류 등	**충분 섭취량** • 남 4.0 mg • 여 3.5 mg **상한 섭취량** • 11 mg
크롬 (Chromium, Cr)	• 지질 및 당질대사에 관여 • 핵산의 구조를 안정화	• 고혈당 • 내당능 손상 • 당뇨 • 인슐린 감소 • 혈중 콜레스테롤 상승	• 위장장애 • 구토 • 피부발진 • 알레르기 반응	• 전밀, 밀겨, 밀배아, 도정하지 않은 곡류, 간, 달걀, 육류 등	**충분 섭취량** • 남 30μg • 여 20μg
몰리브덴 (Molybdenum, Mo)	• 잔틴 산화효소(Xanthine oxidase), 알데히드 산화효소(Aldehyde oxidase) 등의 보조인자	• 정신적 발달장애 • 신경계 장애 • 심장박동 증가 • 호흡곤란 • 부종 • 허약증세와 혼수	• 설사 • 빈혈 • 성장 부진 • 피부 이상	• 전곡류, 말린 콩, 간 등의 내장육 • 우유 및 유제품	**권장 섭취량** • 남 30μg • 여 25μg **상한 섭취량** • 남 600μg • 여 500μg

알아두기

부족하기 쉬운 무기질

칼슘

하루에 유제품 한 종류씩 먹기
탄산음료·커피 삼가기

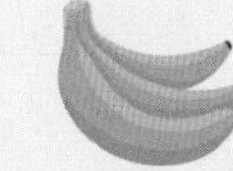

칼륨

감자·토마토·바나나 등
칼륨 함량 높은 식품 간식으로 먹기

셀레늄

채소·과일 등 셀레늄 많은 식품
매 끼니마다 먹기

과잉 섭취하는 무기질

인

음료·아이스크림 등
가공식품 적게 먹기

철

철분 든 영양제 삼가고,
육류는 하루에 손바닥
한 개 정도의 양만 먹기

요오드

갑상선 질환 있는 사람은
해조류 적게 먹기

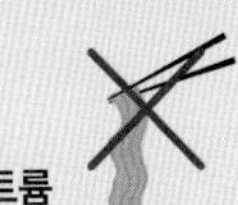

나트륨

조리 방법을 구이·
찜으로 하고, 국물·
면 요리 적게 먹기

식품과 영양

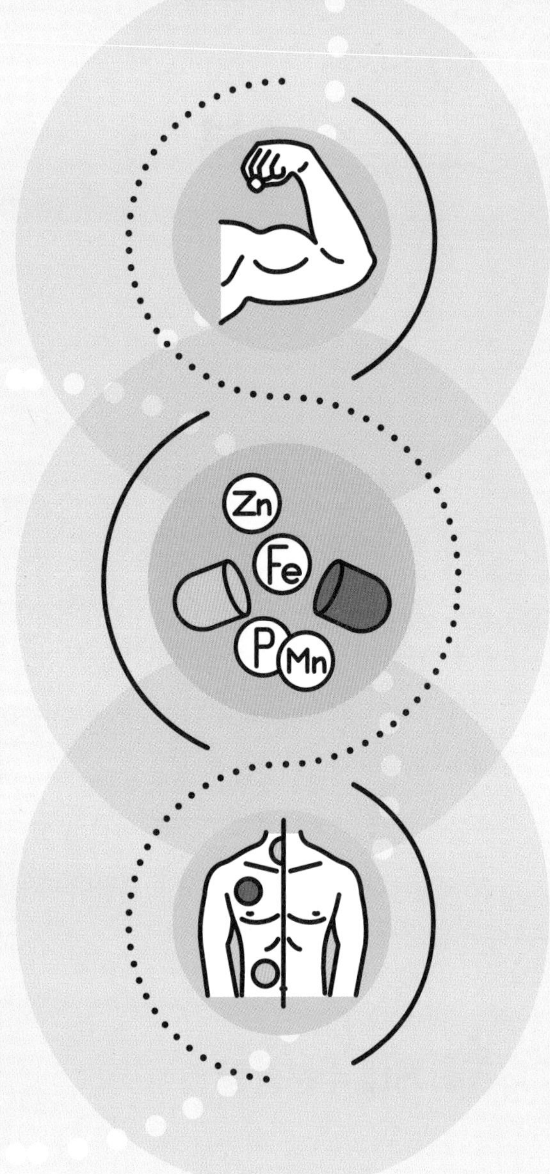

제9장

수분

제9장 — 수분

탄수화물, 지질, 단백질, 비타민, 무기질을 5대 영양소라고 하고 여기에 수분을 포함하면 6대 영양소라고 한다. 수분은 인체에 꼭 필요한 성분으로 사람은 음식 섭취 없이도 얼마간 생명현상을 유지할 수 있으나, 수분 섭취 없이는 단 며칠을 버티기 어렵다. 수분은 식품 내에서 수증기, 물, 얼음의 형태로 존재하며 물은 식품의 성분과 결합한 결합수와 그렇지 않은 자유수로 존재하며 다양한 특성을 나타낸다.

 1 체내 수분함량

체내의 수분량은 일반적으로 체중의 2/3 정도를 차지한다고 하는데 일반적으로 연령, 성별, 체지방량에 따라 다르게 나타난다. 연령에 따른 수분량은 나이가 어릴수록 많아 신생아의 수분함량이 가장 많으며, 연령이 많아질수록 그 함량은 줄어든다. 남성은 수분을 많이 함유하는 조직인 근육이 여성보다 발달했고, 여성은 상대적으로 수분을 적게 함유하는 지방조직이 발달하여 남성이 여성보다 체내 수분함량이 높게 나타난다. 체내 구성면에서도 지방조직은 제지방조직보다 수분이 적어 지방이 많은 사람일수록 수분량은 적다. 일반적으로 체내 수분함량은 성인 남성은 60%, 여성은 50%, 마른 사람은 70%, 비만한 사람은 50% 정도이다. 또한 신생아는 약 75% 정도이며, 60세에는 50% 정도가 된다. 사람의 뼈에는 약 10%, 지방조직에는 25~35%, 근육에는 약 72%, 혈액은 약 83%가 수분을 함유하고 있다.

그림 9-1 **신체의 영양소 구분비율(성인 남성 기준)**

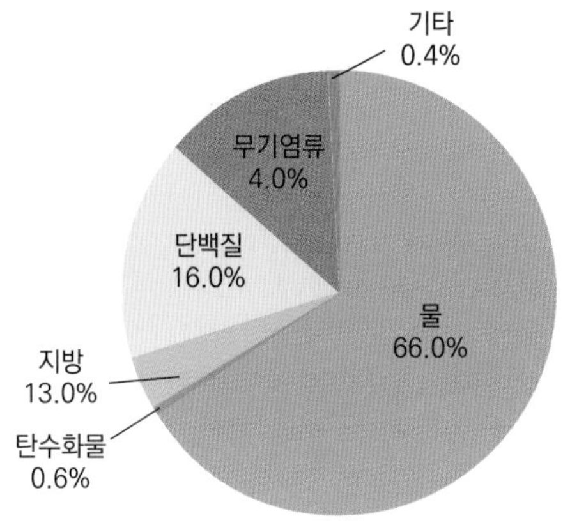

그림 9-2 **신체 수분 함량**

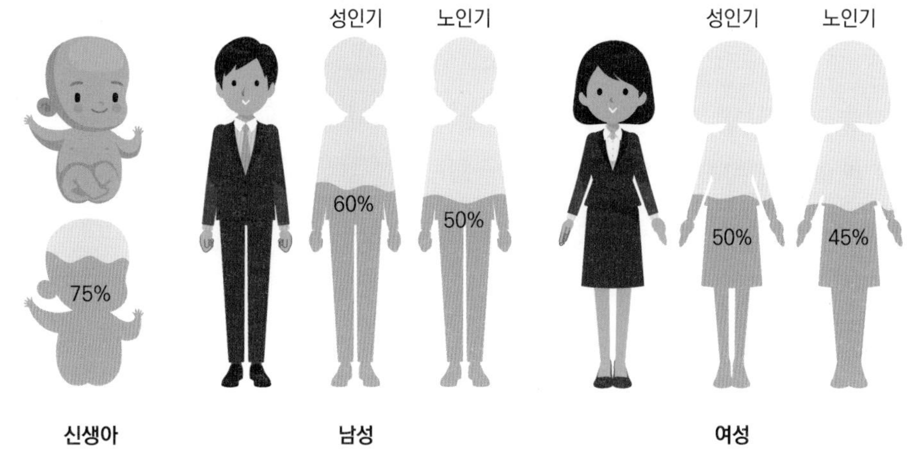

체내 수분은 세포내액에 60% 정도 분포하고 세포외액에 40% 정도 분포한다. 세포외액에는 혈장(Plasma), 세포간질액, 림프액, 관절액, 소화액, 척수액, 안구액 등이 있다. 수분은 체내에서는 여러 화학작용의 용매 역할을 하며, 식품에서는 조직감을 형성하여

식품을 부드럽게 하고, 미생물의 생장에 이용되기도 하며, 식품의 중량을 늘려 경제적인 측면에서 중요한 역할을 하기도 한다.

표 9-1 인체 내 체액 분포도

세포외액		세포내액
3L	14L	25L
혈장	간질액, 림프, 관절액, 소화액, 눈물, 척수액	모든 종류의 세포 안에 있는 수분

2 수분의 구조와 기능

1) 수분의 구조

물(H_2O)은 2개의 H(수소 원자)와 1개의 O(산소 원자)가 공유결합으로 구성된 분자로 산소를 중심으로 2개의 수소 원자가 104.5°로 결합되어 있어 산소 원자와 인접해 있는 다른 물 분자의 수소 원자가 수소결합으로 연결되어 육각형의 형태를 이루면서 다양한 특성을 가진다. 물 분자의 수소결합을 끊고 해리시키기 위해서는 엄청나게 많은 에너지가 필요한데, 이러한 수소결합이 갖는 특성으로 물의 비열, 녹는점, 끓는점 표면장력, 모양의 변화 등이 다른 물질과 다르게 형성된다.

물의 특성

① 극성 용매로 전해질에 대한 용해도가 큼
② 어는 점 0℃, 끓는 점 100℃
③ 비열이 큼(1cal/g·℃)
④ 증발열이 큼(9,710cal/mL)
⑤ 4℃에서 비중과 밀도가 큼
⑥ 표면장력이 큼

용어 설명

- **비열**: 단위 질량의 물질 온도를 1도 높이는 데 드는 열에너지
- **비중**: 어떤 물질의 밀도 ρ와, 표준 물질의 밀도ρs와의 비
- **밀도**: 단위 부피당 질량을 나타내는 값. 부피가 일정할 때, 한 물체의 밀도가 클수록 그 물체의 질량은 크다.
- **표면장력**: 액체의 표면을 늘리거나 파괴시킬 때에 그 어려운 정도를 표현한 측정값

그림 9-3 **물의 구조**

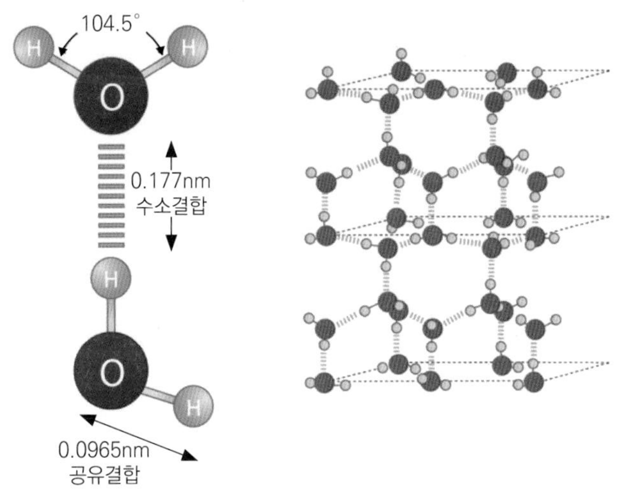

알아두기

√ 나무는 심장이 없는데 어떻게 물을 높은 꼭대기까지 운반할까?

물 분자들은 수소결합으로 서로 붙어있고 이것을 응집력이라고 한다. 식물은 이 응집력 때문에 물을 수송할 수 있다.

2) 물의 기능

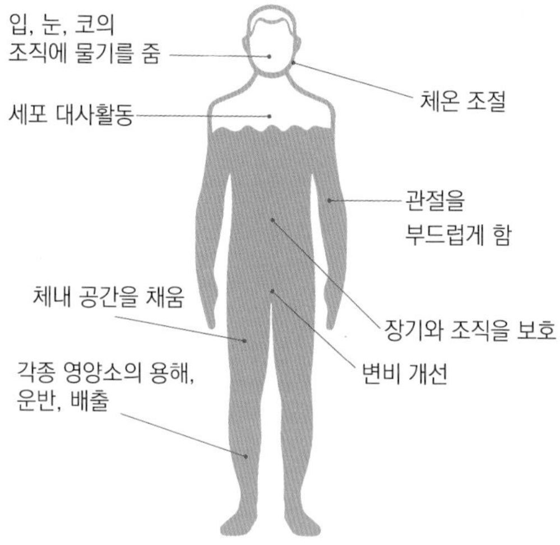

(1) 인체의 구성 성분

인체의 조직과 세포는 제각각 수분함량 차이를 보이지만 대략 근육에는 75%, 지질에는 20~25%, 골격에는 10~25%의 수분이 존재하며, 인체를 가장 많이 구성하는 성분은 수분이기도 하다. 또한 간과 근육에 글리코겐을 저장할 때 수분이 포함된다.

(2) 체온 조절 작용

인체는 외부 온도의 상승, 심한 운동, 노동 등으로 체온이 상승하면 피부와 폐를 통해 수분을 발산하여 체온을 조절한다. 피부와 폐로 수분을 내보내는 것을 무감각적 발산이라 하고 이때 1,000mL/day의 수분을 발산한다면 약 600kcal의 체열이 발산된다. 땀으로 물을 발산하는 것은 감각적 발산이고 '고체온증'을 막기 위한 생리적인 현상이다. 땀 분비량은 사람마다, 환경에 따라 차이가 많은데 특히, 비만이거나 체구가 크면 상대적으로 땀을 많이 흘린다.

알아두기

✓ 왜 물이 얼면 부피가 커질까?

물 분자는 충분히 냉각되면 서로 멀어져서 얼음을 형성하고, 얼음은 물보다 밀도가 낮아 물위에 뜬다.

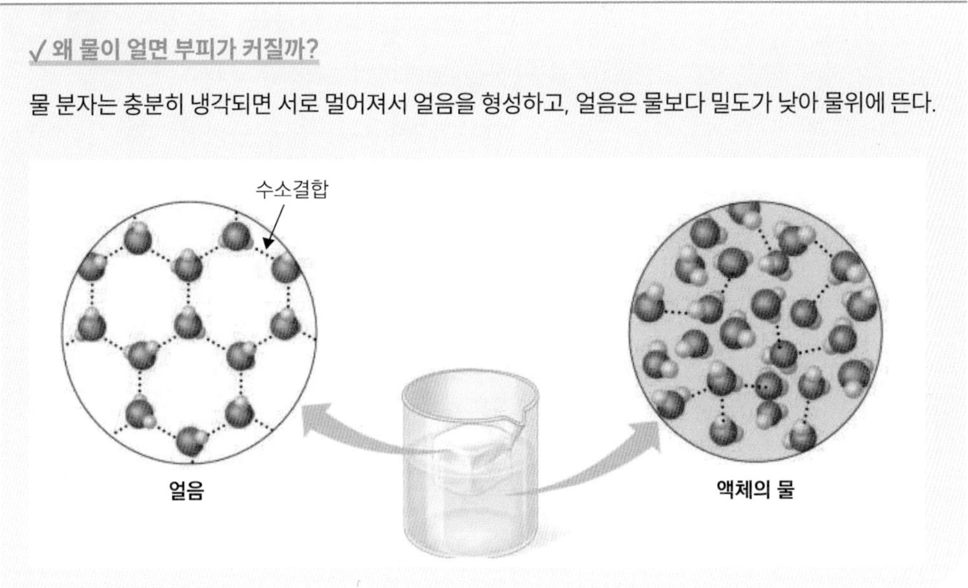

(3) 각종 영양소의 용해, 운반, 배출

소장에서 소화, 흡수된 영양소는 무기질, 수용성 비타민, 아미노산, 포도당 등의 용매로 수분이 작용하여 혈액과 임파액을 통해 필요한 조직으로 운반되고, 체내에서 생긴 탄산가스, 암모니아, 요소 등의 노폐물은 폐, 피부, 신장을 통해 체외로 배출된다.

(4) 세포대사의 촉매 작용

수분은 체내 조직과 세포에서 화학반응의 매개체 역할을 하고, 반응물 또는 생성물로서 작용하는데, 예로 Maltose가 소화효소인 Maltase에 의해 Glucose 2분자로 소화되는 동안 물이 이 반응에서 촉매작용을 한다.

$$H_2O + \text{Maltose} \xrightarrow{\text{Maltase}} 2\text{Glucose}$$

(5) 각종 분비액의 성분

체내에서 분비되는 소화액, 눈물, 콧물, 타액 등의 주성분은 수분이다. 건강한 성인의 경우 하루 평균 500~1,500mL의 타액을 분비하며, 위액은 1,000~2,500mL, 담즙 100~400mL, 장액 700~3,000mL 정도로, 하루에 분비하는 각종 분비액은 7L 정도이다.

(6) 보호 작용 및 윤활제 작용

물 분자는 수소결합에 의한 탄력이 있어 장기를 충격으로부터 보호하고, 자궁의 양수는 태아를 보호한다. 안구의 수분은 안구를 부드럽게 하고, 관절의 활액은 마찰을 방지해 뼈의 움직임을 부드럽게 하며, 뇌척수액은 중추신경 조직을 보호한다.

(7) 전해질 및 산·염기 평형

수분은 인체의 전해질 농도와 pH를 일정하게 유지하고, 체내 기능을 원활하게 하는 작용을 한다. 나트륨, 칼륨, 염소와 같은 전해질은 인체의 삼투현상에 중요한 역할을 하며 세포외액에는 나트륨이 많고 세포내액에는 칼륨이 많아 인체의 수분량을 조절한다. 또한, 수분은 체내 pH를 유지하는 화학반응에서 매개체 역할을 하여 인체의 pH를 7.4 수준으로 유지시킨다.

알아두기

✓ 먹는 피부 보습제?

식품의약품안전처로부터 보습 효과가 있는 건강기능식품으로 인정받은 것은 히알루론산이 120mg 이상 함유된 제품이다. 그러나, 히알루론산은 탄수화물로 소화과정에서 분해되어 흡수되므로 피부에 도달하기 어렵다고 한다.

출처: https://health.chosun.com/site/data/html_dir/2017/10/24/2017102401733.html, 헬스조선, 2017.10.24.

3 수분의 조절

인체는 외부로부터 수분을 섭취하고 체외로 배설하여 수분 평형을 유지한다. 체내 수분 평형 상태가 깨져 수분의 섭취보다 배설이 많아져 수분이 부족한 상태를 탈수라 하고 이와 반대로 배설된 수분량보다 섭취한 수분량이 많은 경우 부종과 복수 등이 생길 수 있다.

체내 수분이 부족할 때는 뇌하수체 후엽에서 항이뇨호르몬(ADH, Antidiuretic hormone)이 분비되어 신장의 세뇨관에서 수분의 재흡수가 증가하면서 소변량은 감소하고 체액량은 증가함에 따라 체내 수분량을 조절한다. 또한, 부신 피질에서 알도스테론(Aldosterone)이 분비되어 나트륨의 재흡수를 증가시켜 체내 삼투압을 높여 수분의 재흡수와 수분 섭취를 자극한다.

그림 9-4 **체내 수분 평형 조절**

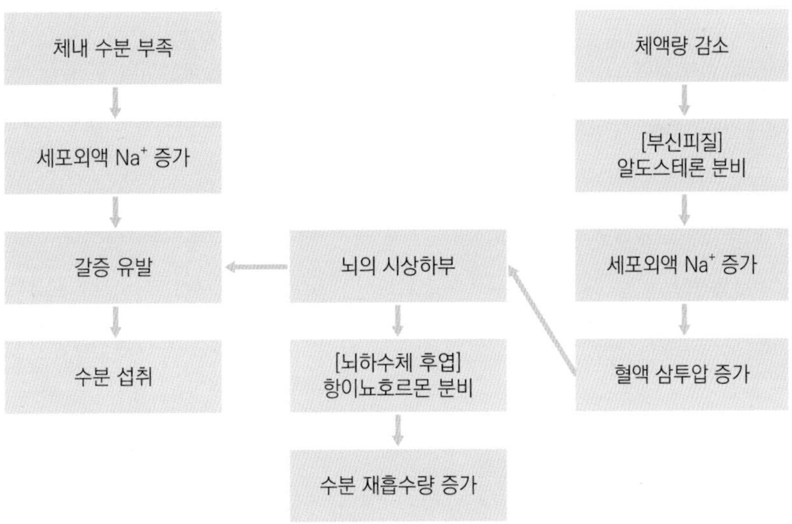

수분 공급	수분 배설	수분 평형
• 1일 2.5L의 수분 공급 • 국, 찌개, 죽 등에 수분 함량이 높음	• 소변, 피부, 호흡 및 대변을 통하여 배설 • 60% 정도가 소변을 통하여 배출	• 체내 수분 섭취량에 맞추어 수분 배설량이 조절되기 때문에 일정하게 유지됨

1) 수분의 섭취

수분의 섭취량은 기후, 연령, 소금의 섭취 등에 따라 달라지는데 영아와 유아는 단위 체중당 수분 섭취량이 성인보다 많고, 하루 1.5L의 땀을 흘리는 경우에도 수분 섭취량은 증가한다.

균형 잡힌 영양소를 섭취하는 것뿐만 아니라 수분 섭취와 운동도 중요하므로 우리나라에서는 식품구성자전거 모형을 만들어 식생활과 운동의 중요성을 알리고 있다.

수분의 필요량을 증가시키는 요인	
• 어린이 또는 노인(유아기 또는 노년기)	• 당뇨병 등 수분 균형을 방해하는 질병
• 장기간의 구토, 설사, 발열	• 비행기 또는 밀폐된 공간 등의 대기환경
• 고온	• 질병(다뇨)
• 알코올 또는 카페인 섭취	• 임신, 수유
• 운동	• 수술, 출혈, 화상

그림 9-5 수분 권장량

알아두기

✓ 물은 얼마나, 어떻게 마셔야 할까?

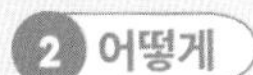

1 얼마나
- 하루 1,000mL의 물(음료 포함)을 섭취한다.
- 1,000mL=종이컵 180mL 기준으로 6~7잔

2 어떻게
- 물 혹은 당이 첨가되지 않은 음료로 마신다. (보리차, 녹차 등)
- 저지방 우유, 칼슘 강화 두유, 첨가당이 들어있지 않은 100% 과일·채소주스도 좋다.

2) 수분의 배설

수분은 하루에 섭취한 양과 배설한 양이 같아야 수분 평형이 유지되지만, 수분의 섭취보다 배설이 많아지면 건강상의 문제가 발생할 수 있다. 수분은 소변, 대변, 호흡, 피부를 통해 배설되는데, 소변에 의한 배설량은 성인의 경우 900~1,500mL/day로 섭취량과 상관관계가 크고, 변을 통하여 100~200mL/day, 피부와 폐를 통해 900~1,100mL/day가 배출된다.

표 9-2 성인의 수분 급원과 배설

수분의 급원	수분량(mL)	수분의 배설	수분량(mL)
액체음료 고형식품 대사수	1,100~1,400 500~1,000 300~ 400	소변 피부 증발작용 호흡 대변	900~1,500 500~600 400~500 100~200
합계	1,900~2,800	합계	1,900~2,800

그림 9-6 **체내 수분 평형**

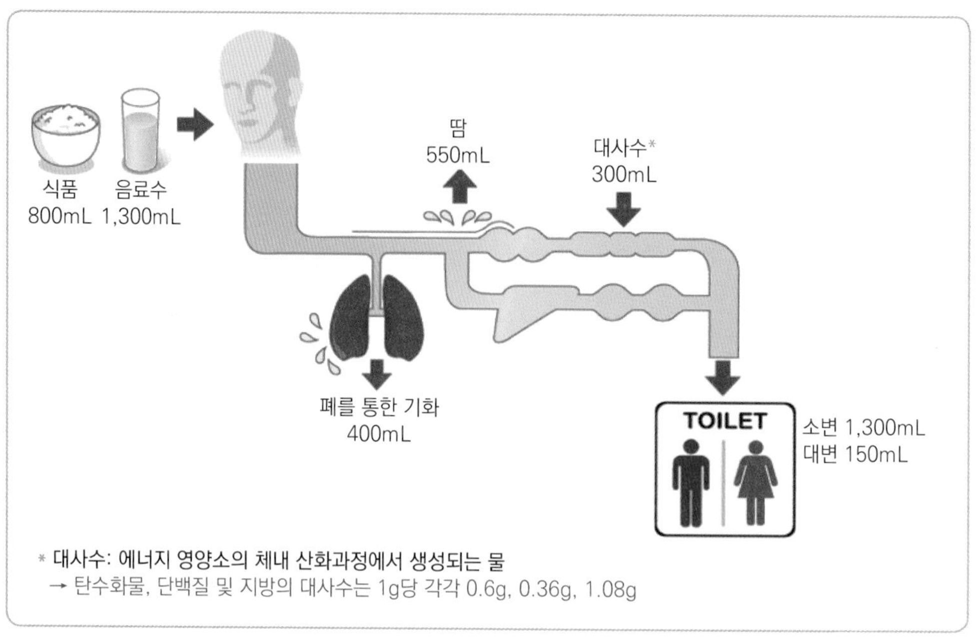

4 수분과 질병

1) 탈수

탈수는 체내 수분 부족 상태를 말하는데 대개 체중의 1% 이상 수분이 부족하면 탈수 상태라고 한다. 사람들은 대부분 체중의 0.8~2% 이상 수분이 부족할 때 갈증을 느낀다. 감각이 둔한 사람은 탈수가 되었음에도 갈증을 느끼지 못하기도 하는데, 이러한 현상은 노인들에서 발생빈도가 높다. 특히, 카페인이 있는 커피나 알코올은 이뇨작용으로 인해 만성탈수를 유발할 수 있으며, 하루 6잔의 커피는 체내 수분의 2.7%를 감소시킨다는 연구 결과도 있다. 탈수를 일으키는 원인 중에는 체내 수분 손실이 많은 설사, 구토, 발한, 수분 섭취 부족을 들 수 있다.

그림 9-7 **인체 수분 손실에 따른 증상**

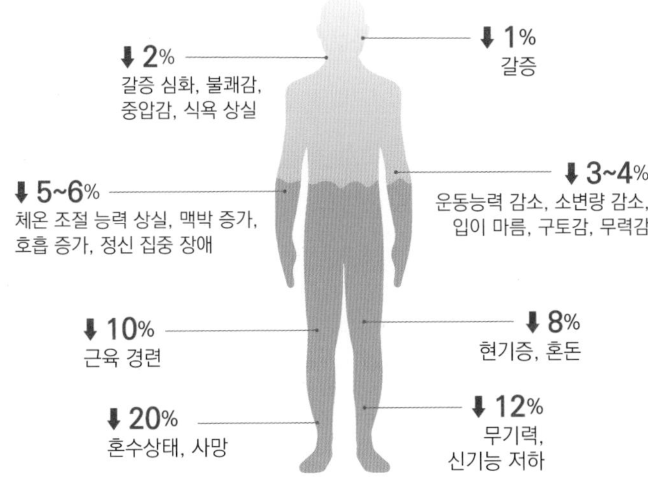

인체에 수분이 부족할 때 발생하는 질병으로는 요로결석, 방광암, 대장암 등이 있는데 요로결석은 신장에서 수분 부족으로 소변의 농도가 높아져 쉽게 칼슘 등과 결합해 결석을 형성하기 때문인데, 이는 수분을 충분히 섭취하면 예방과 치료가 가능하다. 또한 수분을 적게 섭취하면 콩팥, 요관, 방광, 대장 등에서 발암물질과 접촉하는 농도와 시간이 늘어나 암 발생의 빈도가 높아질 수 있는데, 수분을 많이 섭취하는 사람은 적게 섭취하는 사람보다 암 발생을 45% 낮출 수 있다.

그림 9-8 **만성 탈수 증상**

만성 탈수가 몸에 미치는 영향
어지럼증
혈액이 줄고 혈압이 낮아져 발생
피로
수분 부족으로 필수 아미노산이
전신에 전달되지 못해 쉽게 피로해짐
주름
피부 속 콜라겐, 엘라스틴 섬유가
파괴되어 생김
변비
대장 내 수분 부족으로 대변이
딱딱하게 굳어 생김
만성 탈수를 예방하는 방법
• 커피, 녹차 등 카페인 음료
피하기
• 물 하루에 2L 마시기
• 식사 거르지 말기

2) 부종 및 복수

세포간질액에 수분이 비정상적으로 많으면 부종이 일어나는데, 일반적으로 나트륨 과잉이나 단백질 결핍인 콰시오커에서 발생할 수 있다. 나트륨은 세포외액에 존재하는데 농도가 높아지면 삼투압에 의해 수분이 세포외액으로 이동하게 된다. 단백질을 장기간 부족하게 섭취하면 혈액 내 알부민 등의 단백질 함량이 저하되어 삼투압에 의해 혈액 속의 수분이 세포 간질액으로 이동하게 되고 부종이 나타난다.

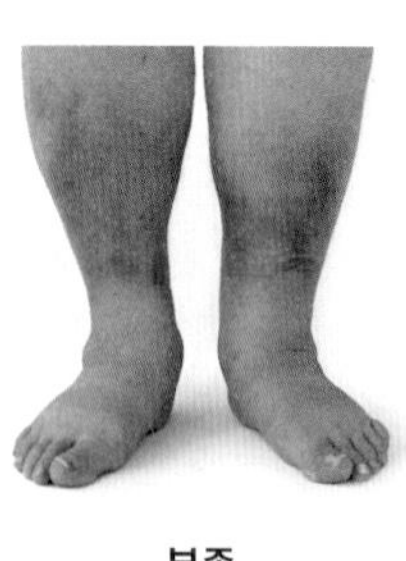

부종

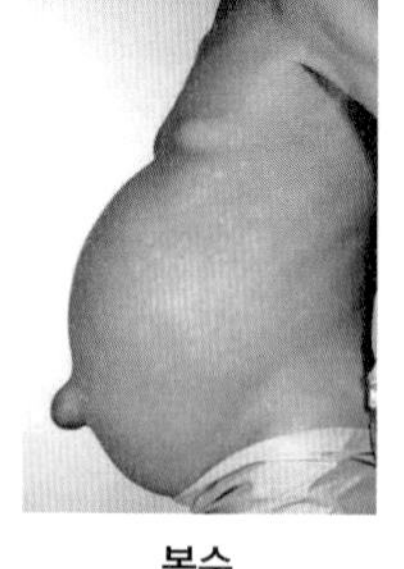

복수

3) 수분 중독증

우리 몸에서 필요한 양 이상으로 수분을 섭취하면 소변량을 늘려 배출하게 되나, 지나치게 과도한 수분 섭취는 건강에 해로운 영향을 줄 수 있다. 체내 수분이 과잉되면 세포외액이 희석되어 삼투현상에 의해 세포외액의 수분이 세포내액으로 이동하게 되고 세포는 팽창한다. 특히 뇌세포가 팽창하면 두통, 구토를 유발하고 심하면 근육경련, 발작, 혼수, 사망에 이르기도 한다. 수분 중독은 정신질환자나 장시간 과도하게 운동하는 마라톤 선수 등에게서 발생할 수 있다.

그림 9-9 **수분 중독 증상**

135~146mmol/L
정상

120mmol/L
두통과 구토

110mmol/L
정신 착란

100mmol/L
호흡 곤란으로 사망

물 중독 水毒 I Fluid overload	
이명	급성 수분 중독
국제질병분류기호 (ICD-10)	E87.7
질병 원인	과도한 물 섭취
관련 증상	일반적인 경우: 두통, 오심, 구토 심한 경우: 흥분, 정신 이상, 의식 장애, 간질 발작, 사망
관련 질병	저나트륨혈증

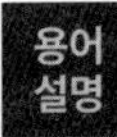

E87.7(급성 수분 중독): 물을 지나치게 많이 마셔 인체의 나트륨, 칼륨 등의 전해질 농도가 떨어져서 생길 수 있는 일련의 증세를 의미하며, 수독(水毒)이라고도 불린다.

출처: 나무위키

5 수분 섭취 기준과 급원식품

1) 섭취 기준

사람이 하루 동안 섭취하도록 권장하는 수분 섭취량은 섭취 kcal당 1mL로 하루 2,600kcal 섭취를 권장하는 성인 남성의 경우, 음식과 음료로 하루 2600mL의 수분을 섭취하여야 한다. 하루에 섭취하는 수분 중 음료수를 통해 섭취하는 양이 가장 많으며 밥이나 국 등의 음식을 통한 섭취량도 상당하다. 또한, 우리 몸에서는 탄수화물, 단백질, 지질을 대사하면서 에너지를 생성하는 산화반응에서 산소를 소비하고 물과 이산화탄소를 생성하는데, 이때 생성된 물을 대사수라고 한다. 대사수의 생성량은 지질은 108%, 포도당은 60%, 단백질은 42%이다.

표 9-3 한국 성인의 1일 수분 섭취 기준

성별	연령(세)	수분(mL/일)				
		음식	물	음료	충분 섭취량	
					액체	총수분
남자	19~29	1,400	975	34	1,200	2,600
여자	10~29	1,100	766	24	1,000	2,100

2) 급원식품

식품의 수분함량은 다음 표와 같다.

그림 9-10 식품 내 수분 함량(%)

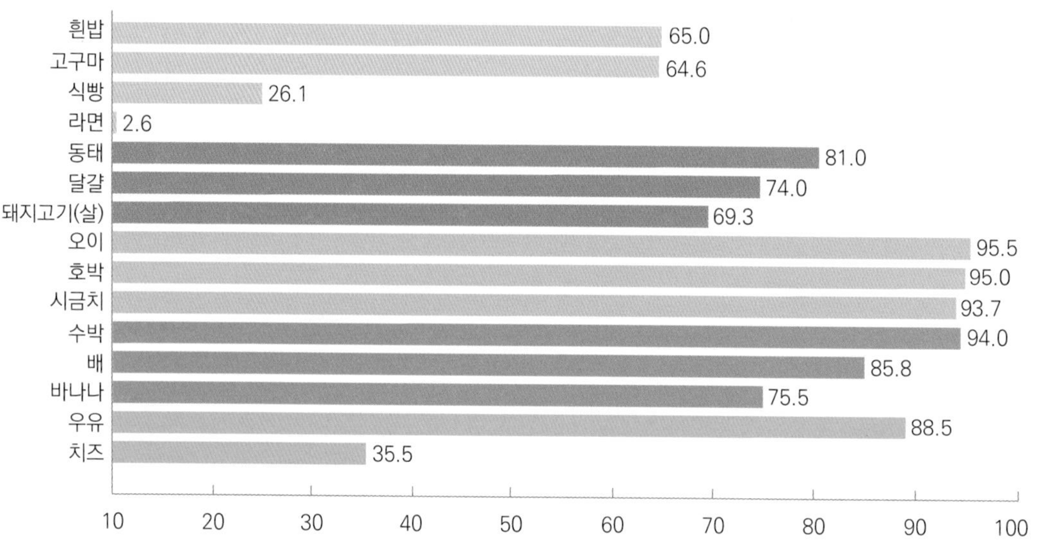

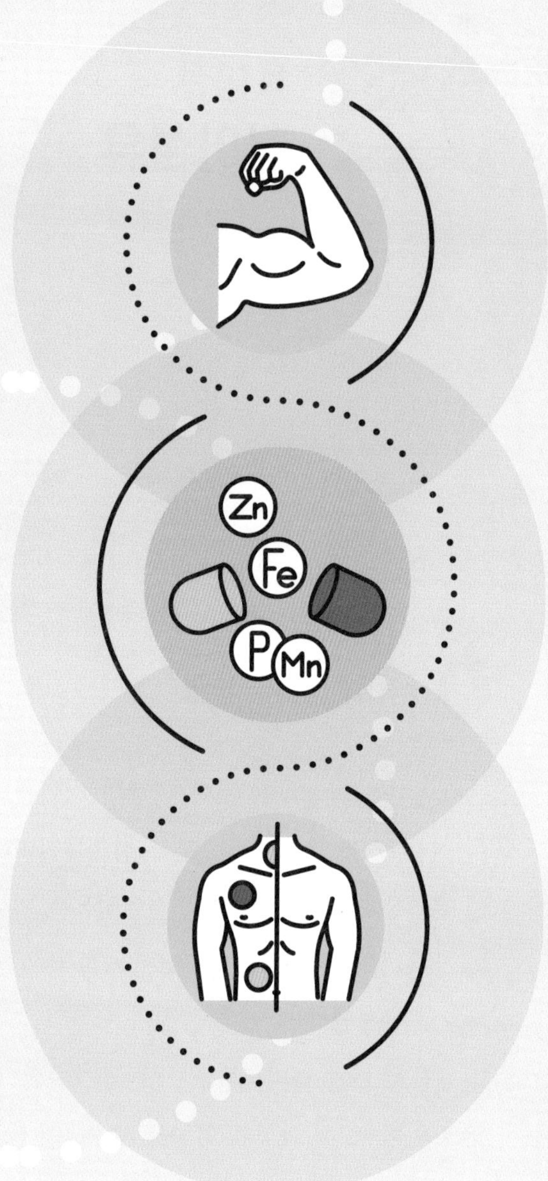

제10장

식이섬유

제10장 —
식이섬유

1 식이섬유의 정의

식이섬유(Dietary fiber)란 인체의 소화기관 내에 존재하는 소화효소로 분해가 어려운 식품 중의 난소화성 고분자 섬유물질이다. 탄수화물이 대부분이며, 주로 식물세포의 구조를 이루는 성분이다. 식이섬유는 기본적으로 전분이 아닌 다당류인 셀룰로오스(Cellulose), 헤미셀룰로오스(Hemicellulose), 펙틴(Pectin), 검(Gum), 뮤실리지(Mucilage) 등으로 구성된다.

셀룰로오스, 헤미셀룰로오스, 리그닌은 채소와 전곡류 같은 식물의 세포벽을 구성하고 있어, 도정 과정에 외피를 제거하지 않은 전곡류는 식이섬유의 주요 급원이다. 펙틴이나 검 등은 곡류, 채소와 과일에 함유되어 있다. 식이섬유는 칼로리가 거의 없고, 수용성 및 불용성 식이섬유의 물리적 특성 때문에 적당히 섭취하면 건강상 유익하다는 사실이 잘 알려져 있다.

표 10-1 **체내 각 기관에서 식이섬유의 역할**

체내 각 기관	식이섬유의 역할
입	씹는 활동 증가, 타액 분비 증가
위	위에서 음식물 체류 시간 증가로 포만감 유지에 의한 비만 예방
소장	- 소장에서 포도당 흡수 지연으로 췌장에서 인슐린이 천천히 적게 분비되어 당뇨병 예방과 치료 - 소장에서 당분과 지방질의 흡수율을 감소시켜 비만 예방 및 개선 - 담즙과 결합하여 소장에서 담즙 재흡수 감소에 의한 지방 흡수 저해로 혈중 지방 함량이 감소하여 동맥경화 예방 - 콜레스테롤과 결합하여 흡수를 방해하므로 혈중 콜레스테롤 감소
대장	- 대장에서 프리바이오틱스(Prebiotics) 역할을 하여 장내 pH 감소, 유익균 증가 등의 대장 내 환경 변화에 의한 다양한 질병 예방 - 대변량 증가에 의한 발암물질의 신속 배설로 암 예방 - 음식물의 대장 체류 시간 단축 및 대변량 증가로 변비 예방 및 게실염 예방

알아두기

✓ 식이섬유와 프리바이오틱스

프로바이오틱스(Probiotics)는 인체의 창자 내에서 유익한 작용을 하는 살아 있는 미생물이고, 프리바이오틱스(Prebiotics)는 소장에서는 소화되지 않고 대장으로 이동하여 유익균인 프로바이오틱스의 생장을 돕는 유익균의 먹이로 이용된다.
프리바이오틱스는 탄수화물이며, 식이섬유와 올리고당을 말한다. 식이섬유가 풍부한 식품 섭취는 창자 내 유익균의 생장과 유지에 중요한 역할을 한다.

2 식이섬유의 종류

식이섬유는 불용성 식이섬유와 수용성 식이섬유의 두 종류가 있다. 불용성 식이섬유는 물에 녹지 않으며 대장 내 박테리아에 의해서도 분해되지 않고, 담즙이나 물과 결합해서 배설되므로 배변량과 배변 속도를 증가시킨다. 수용성 식이섬유는 물에 녹고 소화 과정에서 분해되지 않으나 대장 내 박테리아에 의해 짧은 사슬 지방산과 가스로 분해될 수 있고, 팽윤되어 겔을 형성하여 소장 내에서 당과 콜레스테롤의 흡수를 방해한다.

표 10-2 식이섬유의 종류와 생리기능

분류	종류	주요 급원식품	생리적 기능
불용성 식이섬유	셀룰로오스	밀, 보리, 현미, 사과 껍질	배변량 증가 배변 촉진 장 통과 시간 단축
	헤미셀룰로오스	곡류, 채소류	
	리그닌	당근 심, 브로콜리의 단단한 줄기, 억센 고사리 줄기	
	키틴	새우, 게 등의 껍데기 오징어와 조개 등의 연골 버섯이나 균류의 세포벽	
수용성 식이섬유	펙틴	과일(과육, 사과, 바나나, 감귤 등)과 채소	음식물의 위장 통과 속도를 지연시킴(만복감) 포도당 흡수 억제(혈당 상승 억제) 콜레스테롤 흡수 억제(혈청 콜레스테롤 감소)
	검과 뮤실리지	콩류, 해조류, 차전자피 등	
	헤미셀룰로오스 일부	귀리 겨, 두류 등	
	알긴산, 한천 등-해조 다당류	갈조류 및 홍조류	
	키토산	갑각류 등(키틴으로부터 가공된 물질)	

1) 불용성 식이섬유

불용성 식이섬유 종류로는 셀룰로오스, 헤미셀룰로오스, 리그닌 등이 있으며 식물 세포벽의 구조 부분을 형성한다. 전곡류 겨층은 리그닌과 헤미셀룰로오스를 함유한다.

그림 10-1 전곡류 겨층의 식이섬유 종류

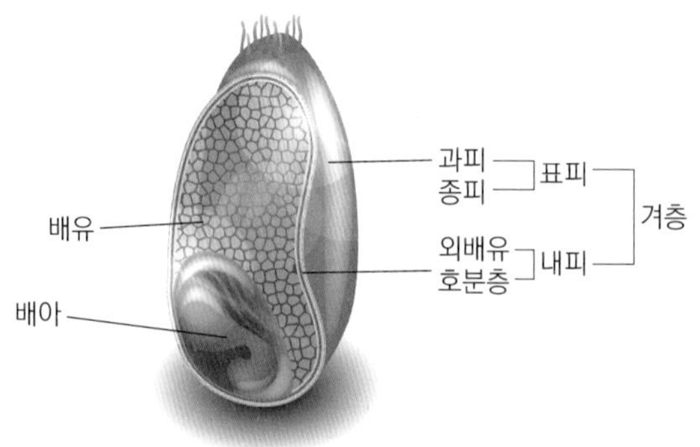

(1) 셀룰로오스(Cellulose)

식물 세포벽의 주성분이며, 식물조직에 견고성을 부여하는 구조다당이다. 가장 풍부한 식물체의 구성 성분이다. 밀, 현미, 보리, 통밀가루, 밀기울, 배아와 같은 전곡류와 완두콩, 대두 등과 같은 두류 그리고 브로콜리, 오이껍질, 풋고추, 당근, 셀러리 등의 채소에 주로 함유되어 있다. 사과의 껍질 등 과일의 껍질에도 셀룰로오스가 많이 함유되어 있다. 셀룰로오스는 분변량을 증가시키고 장 통과 시간을 단축시킨다.

그림 10-2 **셀룰로오스 함유**

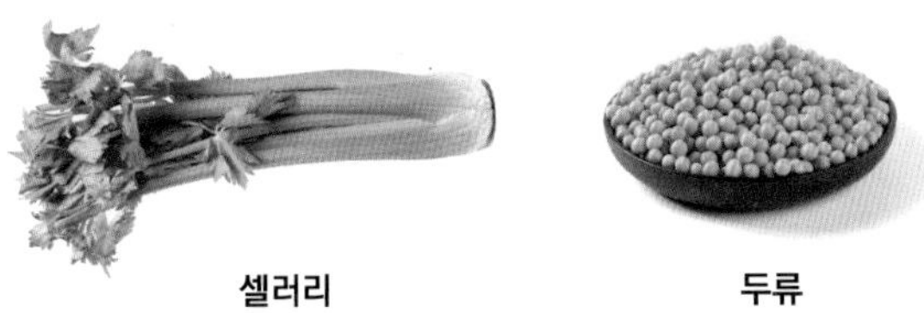

알아두기

✓ 소는 왜 풀만 먹어도 살이 찌는 것일까?

풀에는 β-결합으로 포도당이 연결된 셀룰로오스 등 식이섬유가 들어있고, 사람의 소화 효소는 α-결합으로 포도당이 연결된 전분은 잘 분해하나 유당을 제외한 대부분의 β-결합은 분해하지 못한다. 소와 같은 초식동물은 포도당의 β-결합을 끊을 수 있는 효소가 있어 식이섬유로부터 포도당을 얻어 에너지원으로 사용할 수 있다. 사용하고 남은 포도당은 지방 등으로 전환되어 저장하므로 소를 살찌게 한다.

CH_2OH, H, O, OH (셀룰로오스 구조)

셀룰로오스

포도당 사이의 β-결합은 사람의 소화 효소에 의해 분해될 수 없으나 초식동물은 분해 가능

(2) 헤미셀룰로오스(Hemicellulose)

헤미셀룰로오스는 식물의 세포벽에서 발견되는 수용성과 불용성 성질을 모두 가진 다당류로 식물의 구조 안정성을 부여한다. 셀룰로오스와 함께 탄수화물로서 자일로오스(Xylose), 아라비노오스(Arabinose) 등으로 구성된다. 전곡류 외피 겨층, 밀배아, 현미와 같은 곡류와 양배추, 아욱, 무 등의 채소류에 함유되어 있다.

(3) 리그닌(Lignin)

리그닌은 탄수화물이 아니며, 주로 셀룰로오스, 헤미셀룰로오스 등과 결합하여 식물 세포벽의 구성 물질로 존재한다. 리그닌은 나무 세포벽의 40~60%를 차지하는데, 세월이 흐를수록 식물을 단단하게 하는 역할을 한다. 과일의 씨, 전곡류의 겨층, 고사리, 브로콜리, 목재, 대나무, 짚 등 목질화한 식물체 주성분의 하나이다.

그림 10-3 **리그닌 함유**

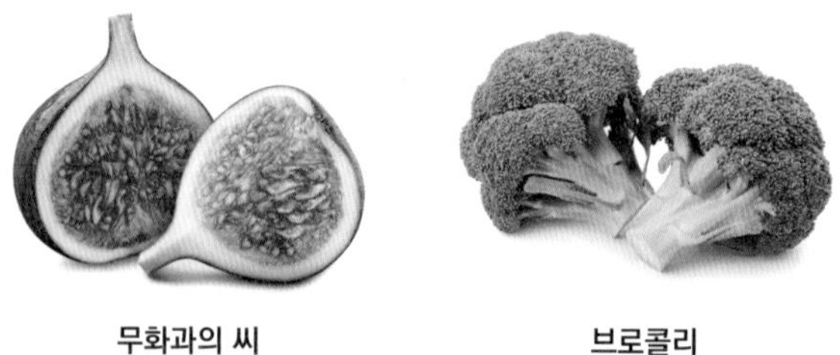

무화과의 씨 브로콜리

(4) 키틴(Chitin)

키틴은 N-아세틸글루코사민(N-Acetylglucosamine)이 긴 사슬 형태로 결합한 중합체 다당류이다. 동물성 식이섬유로 새우, 게, 곤충 등의 껍데기를 형성하는 성분이다.

2) 수용성 식이섬유

수용성 식이섬유는 펙틴, 검, 뮤실리지, 헤미셀룰로오스의 일부 등이 있고 물에 잘 녹으며 물속에서 점성(겔 상태)을 유지한다.

(1) 펙틴(Pectin)

펙틴은 식물 세포벽과 세포 내의 지지물질을 구성한다. 사과, 귤, 딸기 등의 과일과 감자, 호박 같은 채소에 있으며 수용성이고 위장관의 통과 시간을 느리게 한다. 과일에 함유된 펙틴은 물속에서 점성을 유지하고 펙틴은 젤리와 잼을 겔화하는 데 도움이 된다.

그림 10-4 **펙틴 함유**

그림 10-5 **사과의 식이섬유 종류**

(2) 검(Gum)

식물조직은 상처가 나면 점질물이 분비되고, 이것이 공기가 닿으면 굳어져 상처를 보호하는데, 이러한 점질물을 식물검이라 한다. 구아나무의 종자에 있는 구아검, 곤약감자에 있는 만난과 같은 식물성 검과 대맥, 귀리, 호밀의 배아에 있는 곡류의 검이 있으며, 미역과 다시마에도 함유되어 있다. 만난은 저장 다당으로 수산화칼슘과 함께 끓이면 겔(gel) 형태의 곤약이 되고 냉수에도 녹아 끈적끈적한 액체가 되기 때문에 접착제로도 이용된다.

(3) 해조 다당류

해조 다당류는 한천, 알긴산 등이 있다. 한천은 홍조류의 세포벽 성분으로 우뭇가사리 같은 홍조류를 끓여서 추출한 후 동결과 융해를 되풀이하여 건조한 것이다. 한천은 겔 형성능이 있으며, 식용, 미생물 배지, 설사약 등으로 사용한다. 알긴산은 마시마 등과 같은 갈조류의 세포벽 성분이다. 알긴산은 다시마 특유의 점질액에 해당하며, 식품, 의약품, 화장품 등의 점도 증강제, 유화제 등으로 이용되고 있다.

그림 10-6 **다시마**

(4) 키토산(Chitosan)

키토산은 키틴에서 추출한 천연 동물성 식이섬유의 소재로, 키틴을 강알칼리로 처리하면 아세틸(Acetyl)기가 떨어져 나가 인체에 흡수가 잘되는 수용성 키토산이 된다. 분자량, 탈아세틸화 및 순도를 조절하면 다양한 등급의 키토산을 생산할 수 있다. 키토산은 체중 감량을 위한 기능성 식품 첨가제인 식이보조제로서 사용이 점차 증가하고 있다.

그림 10-7 **키토산 함유 식품**

게

새우

3 식이섬유의 특징

1) 겔(Gel) 형성 및 저열량 밀도

수용성 식이섬유는 위에서 수분을 많이 흡수하여 겔을 형성한다. 따라서 음식물이 위장을 통과하는 시간을 지연시켜 포만감을 증가시키고, 탄수화물, 지질의 흡수 속도를 늦춘다. 혈당을 천천히 올려 인슐린 분비를 감소시키고, 담즙이나 콜레스테롤과 결합하여 배설시키므로 혈청 콜레스테롤 함량을 감소시킨다. 식이섬유가 많이 함유된 식품은 포만감은 주지만 상대적으로 열량이 적어 비만 예방에 효과적이고 체중 조절에 도움이 된다.

2) 높은 수분 보유력

셀룰로오스와 리그닌 같은 불용성 식이섬유는 수분 보유력이 적고 펙틴, 검, 헤미셀룰로오스의 일부와 같은 수용성 식이섬유는 수분 보유력이 불용성 식이섬유보다 더 크고 점성이 매우 높은 용액을 형성한다.

식이섬유는 보유한 수분에 의해 발암물질이 희석되거나 수분을 보유한 식이섬유와 직접 결합함으로써 흡수를 저해하여 대장암 발생을 줄일 수 있다. 또한 식이섬유의 수분 보유력은 장에서 내용물을 증가시켜 장내 연동운동을 자극하여 통과 속도를 빠르게 함으로써 대장과 발암물질 접촉을 줄여 대장암 예방 효과가 있을 수 있다. 수용성 식이섬유는 소장의 당 흡수를 느리게 해 당뇨병에 도움을 주고, 소장에서 콜레스테롤 흡수를 방해하여 혈중 콜레스테롤 농도도 감소시킨다.

3) 식이섬유의 물질 결합력

식이섬유는 물질 결합력이 있으며 유해 물질을 제거하는 효과도 있다. 식이섬유는 대장 내에 존재하는 발암물질, 중금속, 담즙산(Bile acid), 콜레스테롤의 분해 산물과 흡착하여 대변으로 배설한다. 간에서 콜레스테롤로부터 생성된 담즙산이 십이지장으로 분비되는데, 소장에서 식이섬유가 담즙산과 결합하면 회장에서 담즙산의 흡수가 저해되어 혈중 콜레스테롤 농도가 감소한다.

4) 대장 미생물에 의해 이용

식이섬유는 포유동물의 소화효소에 의해 분해되지 않지만, 과일과 채소에 많이 함유된 소화성 식이섬유는 대장 미생물에 의해 분해되어 유익균의 성장에 도움을 준다.

4 식이섬유와 질병

식이섬유는 인체의 건강 유지에 긍정적인 역할을 하고 각종 질병을 예방하는 데 관여한다. 관련된 질병으로는 변비 및 게실염, 대장암, 담석증, 비만, 당뇨병, 심혈관계 질환 등이 있다. 뿐만 아니라 식이섬유는 대장에서 유익균의 먹이로 사용되어 유익균의 증식을 도와주어 장내 마이크로바이옴(Microbiome)을 변화시켜 전신 건강에 도움을 줄 수 있다.

용어 설명 **마이크로바이옴(Microbiome)**: 특정 환경에서 존재하는 미생물들의 총합을 의미한다.

표 10-3 식이섬유와 관련된 질병 및 가능한 체내 작용

관련 질병	식이섬유의 역할	가능한 체내 작용
변비 및 게실염	• 변의 용적 증가 • 장내 유익한 미생물 증식 • 대장에서 부드럽고 많은 양의 변 형성	• 대장의 연동운동 촉진 • 장내 좋은 환경으로 변화 • 장내 압력 감소(통과 속도 빠름)
대장암	• 소화물의 대장 통과 속도가 빨라짐 • 대장 소화물의 희석 • 유익균 성장에 도움	• 발암물질과의 직접 접촉 방해 • 수분에 의한 발암물질 희석 • 짧은 사슬 지방산의 발암 억제 효과
담석증	• 장내 담즙과 결합	• 담즙 재흡수 감소 및 담즙산 분비 증가

비만	• 포만감 증가 • 영양소 체내 이용률 저하 • 영양 밀도 감소 • 인슐린 분비 감소	• 음식물을 씹고 삼키는 데 시간이 걸림 • 위장에 오래 머무름(포만감 제공) • 지방 배설량 증가 • 탄수화물(포도당 등) 흡수 방해 • 소화물의 소장 통과 시간 단축(영양소의 흡수 기회를 줄임) • 지방 분해 작용(인슐린 효과 감소)
당뇨병	• 겔 형성 능력 • 인슐린 필요량 감소 • 식후 고혈당증 예방	• 위장 비우는 속도가 늦어짐 • 탄수화물(포도당 등) 흡수량 감소하고 흡수 속도 지연 • 탄수화물이 섬유질 겔 안에 갇혀 소화가 안 됨
심혈관계 질환	• 혈중 콜레스테롤 감소 • 담즙산의 배설	• 소장에서 겔을 형성하여 콜레스테롤 흡수 방해 및 배설 증가 • 담즙산에 있는 콜레스테롤과 결합하여 재흡수 방해

1) 변비 및 게실염

변비란 대장의 연동 운동의 저하로 원활한 배변 운동을 하지 못하여 대변 횟수가 감소된 상태를 말하며, 배변이 1주일에 2회 미만이거나, 배변 시에 굳은 변이 나오거나, 출혈이 동반되는 증상 등이 나타난다. 변이 점차 딱딱해져 배출되기 어려워지면, 게실 질환, 항문의 치핵, 치열 등의 질환이 발생할 수 있다. 셀룰로오스와 같은 불용성 식이섬유는 변의 용적을 증가시킴으로써 대장의 연동운동을 촉진하여 변비 예방 효과가 있다.

식이섬유가 적은 식사를 하면 변의 양이 적고 장 내에 오래 머무르게 되면서 건조하고 딱딱한 변이 되어 만성 변비가 되고, 게실증이나 게실염을 유발할 수 있다. 대장벽이 바깥쪽으로 늘어나 꽈리 모양의 주머니가 생겨 특별한 문제가 없으면 게실증이고, 이러한 튀어나온 주머니, 즉 게실 안으로 대변과 같은 오염 물질이 들어가서 염증을 생기는 것을 게실염이라고 한다. 식이섬유의 섭취량이 충분하면 대장 내용물이 부드럽고 용적도 크기 때문에 이동이 용이하고 장내 압력을 낮추어서 게실 형성을 방지할 수 있다.

그림 10-8 **대장 게실**

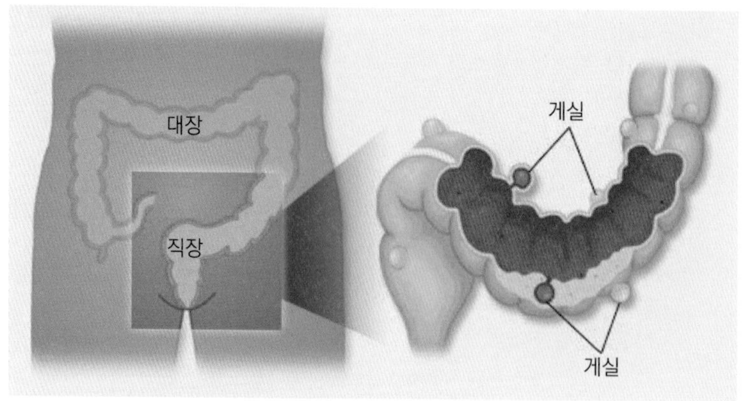

자료: 질병관리청 국가건강정보포털 https://health.kdca.go.kr

2) 대장암

수용성과 불용성 식이섬유 모두 대장암을 억제하는 효과가 있다. 특히 불용성 식이섬유는 대장 내용물의 장내 체류 시간을 단축하여 발암물질을 적절히 제거하고 발암 관련 물질이 형성되는 것을 줄여 대장암 발생률을 낮춘다. 또한 식이섬유에 함유된 수분으로 발암물질을 희석할 수 있다.

3) 담석증

수용성 식이섬유는 장내에서 담즙과 결합함으로써 소장벽을 통해 담즙의 재흡수를 줄이고, 담즙산의 분비를 늘려 담석 형성을 예방한다.

4) 비만

식이섬유가 많은 식사는 체중 감량에 도움이 되는 좋은 다이어트 식단이다. 고식이섬유 식품은 부피가 커서 배가 부르지만 에너지가 적을 뿐 아니라 많이 씹어야 하므로 구강의 저작작용을 자극하고 타액과 위액 분비를 촉진한다. 수용성 식이섬유는 위에서 수분을 많이 흡수하여 겔을 형성함으로써 음식물이 위에 체류하는 시간을 늘리고 포만감을 부여하여 과식을 피할 수 있게 한다. 소장 내에서는 식이섬유 겔 형성력과 물질 결합력에 의해 열량 영양소의 흡수를 지연시킨다. 포도당 등 흡수 감소에 의해 인슐린 분비가 감소되어 체지방 합성이 줄어들고 지방 분해는 증가한다.

그림 10-9 **체중 감량에 대한 식이섬유의 역할**

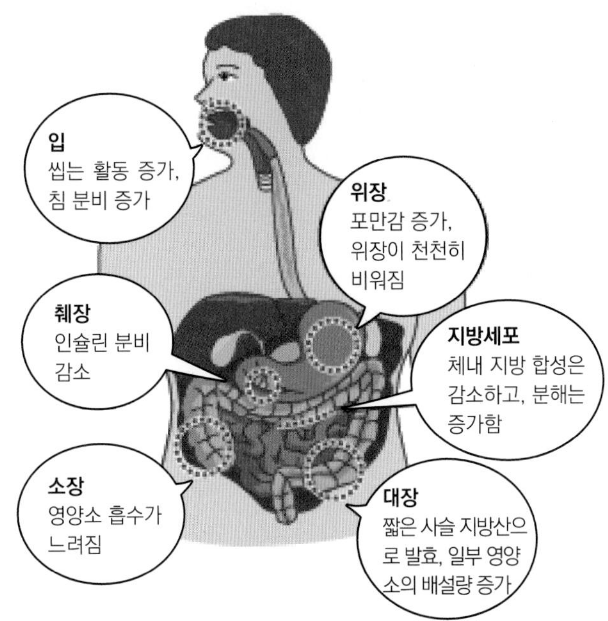

5) 당뇨병

수용성 식이섬유를 섭취하면 혈당치의 과도한 상승이나 급격한 상승을 억제하여 인슐린이 적은 양으로 천천히 분비되어 당뇨병을 예방하고 개선할 수 있다. 식이섬유의 겔 형성은 위장에서 비우는 속도를 늦추어 포도당의 흡수를 지연시켜 혈중 포도당 농도를 일정하게 유지시킨다.

6) 심혈관계 질환

수용성 식이섬유는 소장에서 겔을 형성하여 콜레스테롤 흡수를 방해함으로써 혈중 콜레스테롤을 낮춘다. 밀겨와 셀룰로오스 등의 불용성 식이섬유는 특히 LDL-콜레스테롤을 감소시킨다. 수용성 식이섬유가 대장에서 박테리아에 의해 분해되어 생성된 짧은 사슬 지방산은 간의 콜레스테롤 합성을 억제한다.

소장에서는 식이섬유가 담즙과 결합하여 담즙 재흡수를 억제한다. 그 결과 혈액을 순환하는 담즙의 양이 줄어들어, 부족한 담즙을 생성하기 위해 콜레스테롤을 사용하니 혈청 콜레스테롤 수준이 떨어진다.

5 적정 섭취량 및 급원식품

한국인의 탄수화물 섭취기준에서 식이섬유는 충분 섭취량을 제시하고 있다. 만 1세 이상 모든 연령층에서 12g/1,000kcal의 충분 섭취량이 설정되어 있으며, 식이섬유가 풍부한 식품은 해조류, 채소류, 과일류 등이 있다.

그림 10-10 채소류와 과일류 100g 중 식이섬유 함량

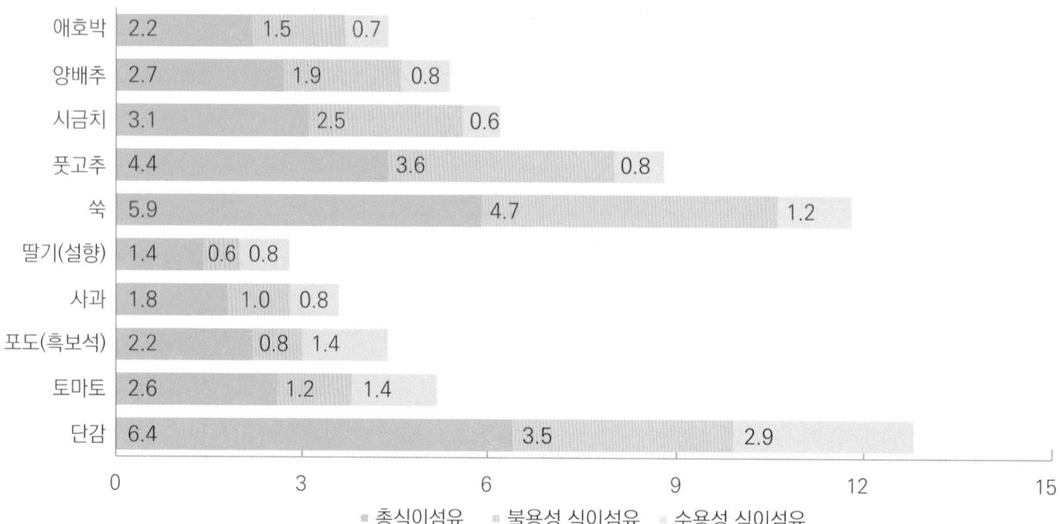

자료: 식품안전나라 식품영양성분 데이터베이스(2024년)

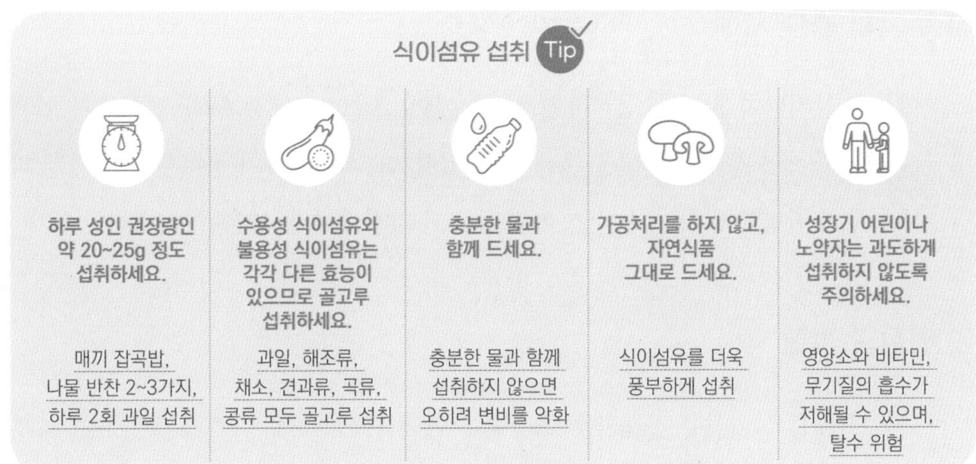

6 식이섬유 음료

식이섬유 음료에는 한 병(100mL)에 식이섬유가 2~3g 정도 들어있으며 착향료, 착색료 등의 식품첨가물도 같이 들어있다. 수용성 식이섬유는 물에 잘 녹는 식이섬유이므로 식이섬유 음료에는 수용성 식이섬유가 함유되어 있고, 소화기관 내에서 물과 결합하여 겔처럼 부드럽고 끈적거리는 형태가 된다. 채소, 곡류, 과일 등을 통해 식이섬유를 충분히 섭취하는 경우에는 식이섬유 음료 등의 형태로 보충하여 섭취할 필요는 없다.

7 식이섬유 과잉 섭취의 문제점

식이섬유는 건강에 유익한 점이 많으나 과잉 섭취는 무기질 흡수 저해, 위장관 장애 등을 유발할 수 있어 영양 상태가 불량하거나 소화 능력이 떨어지는 성장기 어린이, 노인 등의 경우는 주의가 필요하다.

1) 무기질 흡수 저해

식이섬유를 지나치게 많이 섭취하면 칼슘, 아연, 철, 마그네슘 등과 결합하여 인체 내 흡수를 저해하여 무기질 결핍을 초래할 수 있다. 또 식이섬유가 풍부한 식사에는 피틴산이나 수산 함량도 많아 칼슘, 철, 아연 등의 무기질 흡수를 억제할 수 있다.

2) 위장관 장애

소화되지 않은 식이섬유 잔재물은 대장에서 박테리아에 의해 가스가 발생하여 복부 팽만감을 유발하거나 설사 증세를 보이기도 한다. 고식이섬유식을 하는 동안에는 다량의 수분을 섭취해야 하는데, 만약 물이 부족하면 변이 매우 단단하게 되어 배변이 어려워진다.

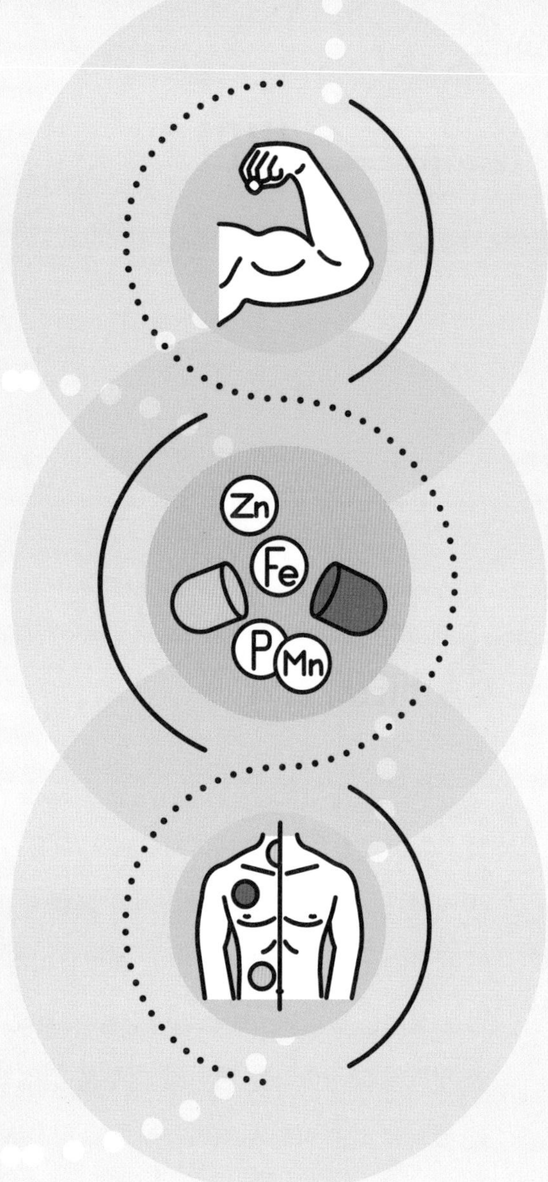

제11장

비만

제11장 —
비만

1 비만의 정의

인체는 탄수화물, 단백질, 지질과 같은 영양소를 음식으로 섭취하면 체내에서 소화 · 흡수 과정을 거쳐 에너지원으로 사용한다. 에너지 섭취가 에너지 소비에 비해 높은 상태가 지속되면 잉여 에너지가 체내에 지방으로 축적되어 과체중(Overweight)을 넘어 비만(Obesity)에 이르게 된다. 질병관리청에 따르면 비만은 지방이 정상보다 많이 축적된 상태를 말하며, 체내 지방량을 측정해 평가하는 것이 가장 정확하나 체내 지방량을 정확히 측정하기는 어려워 대부분 간접적으로 평가한다. 가장 많이 사용하는 방법은 체질량 지수(BMI)와 허리둘레를 측정하는 것이다.

2 비만의 유병률

1) 성인 비만 유병률

비만은 당뇨, 고혈압 등의 만성질환을 유발할 뿐만 아니라 사망률을 높인다. 인구의 약 50% 정도가 비만인 미국은 비만국가라 불릴 정도이며, 우리나라도 2021년 국민건강보험공단 자료에 의하면 성인인구의 38% 정도가 비만이다. 50세 이전에는 남성의 비만 유병률이 여성보다 월등히 높으나 50세 이후부터는 여성의 비만 유병률이 높아진다. 여성이 폐경하면 에스트로겐 분비가 감소하는데, 이것이 비만을 유발하기 때문이다.

그림 11-1 **우리나라 성인의 비만율**

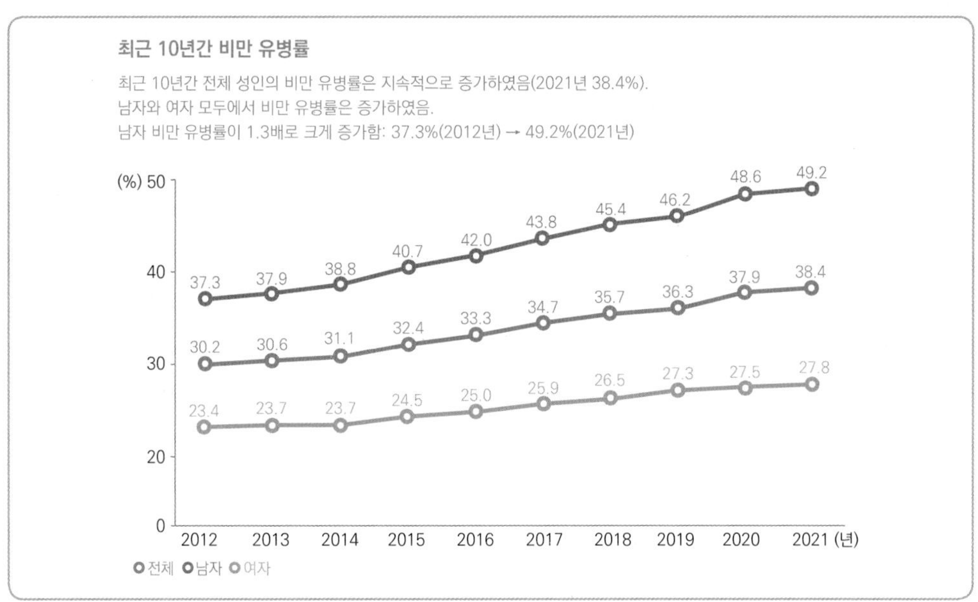

출처 : 국민건강보험공단

그림 11-2 **2021년 연령별 비만 유병률**

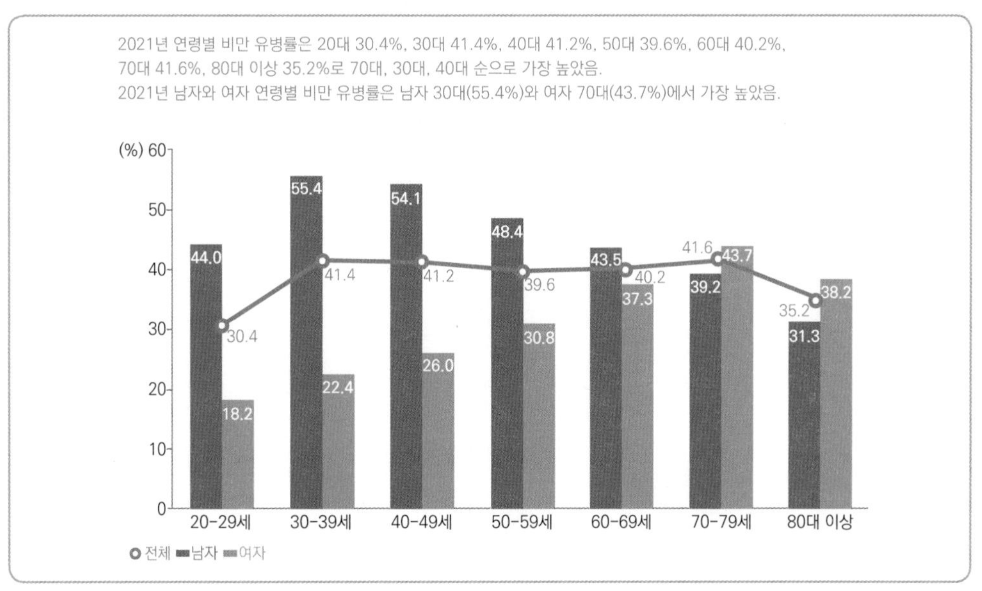

출처 : 국민건강보험공단

2) 소아비만 유병률

소아청소년의 비만 유병률도 2014년 10%를 넘으면서 꾸준히 증가하였고 특히, 코로나 팬데믹을 겪으면서 급격하게 증가하여 2021년 19%를 넘어서는 심각한 상황이다. 소아비만은 성인비만으로 이어지는 경향이 크며, 성인비만과 다르게 지방세포의 수가 많아져 체중을 조절하기 어려우며 많은 문제점이 나타난다.

그림 11-3 **최근 10년간 소아청소년 비만 유병률**

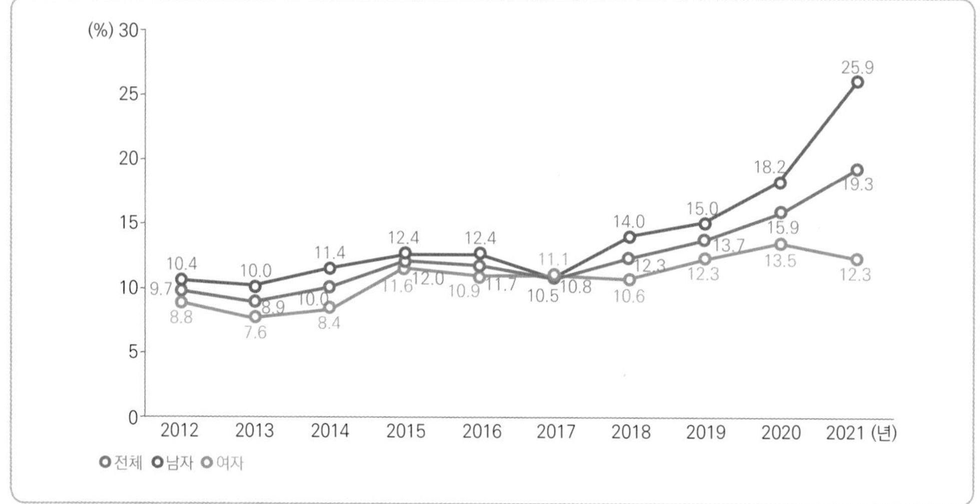

그림 11-4 **소아 고도 비만의 심각성**

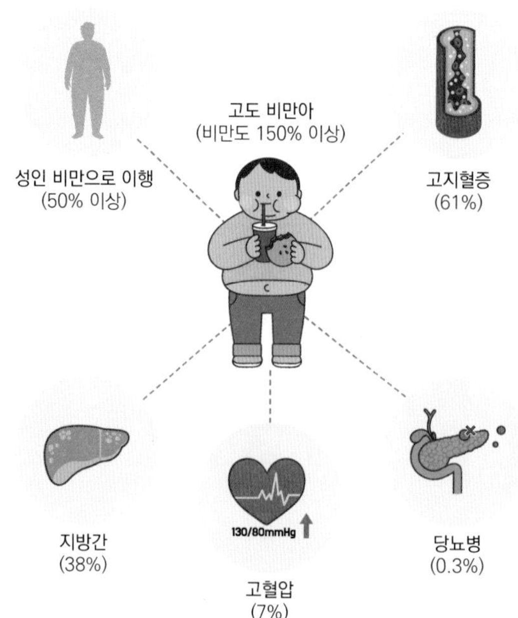

3) 비만의 합병증

비만은 만성질환 유병률을 증가시키며 여러 가지 질병과 건강에 미치는 영향이 크므로 체중을 조절해야 한다.

표 11-1 비만의 계통별 동반 질환

계통	성인 비만	
	대사 이상에 의한 질환	과도한 체중에 의한 질환
심뇌혈관계	관상동맥 질환, 고혈압, 뇌경색(허혈성), 울혈성 심부전	폐색전증, 하지정맥류, 정맥혈전색전증
위장관계	담석, 비알코올성 지방간 질환	위식도역류, 탈장
호흡관계		천식, 수면무호흡증, 저환기증후군
대사내분비계	제2형 당뇨병, 인슐린 저항성, 대사증후군, 이상지질혈증, 고요산혈증, 통풍	
혈액종양	• 여자: 유방암(폐경 후), 자궁내막암, 난소암, 자궁경부암 • 남자: 전립샘암 • 남녀 공통: 위암, 결장직장암, 간암, 췌장암, 담낭암, 신장암, 백혈병, 다발성 골수암, 림프종	
비뇨생식기계	생식샘저하증, 월경 장애, 다낭성 난소증후군, 불임, 산모임신합병증(임신당뇨병, 임신고혈압, 임신중독증, 유산), 태아 기형(신경관결손, 입술갈림증, 입천장갈림증, 뇌수종, 심혈관계 이상), 콩팥 질환(신결석, 만성신질환, 말기신질환), 성조숙증, 여성형 유방, 발기부전	스트레스 요실금, 산모임신합병증(난산, 제왕절개의 위험)
근골격계		운동 제한, 허리 통증, 골관절염, 척수 질환
신경계	특발성 뇌압상승, 치매	넓적다리 감각이상증
정신심리		우울증, 불안증, 자존감 저하, 식이 장애, 직무능력 저하, 삶의 질 저하
기타	피부감염, 치주질환	마취위험 증가, 림프부종

그림 11-5 비만의 합병증

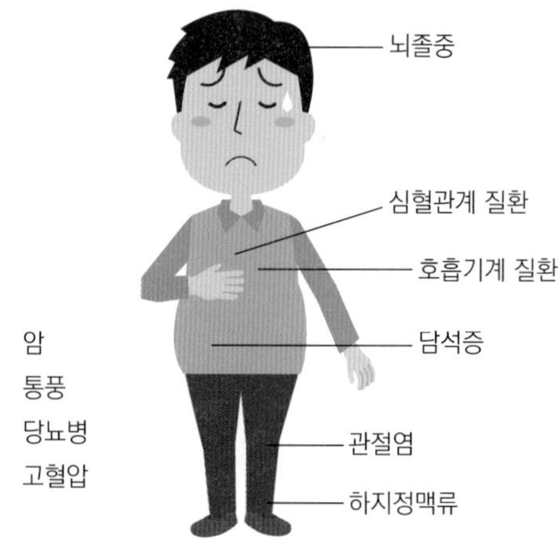

3 비만의 원인

1) 유전

유전적인 요인은 양쪽 부모 모두 정상 체중일 경우 자녀의 10%, 한쪽 부모만 비만일 경우 자녀의 50%, 양쪽 부모 모두 비만일 경우 자녀의 80%가 비만이 될 가능성이 있다.

2) 심리적 요인

불안이나 스트레스 등의 심리적인 요인은 과식, 폭식, 탐식 등으로 이어져 비만을 유발할 수 있는데, 이는 특히 소아에서 두드러진다. 이는 소아의 특성상 심리적인 불안이나 스트레스를 성인만큼 다양한 방법으로 해소할 수 없어 음식 섭취를 통해 해소하려는 경향을 보이기 때문이다.

3) 육체 활동 부족

비만 환자는 대부분 소비한 에너지에 비해 섭취한 에너지가 많아서 나타나는 단순 비만으로 체내 제지방 성분보다 지방 성분이 과도한 상태를 의미한다. 소비 에너지가 적은 가장 주된 원인은 운동 부족 등의 육체 활동 부족이다.

4) 식사 행동

비만 발생을 높이는 식사 행동에는 식사 속도, 식사 횟수, 식사 간격, 폭식, 야식, 고지방 식사 등이 있다. 식사 횟수는 너무 많아도 비만이 될 수 있지만 너무 적은 경우와 식사 간격이 너무 길어도 비만의 발생을 증가시키며, 식사 속도가 빠르면 만복감을 느끼기 이전에 다량의 식사를 하게 되고, 야식은 음식이 소화되기도 전에 취침하게 되어 취침하는 동안 기초대사량이 줄면서 낮에 섭취한 음식보다 다량의 에너지를 저장하게 되어 비만을 유발한다.

그림 11-6 **비만을 유발하는 식행동**

음식을 잘 씹지 않고
빨리 먹는다.
배부르게 먹지 않으면
기분이 좋지 않다.
TV나 신문을 보면서
식사한다.
아침, 점심식사를 잘
거르고 저녁식사를
많이 한다.
잠자리에 들어서도
음식을 계속 먹는다.
식사시간이
불규칙하다.
근처에 단 음식을 두고
계속 먹는다.
누워서 군것질을
하는 습관이 있다.

그림 11-7 고지방 식사의 축적에너지

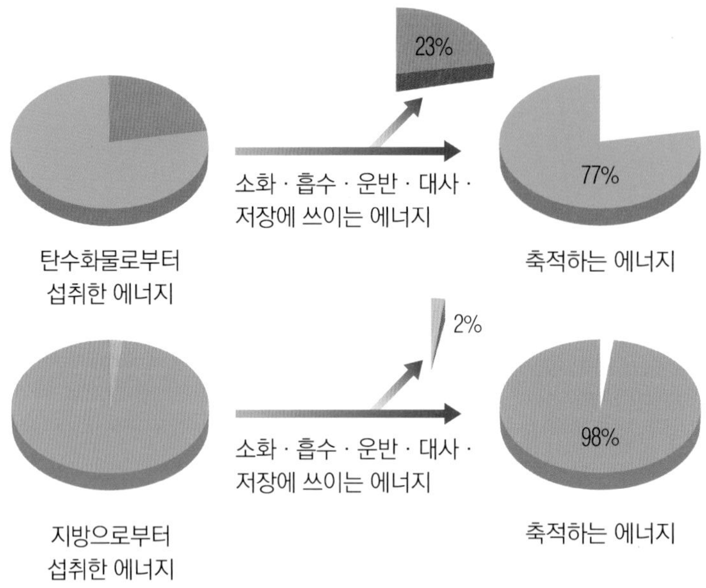

5) 음주

알코올은 위에서부터 흡수되기 시작하여 흡수가 빠르며, 1g당 7kcal의 열량을 지닌다. 알코올의 대사과정에서 생성되는 NADH는 지방간을 유발하고, 아세트알데히드는 숙취의 원인물질이며, 알코올과 함께 섭취한 안주는 지방으로 합성되어 체내에 축적된다.

그림 11-8 알코올의 대사

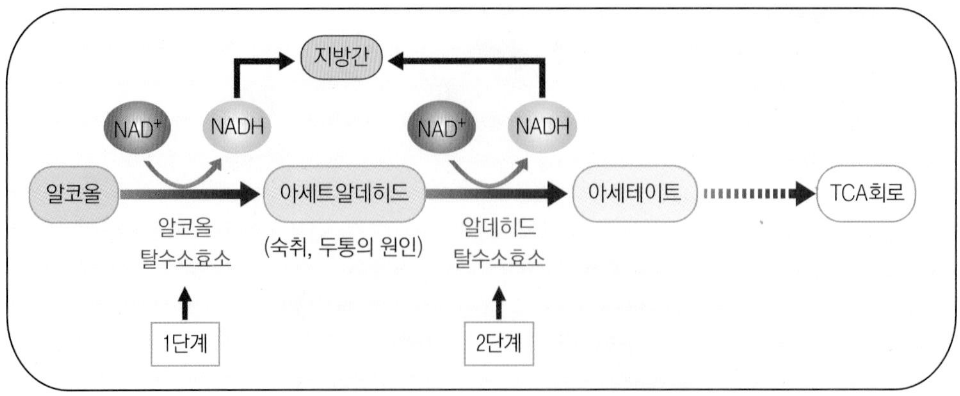

표 11-2 술의 종류별 열량

종류	용량(mL)	알코올 농도(%)	제공단위(cc)	제공단위당 열량(kcal)
고량주	250	40	1잔(50)	140
소주	750	25	1잔(50)	90
이강주	750	25	1잔(50)	90
문배주	700	40	1잔(50)	140
청하	300	16	1잔(50)	65
막걸리	750	6	1대접(200)	110
맥주	500	6	1컵(200)	96
생맥주	500	5	1잔(500)	185
위스키	360	40	1잔(40)	110
백포도주	100	12	1잔(150)	140
적포도주	700	12	1잔(150)	125

표 11-3 안주의 열량

종류	눈대중	중량(g)	열량(kcal)
새우깡	1봉지	85	440
팝콘	1접시	20	109
돈가스	1인분	121	334
마른 오징어	1마리	60	198
부대찌개	1인분	200	250
프랑크소시지	1조각	31	89
베이컨	1조각	7	45
땅콩	10개	10	45
아몬드	7개	8	45
삼겹살구이	1인분	150	505
파인애플 통조림	1캔	520	400
굴 통조림	1캔	480	320
황도 통조림	1캔	440	320
깐 포도 통조림	1캔	167	135
말린 바나나	33조각	50	140

6) 내분비계 이상

내분비에 이상이 생기면 비만이 유발될 수 있다. 시상하부 질환이 발생하면 만복중추에 문제가 생기고, 뇌하수체 기능에 이상이 생겨 부신 피질에서 글루코코티코이드(Glucocorticoid)가 과잉 분비되어 얼굴과 어깨에 과도한 지방이 축적되는 쿠싱증후군이 발생한다. 갑상선 기능 저하증은 갑상선호르몬의 분비 저하 등으로 기초대사량이 낮아지고 지방이 축적되고, 부종이 발생해 비만이 된다. 인슐린은 지방 분해를 억제하고 합성은 촉진하여 고인슐린혈증은 비만을 유발할 수 있다.

7) 환경요인

사회, 환경의 요인은 코로나 팬데믹, 교통의 발달, 시설의 발달 등으로 활동량 감소 등에 의해 비만을 유발하고 있다.

표 11-4 에너지 대사 불균형이 신체에 미치는 영향

	음의 에너지 대사 섭취량 < 소모량	양의 에너지 대사 섭취량 > 소모량
체성분 변화	수분, 체지방, 체단백 소실	주로 체지방 축적
건강에 미치는 영향	의욕 소실, 면역기능 약화, 성장 지연(영구적일 수도)	고혈압 등 심혈관계 질환, 당뇨병, 임신합병증

표 11-5 에너지 대사의 종류

구성	정의	총칼로리(%)	증가/감소
기초대사량	심장박동, 체온유지 등 생명유지에 필요한 최소한의 에너지	60~70%	남자: 성장기, 근육 증가, 운동 시↑ 여자: 다이어트 중일 때↓
활동대사량	의식적인 근육활동에 필요한 에너지	20~30% (활동에 따라 다름)	운동이나 노동할 때↑ 안 움직이면↓
특이동적 대사량	식품의 소화, 흡수, 대사, 이동, 저장을 위해 필요한 에너지	섭취열량의 약 10%	육류 위주의 식사 시↑ 다이어트 중이거나 지방 위주의 식사 시↓

4 비만의 분류

표 11-6 비만의 분류

구분 방법	분류	비고
원인	단순 비만 증후성(2차성)비만	원인질환의 예 : 내분비, 대사성, 뇌의 이상
발생 시기	소아비만 성인비만	지방세포의 수 증가(치료 어려움) 지방세포의 크기가 증가
지방조직 형태	지방세포 증식형 지방세포 비대형	지방세포 수의 증가 지방세포 크기의 증가
체지방 분포	상체(복부)비만 하체(대퇴부)비만	남성형 비만 여성형 비만
지방의 위치	내장지방형 피하지방형	내장지방형이 생활습관병과 밀접

1) 원인에 따른 분류

(1) 단순 비만

단순 비만은 본태성 비만이라고도 하며, 과량의 음식을 섭취하고 소비하는 에너지는 적어 남는 에너지가 중성지방으로 전환되어 축적되는 비만을 말한다. 95% 정도의 비만이 단순 비만에 해당한다.

(2) 증후성 비만

증후성 비만은 2차성 비만이라고도 하며, 내분비계 질환 등 다른 질환에 의해 비만이 유발되는 경우로 원인 질환을 치료한 후에 비만을 치료해야 한다. 증후성 비만 중 시상하부 장애에 의한 비만은 뇌의 포만 중추에 이상이 있는 경우로 렙틴 분비에 장애가 발생해 포만감을 느끼지 못하고 과량의 식품을 섭취하게 된다.

그림 11-9 그렐린과 렙틴의 작용

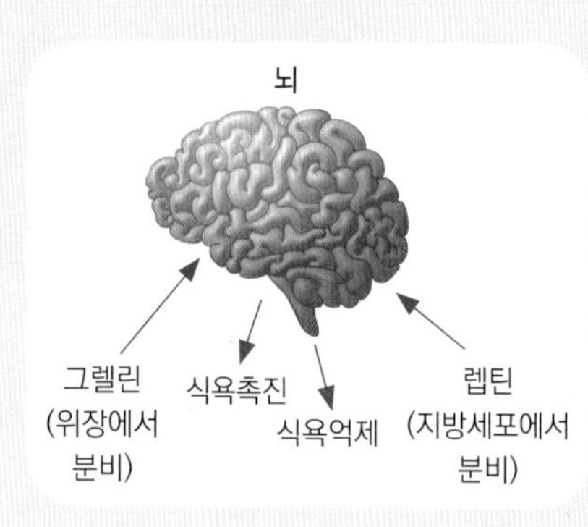

공복감과 만복감

- 위장에서 그렐린이 분비되면 공복감(배고픔)을 느껴 음식 섭취를 자극한다.
- 지방세포에서 렙틴이 분비되면 만복감(포만감)을 느껴 음식 섭취를 중단하게 한다.

2) 지방조직 형태에 의한 분류

(1) 지방세포 비대형 비만

체지방은 중성지방이 저장된 형태로 일반적으로 지방세포는 크기가 20배까지 커질 수 있다. 지방세포의 크기가 커지는 지방세포 비대형 비만은 성인에서 주로 나타난다.

(2) 지방세포 증식형 비만

지방세포의 수가 증가하는 비만을 지방세포 증식형 비만이라 하며, 성인보다는 성장기인 어린이에서 많이 발생하여 소아비만이라고도 한다. 지방세포는 수가 증가하면 그 수를 줄일 수 없기때문에 소아비만은 성인비만으로 이어지기 쉽다.

지방세포 수는 몇천 배까지 증가할 수 있으며 체중이 정상인 사람의 지방세포수는 200~300억 개, 비만인 사람의 지방세포수는 900~1,500억 개 정도이다.

(3) 혼합형 비만

지방세포 비대형 비만과 지방세포 증식형 비만이 같이 일어나는 비만을 혼합형 비만이라 하며 사춘기 청소년에서 발생할 수 있고, 고도 비만이 여기에 해당되기도 한다.

표 11-7 소아비만과 성인비만

소아비만(지방세포 증식형)	성인비만(지방세포 비대형)

• 생후 1년간 혹은 4~11세에 과량의 에너지가 공급되었을 때 잘 발생 • 지방세포의 수와 크기가 모두 증가하여 성인비만으로 이어짐 • 증가된 지방세포의 수는 다이어트로도 잘 줄어들지 않고 재발하기 쉬움	• 남자 35세 이상, 여자 45세 이상인 경우에 기초대사량과 활동량 감소로 비만이 됨 • 과량의 에너지가 공급될 경우 지방세포의 크기가 20배까지 증가하나 체지방량 증가량이 30kg 이상 넘어서면 지방세포의 수도 늘어남 • 다이어트 시에 비교적 체중 감량이 쉽고 재발 위험성이 적음

3) 지방조직 체내 분포에 의한 분류

(1) 상체비만

상체에 지방조직이 발달한 비만으로 주로 복부를 중심으로 지방세포가 많이 분포하여 상체비만을 중심성 비만, 복부비만이라고도 한다. 상체비만은 남성에게 주로 많이 발생하여 남성형 비만이라 하며, 모습이 사과처럼 상부 쪽이 볼록하여 사과형 비만이라고도 한다. 복부에 지방조직이 발달하는데 주로 내장지방이 발달해 내장지방형 비만이라고도 불린다. 내장에 지방조직이 발달하면 심장병, 고지혈증, 고혈압, 뇌졸중, 동맥경화, 당뇨병 등의 위험이 높아져 피하지방형 비만보다 건강에 위험하나 체중 조절은 피하지방형 비만보다 쉽다. 상체비만의 판정은 허리둘레, 허리-엉덩이둘레 비를 이용한다.

그림 11-10 내장지방형 비만발생의 위험요인 및 질병과의 관련성

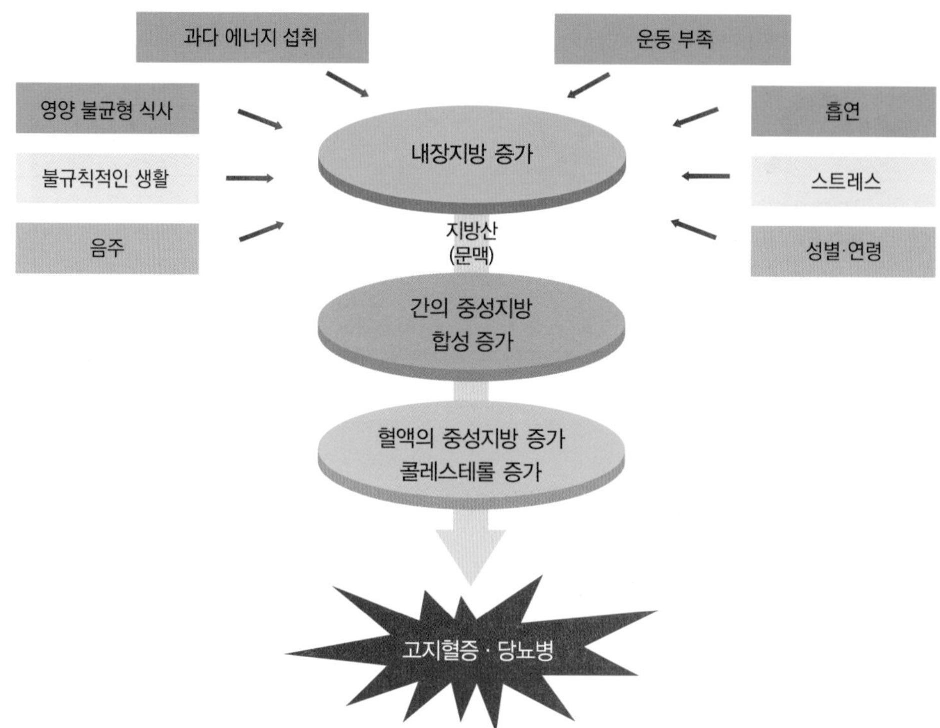

(2) 하체비만

지방조직이 엉덩이, 허벅지 등 하체에 집중된 비만을 하체비만이라고 하며, 주로 여성에서 발생한다. 지방의 분포는 피하에 집중되는 경향이 있어 피하지방형 비만이라고도 한다. 모습이 서양배처럼 하부 쪽이 볼록하여 서양배형 비만이라고도 한다.

표 11-8 남성형 비만과 여성형 비만

남성형 비만	여성형 비만

• 복부비만, 중심성 비만, 상체형 비만, 사과형 비만 • 심장병, 뇌졸중, 당뇨, 고혈압, 암과 같은 만성질병 위험도 증가 • 허리둘레가 남성은 90cm 이상, 여성은 85cm 이상일 때 • 복부에 있는 지방세포는 크고 대사적으로 왕성하여 운동이나 다이어트 시에 분비되는 에피네프린에 잘 반응하여 지방을 유리해 내므로 비교적 체중 조절이 쉬움	• 둔부비만, 하체형 비만, 말초성 비만, 서양배형 비만 • 비교적 건강에 해가 적음 • 하체의 지방세포는 활동성이 낮아 다이어트나 운동 프로그램에 잘 반응하지 않음 • 다이어트를 반복하면 나중에 복부비만이 될 가능성이 높아짐

표 11-9 내장지방형 비만과 피하지방형 비만(컴퓨터 단층촬영, CT)

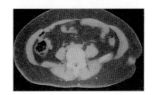

내장지방형 비만	피하지방형 비만
• 복강의 내장 주변에 지방이 저장 • 내장지방형 비만에서 성인병 위험 증가	• 지방이 복벽에 일정한 두께로 저장

5 비만의 판정

1) 체격지수

(1) 비만도(Degree of obesity)

비만도는 실제체중과 표준체중을 이용하여 계산하는 방법으로 실제체중을 표준체중으로 나누어 백분율(%)로 나타낸 것이다. 비만도가 ±10%에 해당되면 표준체중, 20% 이상은 비만으로 판정한다.

알아두기

✓ 표준체중 구하는 법

우리나라 소아·청소년의 표준체중은 질병관리본부·대한소아과학회의 신장별 표준체중치를 사용하며, 성인의 표준체중은 Broca변법 1을 주로 이용하여 산출한다.

Broca변법 1

표준체중(kg)=[신장(cm)-100]×0.9

Broca변법 2

160cm<신장 : 표준체중(kg) = [신장(cm)-100]×0.9

150≤신장≤160cm : 표준체중(kg) = [신장(cm)-150]÷2+50

신장 < 150cm : 표준체중(kg) = [신장(cm)-100]

(2) 체질량 지수(BMI, Body mass index)

가장 널리 사용되고 있는 비만 판정법으로 체중(kg)을 신장(m)의 제곱으로 나누어 계산며 퀘틀렛 지수(Quetelet's index)라고도 한다. 체질량 지수의 판정 범위는 사망률에 의한다. 저체중은 사망원인 질병이 감염에 의한 질병이 많으며 비만은 주로 만성퇴행성질환이 사망의 원인으로 나타난다. 체질량 지수는 체지방량을 반영하지 못하기 때문에 근육 과다로 체중이 많이 나가는 운동선수의 경우 비만으로 판정되는 단점이 있으며 남성과 여성의 차이가 없다.

그림 11-11 **체질량 지수에 따른 사망률**

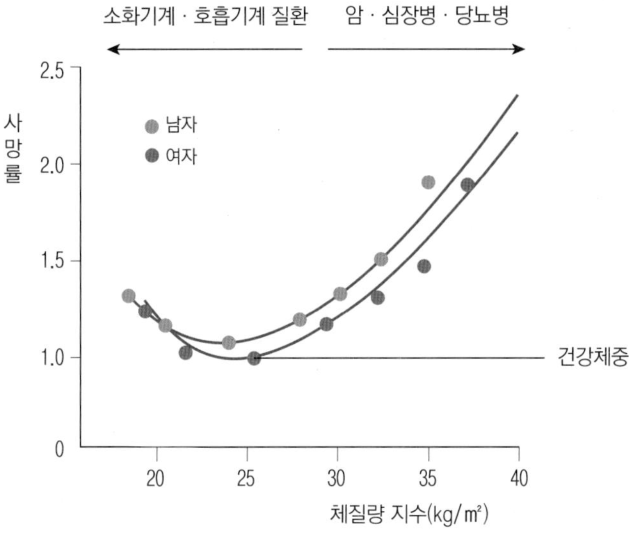

(3) 허리둘레와 허리-엉덩이 둘레비(WHR, Waist-hip ratio)

허리둘레와 허리-엉덩이 둘레비는 복부비만 판정에 유용한 지표로 사용되는데, 허리둘레가 남자는 90cm, 여자는 85cm 이상, 허리-엉덩이 둘레비는 남자 0.95, 여자 0.85 이상이면 복부비만으로 판단한다. 특히, 허리-엉덩이 둘레비가 1.0 이상이면 대사성 질환으로 인한 사망률이 급격히 증가한다.

표 11-10 **여러 가지 비만판정 지수**

지수	산출방법	판정
비만도 (obesity rate)	$\frac{\text{실제체중}}{\text{표준체중}} \times 100$	• 체중 미달 : 비만도 < 90% • 정상 : 90% ≤ 비만도 ≤ 110% • 체중 과다 : 110% < 비만도 < 120% • 비만 : 120% ≤ 비만도
체질량 지수 (body mass index, BMI)	$\frac{\text{체중(kg)}}{\{\text{신장(m)}\}^2}$	• 저체중 : 18.5 미만 • 정상 : 18.5~22.9 • 과체중 : 23~24.9 • 비만 : 25~29.9 이상 • 고도비만 : 30 이상

허리-엉덩이 둘레비 (waist-hip ratio, WHR)	허리둘레 / 엉덩이둘레	**복부비만 판정** • 비만 : 남자 0.95 이상, 여자 0.85 이상 • 수치가 높을수록 당뇨병, 심장병 등 질병 위험도 증가

(4) 피부두겹두께

피부두겹두께는 캘리퍼를 이용하여 피하지방의 두께를 측정하는 방법이다. 삼두근의 피부두겹두께를 가장 많이 측정하는데, 성인 삼두근의 피부두겹두께가 남자는 35mm, 여자는 45mm 이상이면 비만으로 판정한다.

그림 11-12 **피부와 지방조직의 두겹집기 측정방법**

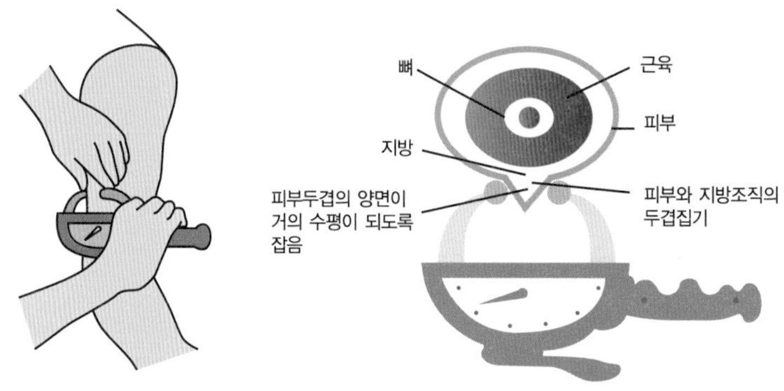

(5) 생체전기저항 측정법

인체에 전류를 통과시키면 근육 등과 같은 물에 전해질이 녹아 있는 조직은 전류가 흐르지만 지방이나 세포막과 같은 비전도성 조직은 전류가 원활히 흐르지 않아 저항이 생긴다. 이 저항값을 이용하여 신체의 제지방조직과 지방조직의 양을 계산할 수 있다. 우리에게 익숙한 생체전기저항 측정 기계에는 인바디(In body)가 있다.

그림 11-13 **생체전기저항법에 사용되는 기기**

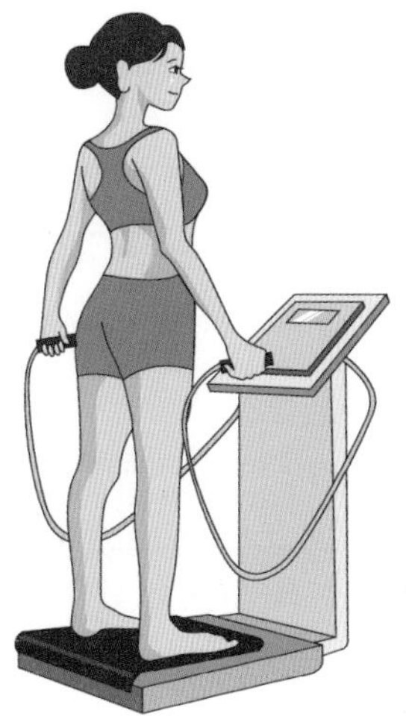

6 심리적 섭식장애

1) 신경성 식욕부진(Anorexia nervosa)

신경성 식욕부진은 사춘기 소녀들에서 많이 나타나며 심한 식사 제한과 육체적 활동으로 체중 감소를 초래하여 거식증이라고도 불린다. 신경질적인 우울, 열등의식, 불면증, 빈혈, 월경불순 등을 동반하며, 청소년기의 잘못된 신체상을 가져 지나치게 마른 체형을 선호하는 것이 원인이 되기도 한다.

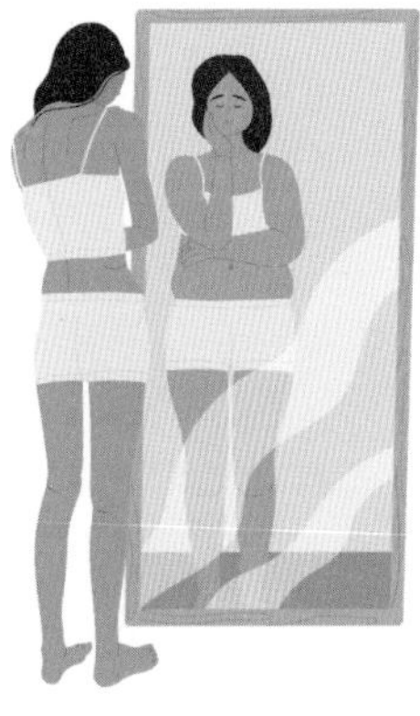

필수 증상	다른 공통증상
1. 체중이 정상보다 15% 이하이고 체중 늘리기를 거절함 2. 체중이 늘어나는 것을 매우 무서워함 3. 올바르지 않은 신체상을 가짐. 체지방이 매우 적은데도 신체 일부가 매우 뚱뚱하다고 생각함	1. 저칼로리 식사와 지나친 운동으로 인해 체중 감소 2. 낮은 심박수, 저혈압, 저체온 3. 엄마나 자매가 거식증 4. 완벽주의자 5. 마구잡이 먹기와 토하기(폭식증과 증상 공유) 6. 체중과 몸매에 대한 왜곡(폭식증과 증상 공유)

2) 신경성 폭식증(Bulimia nervosa)

신경성 폭식증은 성인 초기인 20대 여성에서 주로 많이 나타나며 대식증이라 불리기도 한다. 스트레스와 관련하여 수천 칼로리의 고에너지 식품을 섭취한 후 체중 증가에 두려움을 느껴 구토하고 설사약을 섭취하거나 관장하여 체중 손실과 탈수 등을 초래하고 심하면 죽음에 이른다. 자신의 행동에 문제가 있음을 인지하고 죄의식을 느끼나 체중 증가의 두려움으로 극복이 어렵다.

필수 증상	다른 공통증상
1. 최소한 3달간 1주일에 2번 이상 마구 먹기를 경험함 2. 마구 먹는 동안 먹는 것을 자제할 수 없음 3. 마구 먹은 것을 보상하기 위해 토하고, 다이어트하고, 격렬하게 운동해서 체중 증가를 막음 4. 지속적으로 체중과 몸매에 대해 지나치게 생각함	1. 고칼로리 음식을 마구 먹음 2. 몰래 먹음 3. 음식을 조금 먹어도 토함 4. 정상체중이거나 과체중임 5. 체중 감소 시도 때문에 체중 변화가 심함 6. 우울 7. 약물 남용(술, 다이어트 약, 진정제, 코카인 등) 8. 치아 손상

3) 습관성 폭식장애(Binge eating disorder)

습관성 폭식장애는 여러 번 다이어트에 도전했으나 실패한 비만인에서 나타나며, 자포자기의 마음으로 음식을 과하게 섭취한다. 정신적인 문제를 동반하지는 않아 음식섭취에 주의하도록 지도한다.

표 11-11 심리적 섭식장애

	신경성 식욕부진증	신경성 폭식증	습관성 폭식장애
취약군	사춘기 소녀	성인 초기	다이어트에 실패를 거듭한 비만인
식습관의 특징	성공적 다이어트에 대해 자부심을 느껴 극도로 식사량 감소	폭식과 장 비우기를 교대로 반복	문제가 발생할 때마다 계속 먹거나 폭식을 함
현실자각과 식행동의 원인	자신이 비만하다고 왜곡되게 믿고 자신의 행동이 비정상임을 부정	자신의 행동이 비정상적임을 인정. 비밀리에 폭식과 장 비우기를 함	자신을 구제불능이라 여기고 포기함
치료법	열량 섭취의 증가, 원인을 찾도록 정신과 치료 병행	영양교육과 함께 자신을 인정하도록 하는 정신과 치료를 병행	생리적으로 배고플 때만 음식을 섭취하도록 함

식품과 영양

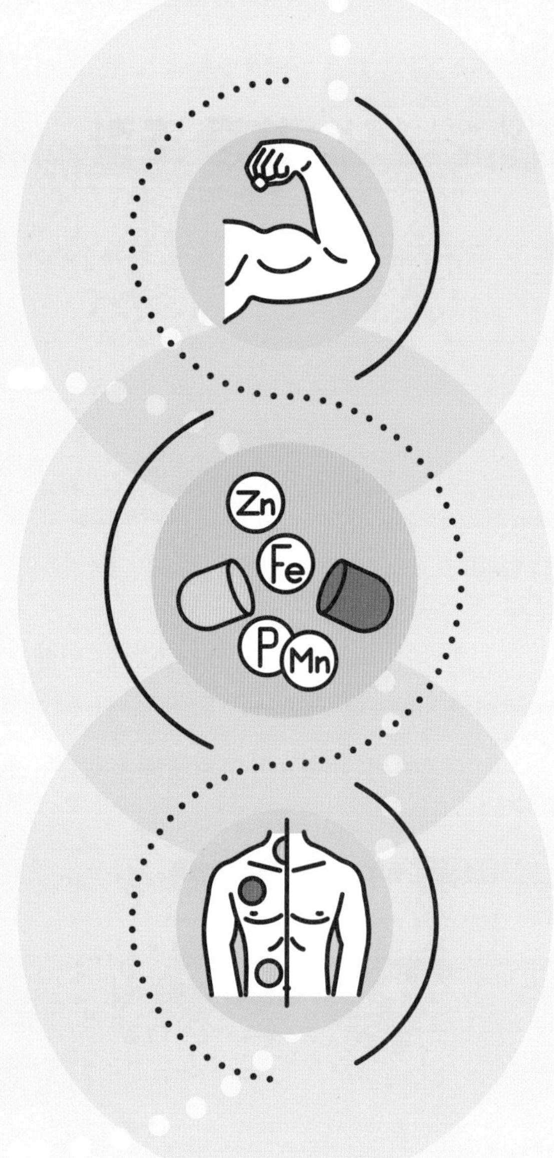

제12장

체중 조절

제12장 —
체중 조절

비만이 여러 가지 질병과 건강에 영향을 미치므로 비만환자는 비만의 원인을 파악하여 식이요법, 운동요법, 행동수정요법 등을 통해 꾸준히 체중을 조절해야 하며, 필요시 약물요법, 수술요법을 병행하여 체중조절을 할 수도 있다.

표 12-1 주요 비만 동반질환 발병률

질환	발병률		비고
	비만	복부비만	
2형 당뇨병	2.6배	2.6배	
심근경색	1.2배	1.3배	
뇌졸중	1.1배	1.2배	
남자의 주요 고형암	1.5배	1.5배	대장암, 위암, 간암, 폐암, 전립선암, 갑상선암
여자의 주요 고형암	1.2배	1.3배	갑상선암, 대장암, 유방암, 위암, 폐암, 간암

출처 : 2021 Obesty fact sheet, 대한비만학회

1 과체중과 비만

과체중과 비만은 체지방이 과다하게 존재하는 상태이며 표준체중보다 10~19% 증가

했을 때 과체중이라 구분하며, 20% 이상 증가했을 때를 비만이라 한다. 그러나 정상적인 체중보다 20% 이상 높다 해도 비만이라 할 수 없는 경우가 있다. 운동 선수는 훈련으로 근육이 발달하여 과잉 체중으로 나타나기 때문에 비만을 판정할 때에는 신체구성 비율을 이용해야 한다.

BMI는 비만과 과체중을 판정하기 위한 기준으로 활용된다. 대한비만학회 기준으로 BMI 23~24.9kg/m²은 과체중, BMI 25~29.9kg/m²은 비만, BMI 30~34.9kg/m²은 2단계 비만, BMI 35kg/m² 이상은 3단계 비만(고도비만)이다.

알아두기

√ 1. 카우프 지수(Kaup Index)

영유아의 비만을 판정하는 데 사용

$$카우프\ 지수 = \frac{체중(kg)}{신장(m)^2}$$

판정 기준

13 이하	영양실조
13~15	여윔
15~18	정상
18~20	과체중
20 이상	소아비만

√ 2. 뢰러 지수(Rohrer Index)

학령기 아동의 비만을 판정하는 데 사용

$$뢰러\ 지수 = \frac{체중(kg)}{신장(m)^3} \times 10^7$$

판정 기준

신장 110~129cm인 경우	180 이상 소아비만
신장 130~149cm인 경우	170 이상 소아비만
신장 150cm 이상인 경우	160 이상 소아비만

2 체중조절 방법

체중 조절은 식이요법, 운동요법, 행동수정요법을 병행하여 실시하며, 필요시 의사의 처방에 따라 약물요법이 추가된다. 고도비만이나 비만 합병증이 있는 경우 수술요법도 시행하게 된다. 체중 조절의 목표는 키에 알맞은 표준체중으로 감소되도록 하고 표준체중을 5년 동안 유지하는 것이다. 무리한 다이어트나 과학적으로 입증되지 않은 채로 유행하는 다이어트가 많지만 대부분은 요요현상(Yo–yo effect) 즉, 감량 전 체중으로 돌아가는 경우가 많다. 체중 감량은 장기간에 걸쳐 음식 섭취와 활동량 등을 수정하여, 섭취 열량은 줄이고 소비열량과 기초대사량은 늘어나도록 해야 오래 유지할 수 있다.

표 12-2 비만 치료의 대표적인 방법

방법	종류	주의사항
식이요법	감량 속도가 빠름	초저열량식에 따른 부작용
운동요법	근육 증가로 기초대사량 증가 인슐린 저항성 감소	감량 속도가 느림
행동수정요법	비만의 재발을 방지함 사회심리적 문제 개선 가능	식이요법과 운동요법도 행동수정의 일부임

1) 식이요법

체중조절에 성공하려면 무조건 굶는 것을 피하고 충분한 시간을 들여 신체에 필요한 영양소와 열량을 보충하면서 실시해야 한다. 식품을 골고루, 적당히 섭취하고 규칙적인 신체활동을 1년간 꾸준히 하여 5~10kg을 감량한다면 짧은 시간에 굶어서 더 많이 감량한 경우에 비해 체중 유지와 건강에 도움이 될 가능성이 더 크다.

(1) 적절한 에너지 섭취

체중을 감량하려면 활동에 필요한 양보다 적은 양의 에너지를 섭취하는 것이 필수적이다. 에너지 섭취를 갑자기 많이 줄이면 영양소 섭취가 부족해질 수 있고, 제지방조직을 잃을 수 있기 때문에 득보다는 실이 크다.

체중을 1kg 감량하기 위해서는 섭취 에너지를 약 6,000kcal 줄여야 한다. 그러므로 하루에 500~1,000kcal 적게 섭취하거나 활동량을 늘린다면 일주일에 약 0.5~1kg을 감량할 수 있다. 요요현상을 줄이는 가장 이상적인 체중 감량은 하루에 500kcal 적게 섭취하여 일주일에 0.5kg씩, 한 달에 2kg 감량하는 것이다.

표 12-3 체중 감량식을 위한 권장량

영양소	하루 권장 섭취량
열량 35 ≦ BMI 27 < BMI < 35	 보통의 섭취량보다 500~1,000kcal 감소 보통의 섭취량보다 300~500kcal 감소
총지방	전체 열량 섭취량의 30% 이하
포화지방산	전체 열량 섭취량의 8~10%
단일불포화지방산	전체 열량 섭취량의 15%까지
다불포화지방산	전체 열량 섭취량의 10%까지
콜레스테롤	< 300mg
단백질	전체 열량 섭취량의 15%
탄수화물	전체 열량 섭취량의 55% 이상
소금	나트륨 2,300mg 이하, 소금으로 약 6g 이하
칼슘	1,000~1,500mg
식이섬유	20~30g

그림 12-1 고지방 식품의 지방 함량(%)

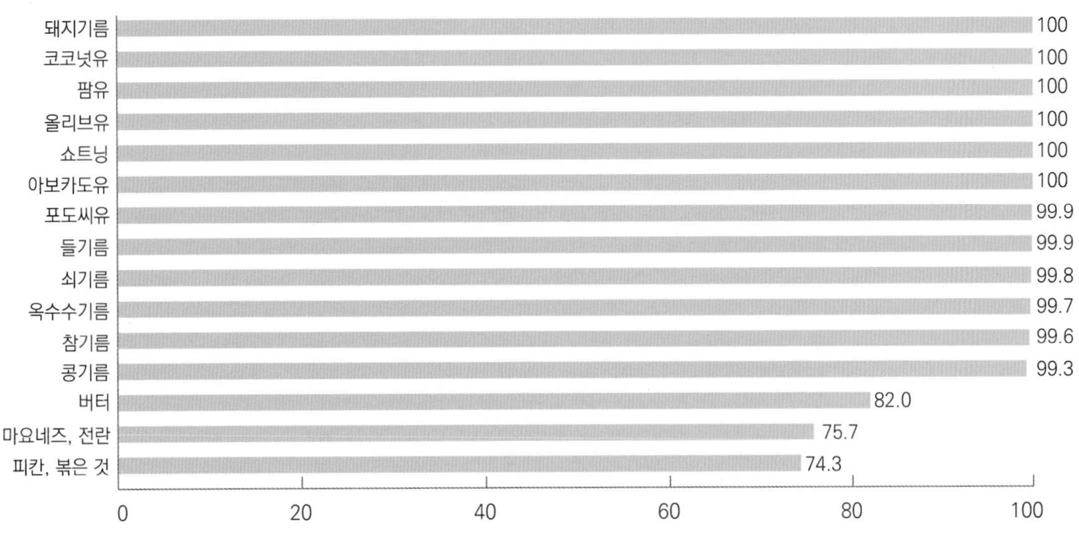

(2) 다량 영양소

2020년 한국인 영양소 섭취기준에서는 탄수화물, 지질, 단백질의 에너지 적정 섭취 비율을 각각 55~65%, 15~30%, 7~20%로 제시하였다. 에너지 섭취 적정 비율 범위 내에서 다량 영양소의 비율을 조정하고 적당히 제한하면 체중을 효과적으로 조절할 수 있다.

탄수화물은 저열량 식사 시 총열량의 55%로 전곡류, 콩류, 채소, 과일 등을 공급하는 것이 바람직하며 고지방 음식보다 포만감을 많이 준다. 탄수화물은 단백질 절약 작용을 하고 케톤증을 방지하기 위해 1일 최저 100g 이상 공급해야 한다. 당이 많이 함유된 음식과 가공식품은 일반식품에 비해 혈당지수가 높고 체지방으로 축적되므로 가공하지 않은 식품을 섭취하는 것이 바람직하다. 특히 식이섬유가 풍부한 식품을 섭취하면 에너지 밀도를 맞추고, 장에서의 흡수율을 떨어뜨리는 데 도움이 된다. 단순당과 정제 탄수화물은 혈당을 올려 인슐린이 과도하게 분비된다. 이는 체지방 분해를 저해하고 지방 합성을 촉진하여 비만을 유발하기 쉽다.

 **알아두기**

✓ 혈당지수 다이어트

- 혈당지수(glycemic index, GI): 포도당이나 흰빵의 형태로 탄수화물을 섭취했을 때 혈당곡선의 면적을 기준으로 하여 특정 식품의 혈당곡선 면적을 비교한 값
- 혈당부하도(glycemic load, GL): 혈당지수와 섭취량을 반영

$$혈당부하도 = \frac{혈당지수 \times 탄수화물\ 양(g)}{100}$$

표 12-4 식품의 혈당지수(GI)와 혈당부하지수(GL)

높은 GI 식품: 70 이상　　높은 GL 식품: 20 이상
중간 GI 식품: 55~70　　중간 GL 식품: 15~20
낮은 GI 식품: 55 미만　　낮은 GL 식품: 15 미만

식품	1인 1회 분량(g)	혈당지수	탄수화물 양(g)	혈당부하도
흰빵*	35	33	17.9	16.6
감자	140	96.9	20.5	18.4
가래떡	150	92.3	78.8	63.0
호박	70	75	2.45	1.84
수박	150	54	7.95	5.72
백미	90	70	73.7	51.6
아이스크림	100	61	24.4	14.9
초콜릿	10	60	6.14	3.68
바나나	100	58	21.1	12.2
현미	90	55	69.4	38.2
포도	100	43	14.1	6.06
토마토주스	100	38	3.1	1.18
사과	100	34	15.8	5.37
우유	200	31	9.4	2.91
복숭아	100	28	8.7	2.44
대두	20	15	4.77	0.72

* 0.3회

알아두기

√ 자세히 봐야 보인다! 설탕인 듯 아닌 듯 섞여 있는 제품, 설탕은 없지만 칼로리는 있는 제품

설탕 대체 감미료라고 해서 모두 제로 칼로리는 아니다. 스테비아, 알룰로스, 에리스리톨처럼 칼로리가 없는 감미료도 있지만 말티톨(2.4kcal/g)이나 자일로스(4kcal/g), 타가토스(4kcal/g) 등은 설탕보다 적거나 비슷한 양의 칼로리를 가지고 있다. 만약 칼로리 감량을 목적으로 대체 감미료를 선택한다면 잘 비교하고 영양성분을 확인해 보아야 한다. (대한비만학회, 설탕 대체 감미료의 진실 : 정말 안심하고 먹어도 될까?, 아주대학교병원 영양팀 김미향)

대체 감미료의 칼로리와 성분 비교(100g 기준)

백설탕	B사 자일로스	D사 그린스위트	M사 알룰로스	V사 스테비아
400kcal 원당 100%	400kcal 설탕 90%, 자일로스 9.5%	410kcal 유당 95.9%, 시클로덱스트린 2.5%, 아스파탐 1.0%, 아세설팜칼륨 0.44%	0kcal 알룰로스 99.8%, 나한과 추출물	0kcal 스테비아 2.1%, 에리스리톨 97.9%

* 100g 기준 성분, 칼로리 비교

지질은 고소한 맛 때문에 식욕을 촉진하지만, 섭취했을 때 위에서 소화를 억제하여 만복감을 느끼게 하고 지용성 비타민의 흡수와 필수 지방산 공급에 중요하기 때문에 저지방보다는 적당한 지방을 공급하는 것을 권장한다. 지질 섭취량은 총에너지 섭취의 15~25% 정도로 하고 포화지방산과 불포화지방산의 균형을 위해 식물성 지방을 섭취하는 것이 좋다.

단백질은 생체를 구성하는 중요한 영양소이므로 열량을 제한할 경우에도 충분히 공급해야 한다. 그렇지 않으면 인체의 질소 균형이 깨지고 근육조직이 손실되어 건강을 해칠 수 있다. 일반 성인의 단백질 권장량은 체중 1kg당 0.8~1g이고 체중 조절을 위해서는 체중 1kg당 1.2~1.5g의 단백질을 권장한다. 동물성 식품에는 콜레스테롤과 지방 함량이 높아 살코기 위주의 동물성 단백질이나 식물성 단백질 식품을 섭취하는 것이 좋다.

그림 12-2 **식품별 열량비교**

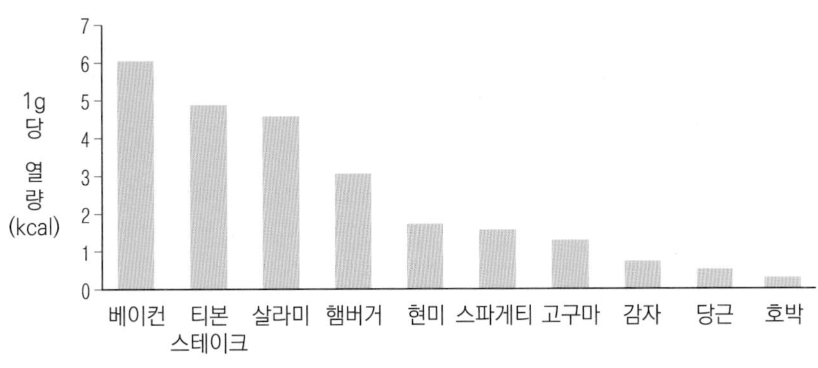

자료 : "Nutritive Value of American Foods in Common Units," U.S.D.A. Handbook No. 456

표 12-5 **제품별 지방 열량 비율(%)**

사실상의 순지방 식품(80~100%)					
버터	100%	코코넛	85%	아보카도	82%
샐러드유	100%	돼지고기 소시지	83%	볼로냐 소시지	81%
맑은 크림	92%	등심스테이크	83%	프랑크 소시지	80%
상위 고지방 식품(60~79%)					
크림우유	79%	해바라기씨	71%	달걀	60%
벽돌형 치즈	72%	땅콩	69%	등심스테이크	75%
체더치즈	71%	스위스치즈	66%	닭고기(껍질 포함)	65%
하위 고지방 식품(40~59%)					
닭고기(진한/껍질을구운)	56%	홍연어	49%	베이컨	50%
모차렐라 치즈	55%	요구르트	49%	초콜릿	45%
흑해산 농어	53%	우유	49%	생크림	40%
지방 식품(20~39%)					
콩	37%	저지방우유	31%	탈지농가식 치즈	22%
농가식 치즈	35%	저지방 요구르트	31%		
저지방 식품(0~19%)					
오트밀	16%	마카로니	5%	살구	4%
가반조콩	11%	도정 안 한 밀	5%	돼지감자	3%
양배추	7%	스파게티	5%	복숭아	2%
꼬투리강낭콩	6%	현미	5%	감자	1%

자료 : "Nutritive Value of American Foods in Common Units," U.S.D.A. Handbook No. 456

(3) 무기질과 비타민

체중을 조절하는 경우 음식의 섭취량을 줄이기 때문에 무기질과 비타민의 공급이 부족해질 가능성이 높다. 특히 1,200kcal 이하로 식사한다면 무기질과 비타민의 하루 필요량이 부족해질 수 있으므로 음식물의 다른 보충제를 섭취하는 것이 좋다. 체중 조절 시 전곡류와 채소를 많이 섭취하면 무기질과 비타민 섭취량을 늘릴 수 있고 섭취 에너지에 비해 에너지 밀도를 낮추고 위에서 포만감을 느끼게 하며 다른 음식을 섭취하는 것을 억제한다.

(4) 수분과 알코올

수분은 만복감을 느끼게 하며 다량 섭취해도 필요 이상의 수분은 체내에 생성된 독소와 함께 땀 또는 소변으로 배출되기 때문에 많이 마시는 것이 좋으나 알코올은 1g당 7kcal의 에너지를 내고, 안주를 같이 먹으면 에너지 섭취를 늘리므로 피하는 게 좋다.

(5) 조리방법

체중 감량을 위해서는 칼로리가 높은 조리방법인 튀기기나 볶기 등의 방법보다는 굽기나 삶기, 찌기 등의 조리방법이 좋으며 소금, 설탕, 기름 등의 양념을 사용하는 것보다는 열량이 적은 식초, 겨자 등으로 양념하는 것이 도움이 된다. 또한 외식 시에도 열량이 높은 중식이나 양식보다는 한식이나 일식으로 섭취하는 것이 좋다.

알아두기

✓ 조리방법에 따른 열량 비교

돼지고기 1조각(80g, 손바닥 크기)				
조리 전 생고기	편육	돼지고기 볶음	돈가스	탕수육
220kcal	220kcal	240kcal	490kcal	590kcal

✓ 외식 열량 비교

한식		중식		양식	
밥+된장찌개	비빔밥	자장면	볶음밥+자장	돈가스 정식	오므라이스
440kcal	485kcal	660kcal	720kcal	870kcal	520kcal

비만의 치료

식사요법

- 식이섬유가 풍부하고 포만감을 줄 수 있는 잡곡밥, 채소밥, 버섯밥 등을 섭취한다.
- 국물은 포만감을 주므로 채소를 이용한 맑은국을 싱겁게 섭취한다.
- 우유는 저지방 또는 무지방 우유를 선택한다.
- 튀긴 음식이나 가공식품 등을 선택하기보다는 데친 요리, 찜, 샐러드 등을 섭취한다.
- 젓갈류나 장아찌는 과식을 초래할 수 있다.
- 유부나 어묵은 물에 살짝 데쳐서 기름을 제거하고 섭취한다.
- 단 음식은 줄이고, 허브차와 전통차(녹차 등) 등을 섭취한다.
- 알코올은 열량이 높으므로 제한한다.

2) 운동요법

비만과 과체중인 경우에는 체내에 축적되어 있는 에너지를 소비해야만 적정한 체중에 도달할 수 있으며 식이요법과 운동요법을 병행할 때 효과적인 체중 감량이 된다.

그림 12-3 **식사요법, 운동요법, 병행요법이 신체 조성에 미치는 영향**

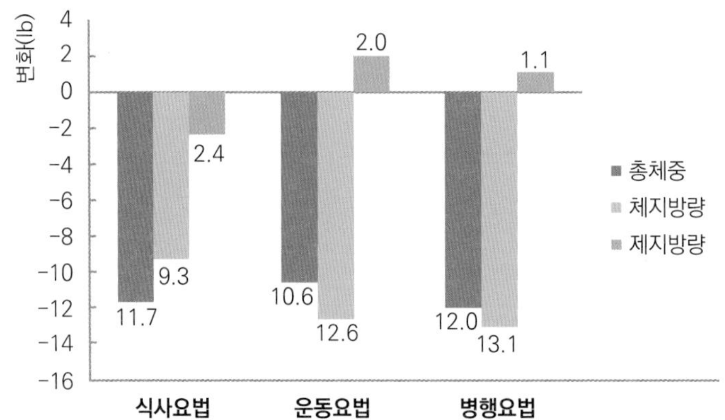

* 1b(1파운드)≒0.45kg

출처: Zuti, WB,golding LA Comparing diet and exercise as weight reduction tools. Physician and Sports medicine, 4: 49-53, 1976

(1) 운동의 필요성 및 효과

운동시간과 운동량을 늘리면 에너지 소비 속도를 높이게 되고 인체에 축적된 지방을 분해시킬 수 있으며 운동은 에너지 소비 증가뿐만 아니라 기초대사량과 인슐린 저항성을 개선하는 효과가 있다. 개인에게 알맞은 운동을 찾아서 처음에는 저~중강도로 시작하여 점차적으로 강도를 올려야 한다. 계획적이고 규칙적인 신체 활동을 통해 무리한 체중 조절 시 나타날 수 있는 부상, 만성피로, 근골격의 상처, 심장마비 등 부작용을 줄여 체중을 성공적으로 조절할 수 있다.

운동의 효과는 운동량과 운동방법에 따라 변화 양상에 차이가 있다. 건강적인 면에는 심장호흡의 강화, 근골격의 유연성, 근육의 세기, 지구력, 면역력, 골밀도 등이 증가하는데 심장호흡의 변화는 심장 크기와 세기, 박출량, 혈액용적 상승이 변화된다. 인슐린의 작용도 향상되어 체중 감소에 도움이 된다. 유산소 운동을 통해 에너지 소비량 증가와 함께 무산소 운동을 통한 근육량 증가가 동반되면 체중 감소와 요요현상 예방에도 도움이 된다. 규칙적인 운동은 우울증을 완화하고 정신적 스트레스를 줄여주며 운동 시 뇌에서 도파민, 노르에피네프린, 세레토닌과 신경전달물질의 활동이 증가되어 심리적으로 만족감을 느낄 수 있게 된다.

그림 12-4 **요요현상의 예**

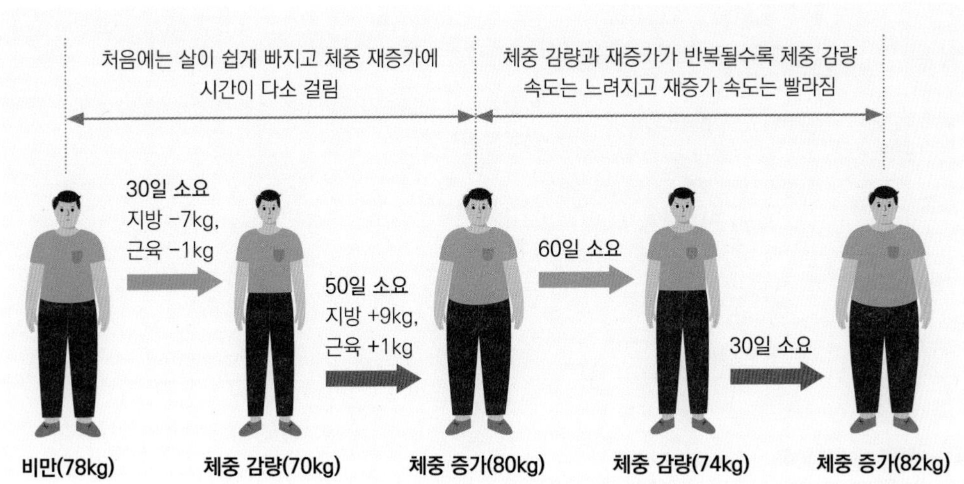

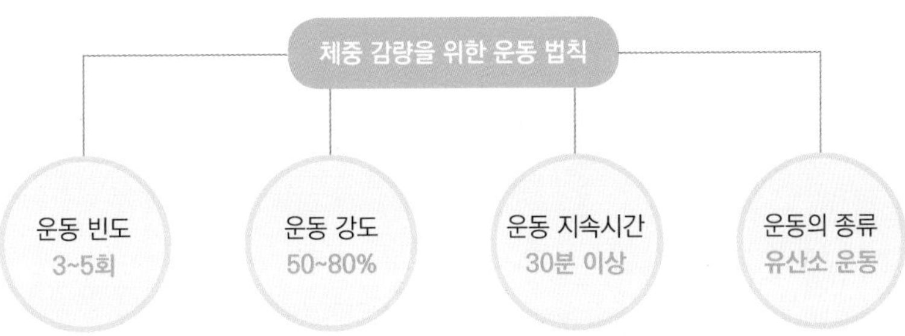

운동의 효과(대한비만학회, 2024)

- 체지방(Body fat) 감소
- 근·골격계의 기능 향상
- 근육과 뼈와 같은 제지방량(Lean body mass)의 증가
- 내분비대사 기능 향상
- 면역기능 향상
- 염증물질 감소
- 스트레스 해소 및 뇌기능 향상

표 12-6 운동 강도에 따른 에너지원

구분	최대 산소 소모량의 50% 수준(저강도 운동)	최대 산소 소모량의 60~70%(중강도 운동)	최대 산소 소모량의 80% 이상(고강도 운동)
에너지원	지방이 주에너지원	탄수화물이 지방보다 더 많이 쓰이기 시작함	에너지원으로 탄수화물을 80% 이상 씀
주에너지원	지방조직에 분해되어 나온 혈중 지방산, 근육 내 중성지방	근육 내 글리코겐, 혈당	근육 글리코겐이 더욱 빨리 쓰여 고갈됨
혈액의 변화	혈액의 지방산 증가	근육과 혈액의 젖산농도 증가	근육과 혈액의 젖산농도 더욱 빨리 증가
피로	피로가 천천히 옴	피로가 중간 정도로 옴	피로가 빨리 옴

표 12-7 1시간 활동 시 에너지 소비량

운동 종목	열량 소비량(kcal/kg/hr)	60kg인 경우 1시간당 소비량(kcal/hr)
농구	10.0	600
등산	9.0	540
스키	8.8	528
축구	7.0	420
조깅	7.0	420
테니스	6.1	366
스케이트	5.8	348
승마	5.1	306
에어로빅	5.0	300
수영	4.4	264
체조	4.0	240
역도	4.0	240
볼링	3.9	234
청소	3.7	222
골프	3.6	216
자전거 타기	3.0	180
걷기	3.0	180

(2) 운동 방법

운동을 하면 에너지가 필요해지므로 섭취한 에너지를 이용하거나 부족 시 체내에 저장된 지방을 사용하는데, 운동하는 사람의 신체 상황, 운동의 종류와 강도에 따라서 에너지 사용이 달라진다. 체중 감량을 위한 운동을 하기 전에는 심혈관계 질환 같은 위험 요인이 있는지 파악하고, 전문가에게 적절한 운동량과 강도에 관한 처방을 받는 것이 가장 좋다.

체중 감량 및 관리를 위한 유산소 운동은 저~중강도에서 주당 5회 이상, 20~60분 동안 했을 때 최대 심박수 64~74% HRmax 사이를 권장한다. 중~저강도의 운동에 적응되어 운동량을 점차 늘리면 근육량이 증가하고 기초 대사량이 높아질 뿐만 아니라 체지방을 쉽게 에너지원으로 이용할 수 있게 된다. 고강도 유산소 운동 시에는 주당 150분 이상(75% HRmax)을 하고 근력운동으로는 대근육군(가슴, 어깨, 등, 허리, 복부, 엉덩이, 다리, 팔)을 운동 부위별로 간격을 두고 주당 2회 이상 실시한다.

표 12-8 최대 심박수, 운동 자각도 및 MET값의 관계

강도	% HRmax (최대 심박수)	% HRR 또는 % VO_2R	% VO_2max	RPE (운동 자각도)	MET(s) (운동 단위)
초저강도	<50	<25	<30	<10	<2
저강도	50~<64	25~39	30~44	10~11	2~2.9
중강도	64~<74	40~59	45~64	12~13	3~5.9
고강도	≥75	≥60	≥65	14~18	6~8.9
최대강도	100	100	100	≥19	≥9

* HRmax(최대 심박수): (220-나이) × 운동 강도
* MET(운동당량)

표 12-9 공복 시와 식후 운동의 비교

	공복 시 운동	식후 운동
장점	• 체중 감소에 효과적 • 인슐린이 감소되어 있고, 분해 호르몬(에피네프린, 노르에피네프린) 분비가 증가되어 있어 체지방 분해가 쉽게 이루어짐 • 근육의 운동에 혈당보다는 혈액의 지방산을 쉽게 쓰게 되므로 지방을 연소하는 데 더욱 효과적	• 운동에너지와 더불어 식품의 열생산에너지를 같이 쓰게 되어 에너지 소비에 효과적임 • 맥박을 원하는 강도만큼 올리기가 쉬움
단점	• 식전에 오랫동안 운동하면 간의 글리코겐이 고갈되고 혈당이 강하되면서 지치기 쉬움	• 인슐린의 분비 증가로 체지방 분해를 막아 지방의 연소가 비효율적으로 일어나고 포도당의 이용이 증가됨 • 고섬유식은 장의 움직임을 자극하여 복통을 가져옴 • 당이 농축된 식사는 삼투압을 일으켜 물을 소화기 내로 끌어들이면서 복통, 경련, 메스꺼움을 일으키기 쉬움

표 12-10 아침운동과 저녁운동의 비교

	아침운동	저녁운동
장점	• 운동 시에 높아진 대사가 이후에도 지속되어 미량이나마 기초대사량 상승 • 다른 활동에 의해 방해를 덜 받음	• 잠들기 전에 에너지 소모를 늘림으로써 저장에너지 감소 • 저강도나 중강도 운동은 숙면을 취하는 데 도움을 줌 • 아침 시간보다 장시간 운동할 수 있음 • 저녁에 야식 먹는 시간을 줄일 수 있음
단점	• 일찍 일어나야 한다는 부담이 커서 아침형이 아닐 경우 시행하기 힘듦 • 새벽에는 매연이 지면 가까이에 있어 공기오염이 심해짐	• 잦은 모임이나 약속 때문에 거르기 쉬움

3) 행동수정요법

행동수정요법이란 비만과 과체중의 원인이 되는 잘못된 생활습관을 스스로 인식하고 모든 상황을 재점검하여 생활습관을 체중 관리에 적합하도록 수정하는 것이다. 행동수정요법은 식사량과 섭식 형태, 섭식 영양소의 균형을 조절하고 운동량을 늘리는 데 중점을 둔다. 식이요법 및 운동요법과 행동수정요법을 병행했을 때 체중감량 효과가 극대화되고 중도 포기율을 낮출 수 있다. 감량한 체중을 유지하는 데 도움이 되며 약물요법이나 수술요법을 실시하는 경우에도 행동수정요법은 반드시 필요하다.

행동수정요법

자기관찰을 통한 기록관리

① 매일 섭취하는 음식 종류, 양 등을 상세히 기록
② 체중의 변화 기록
③ 하루의 행동 기록, 분석

식습관 개선

① 포만감을 느끼기 위해 채소, 과일, 국 섭취
② 지방 섭취 제한
③ 단 음식, 인스턴트 음식 제한
④ 규칙적인 식사
⑤ 식사 간격은 2시간 20분~3시간이 좋으므로 아침과 점심, 점심과 저녁 사이에 100kcal 정도의 간식을 섭취하는 것이 좋음

생활습관 개선

① 단거리는 걷기
② 엘리베이터보다는 계단을 이용
③ 규칙적인 운동
④ 먹는 것을 자제
⑤ 자기 자신을 통제

(1) 자기관찰을 통한 기록관리

행동을 수정하기 위해서는 무의식적인 행동을 점검해야 하는데, 일상에서 자기 자신의 생활습관을 관찰하고 기록으로 남겨야 한다. 즉, 섭식 형태와 먹는 양을 조절하기 위해 섭취 기회를 줄여야 하며, 타인의 체중조절 방법 등을 비교 · 검토하여 자신에게 적합한 방법을 찾으며 생활습관을 개선해야 한다. 행동수정단계에서는 매일 아침 · 저녁 규칙적으로 체중을 측정하여 기록하고, 화장실을 이용하는 경우에는 전 · 후 체중을 측정하여 변화 상태를 관찰하는 등 하루의 행동을 기록하고 관리 · 분석하여 잘못된 생활습관은 개선할 수 있도록 한다.

표 12-11 식행동 일지

식사 시간	식사 장소	식품 섭취량	식사 상황	식사 목적	동반자의 지지[1]	식사직전의 배고픈 정도[2]	먹을 때의 기분	음식의 맛[3]	스트레스[4]	개선점
오전 12시	음식점	밥과 국 1.5배, 많은 반찬	친구 만남	의논	2	3	기분 좋음	3	3	과다한 식사량

1) 동반자의 지지: 식사 시 동반자가 행동 수정에 도움(예: 천천히 먹기, 메뉴선택 도움 등)을 주는 정도를 1~3으로 표시.
   1: 행동수정 방해, 2: 보통, 3: 행동수정 도움
2) 식사 직전의 배고픈 정도를 1~3으로 표시. 1: 배고프지 않았음, 2: 약간 배고팠음, 3: 매우 배고팠음
3) 식사 시 음식의 맛을 1~5로 표시. 1: 맛이 아주 나쁨, 3: 맛이 보통임, 5: 맛이 아주 좋음
4) 스트레스: 식사 조절이 자신에게 주는 스트레스 정도를 1~5로 표시. 1: 매우 낮음, 3: 보통, 5: 매우 높음

출처: 손숙미 외, 다이어트와 건강, 교문사, 2011

(2) 생활습관 개선

폭식이나 편식을 하고, 식사 후 활동 없이 바로 눕거나 자는 습관은 체중 조절뿐만 아니라 건강에도 좋지 못하므로 이러한 생활습관은 바로 고쳐야 한다. 이런 잘못된 생활습관을 대체할 수 있는 행동을 결정하여 잘못된 행동을 수정할 수 있도록 한다.

표 12-12 비만 관련 식습관 평가표

다음 질문의 해당하는 곳에 ✔표를 해주세요.	전혀	가끔	자주	항상
1. 일정한 시간에 식사를 한다.	0	4	7	10
2. 아침 식사를 매일 한다.	0	4	7	10
3. 아침이나 점심보다 저녁 식사량이 많다.	10	7	4	0
4. 바쁠 때에는 다른 일을 하면서 라면, 햄버거, 배달요리로 대충 때우는 경우가 많다.	10	7	4	0
5. 여러 사람과 함께 식사를 할 때 주로 내가 제일 먼저 식사를 끝낸다.	10	7	4	0
6. 뷔페식당에서 모든 음식을 조금씩 맛보는 버릇이 있다.	10	7	4	0
7. 내가 좋아하는 음식이 있으면 배가 고프지 않아도 먹는다.	10	7	4	0
8. 냉장고를 열면 어떤 음식이라도 하나는 먹게 된다.	10	7	4	0
9. 배가 불러도 맛있는 음식이 있으면 계속 먹는다.	10	7	4	0
10. 갈증이 나면 물보다 주스나 콜라 같은 것을 마신다.	10	7	4	0
합계(　　　　)점				
평가	• 60점 미만: 많은 개선이 필요한 식습관 • 60~80점 미만: 조금 잘못된 식습관 • 80점 이상: 좋은 식습관			

출처: 손숙미 외, 다이어트와 건강, 교문사, 2011

4) 약물 및 수술요법

약물요법은 식이요법, 운동요법, 행동수정요법만으로 체중 감량이 어려운 경우에 보조적으로 시행할 수 있으며 체중 감량과 유지 및 비만 합병증을 개선하는 효과가 있다. 성인 비만환자에서 체질량 지수 25kg/㎡ 이상인 환자가 비약물 치료로 체중 감량에 실패한 경우에 약물치료를 보조적으로 실시할 수 있고 소아, 임신부, 수유부, 뇌졸중, 심근경색증, 중증간장애, 신장장애, 정신적 질환 환자에게는 사용하지 않는다. 장기간 투여 허가를 받은 비만 치료제를 주치의의 처방하에 사용할 수 있고, 약 3개월 사용 후 약물의 효과가 미미하거나 부작용이 발생했을 때에는 약물을 변경하거나 중단하는 것이 바람직하다. 비만 치료제의 부작용은 지방의 흡수를 억제하는 약물의 경우 지방변, 복부팽만, 배변 실금 등이 나타날 수 있으며, 중추신경계에 작용하여 식욕을 조절하는 약물의 경우 구역, 변비, 두통, 구토 등의 부작용이 있을 수 있다.

표 12-13 비만 치료를 위한 약물 사용 시 일반적 주의사항

- 다른 인체조직에 해가 없어야 한다.
- 대사에 의한 부작용이 적어야 한다.
- 약물 사용을 중지해도 금단 증상이 없어야 한다.
- 약사와 의사에게 확인하여 사용하여야 한다.
- 중단 후 요요현상이 없어야 한다.

수술요법은 운동요법, 식이요법, 행동수정요법 등에 실패했을 경우 또는 체질량 지수가 40kg/m^2 이상인 비만환자나 동반질환이 있으면서 체질량 지수가 35kg/m^2 이상인 환자에게 사용할 수 있다. 그러나 내분비 질환이나 정신과 질환에 의한 2차성 비만환자는 대상에서 제외된다. 가장 단시간에 체중을 감량할 수 있지만 여러 가지 위험성을 감수해야 하며 사망률은 1% 미만이고, 합병증이 생길 가능성은 10%이다. 수술 후에도 관리를 잘못하면 과체중으로 이어질 일어날 가능성이 높다.

비만 수술요법으로는 지방흡입술, 위밴드 성형술, 위우회술, 위소매절제술 등이 있다. 지방흡입술은 특정 부분에 지방이 많이 몰린 경우 피하지방을 제거하는 방법으로 복부 같은 부위는 지방을 제거하기 용이하나 지방이 몰려 있지 않으면 제거하기가 쉽지 않다. 일반적으로 2~3kg 정도 제거하며 수술방법에 따라 일반적인 제거 수술, 전기분해술, 지방흡입술이 있다. 위밴드 성형술은 위의 윗부분에 밴드를 감아 위를 작게 만들어주는 수술이고 위우회술은 위 용적을 22cc 정도만 남기고 소장으로 연결하는 방법이며, 위소매절제술은 대만부를 절제하여 위의 크기를 줄임으로써 음식 섭취량을 줄이는 방법이다.

알아두기

그림 12-5 **지방제거수술**

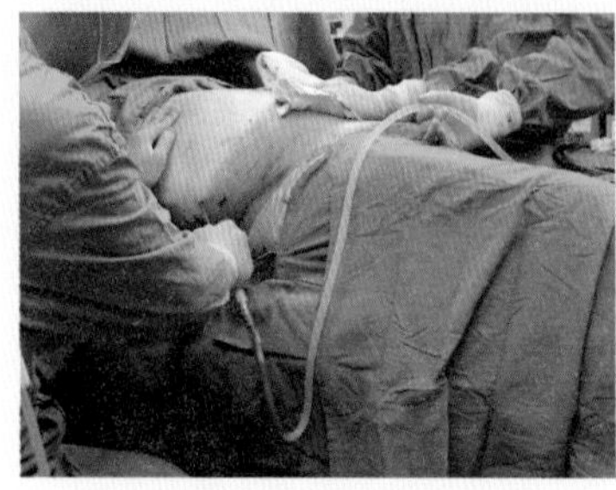

www.swhospital.co.kr
출처: 김포서울여성병원

그림 12-6 **비만 수술의 종류**

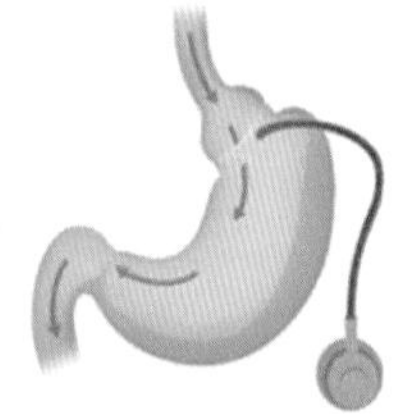

위밴드 성형술

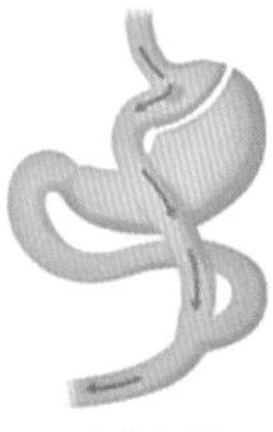

위우회술

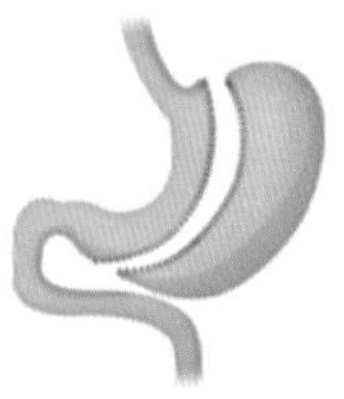

위소매절제술

표 12-14 **지방제거술의 의학적 위험성**

- 감염, 혈액의 중독성 등과 같이 마취로부터 발생하는 합병증
- 너무 많은 지방 제거 시 발생하는 후유증
- 튜브에 의한 내부 장기의 손상
- 신경 말단의 손상으로 발생하는 피부저림 현상
- 출혈이나 혈증에 의한 혈액부족으로 인한 증상
- 지방이 일정하게 제거되지 않아 발생하는 문제점
- 용액이 적절히 배출되지 않아서 발생하는 피부의 부종

알아두기

✓ 유행하는 지방 제거 시술

냉동 지방 제거 시술(Cryolipolysis)

냉동 지방 제거 시술은 비수술적인 방법으로, 원하는 부위의 지방세포를 냉각(약 -100°C)하여 파괴하는 방식으로 회복 시간이 짧으나 효과가 나타나는 데 시간이 걸린다.
시술방법은 애플리케이터(Applicator)라는 공기압 장치를 이용해 시술 부위를 강하게 빨아들여 흡입된 지방층을 냉각판에 노출하며 일정한 수준으로 온도를 낮추는 방법이다. 이때 시술 부위의 온도가 낮아져 지방세포가 파괴된다.
미국 외과의사회에 따르면 지방분해 부위에 지방이 오히려 증식하는 부작용이 1%의 확률로 보고되고 있다.

메조지방분해 주사(메조테라피)

원하는 부위의 피하지방층에 약물 또는 가스를 주사하여 축적된 지방을 제거하는 방법이다. 약물을 주사하는 메조테라피, 다이어트 주사, 윤곽주사, 비만주사 등이 있고, 가스를 주입하는 카복시테라피가 있다.
약제의 종류, 배합 비율, 부위별 용량, 횟수 및 주기에 대한 명확한 기준이 없으므로 부작용과 효과 등에 대한 정보를 의료진으로부터 충분히 제공받은 후 신중하게 시술 여부를 결정해야 한다.

3 유행 다이어트 바로 알기

과체중과 비만이 증가함에 따라 과학적으로 증명되지 않은 다이어트 방법들이 유행하고 있다. 유행 다이어트는 단시간에 비교적 쉬운 방법으로 체중을 감량한다는 점에서 많은 사람이 따라 한다. 그러나 유행 다이어트를 따라 했을 때 건강을 해치거나 요요현상이 일어나는 등의 문제점들이 발생할 수 있다.

유행 다이어트 판별 방법

- 단기간 내 체중 감량이 된다.
- 개인의 특성을 고려하지 않는다.
- 영양적 균형을 고려하지 않고 극단적인 저열량식을 한다.
- 정상 식사보다 보충제나 약제를 이용한다.

표 12-15 다이어트의 종류와 문제점

다이어트 종류	방법	문제점
단식	• 칼로리 있는 음식 제한 • 생수, 녹차 등 칼로리가 거의 없는 음식만 섭취	• 요요현상 • 체지방의 증가 • 케톤증, 저혈압
초저열량	• 에너지 200~800kcal/일 섭취 • 단백질 1g/kg/일 섭취 • 지방 제한	• 탄수화물의 단백질 절약작용을 방해 • 케톤체 증가로 통풍 발생 • 혈청 콜레스테롤 증가 • 변비, 빈혈, 생리불순, 사망위험
고단백, 저탄수화물	• 탄수화물의 극단적 제한 • 단백질과 지방 무제한 섭취 • 엣킨스 다이어트, 덴마크 다이어트	• 열량, 비타민, 무기질 불량 • 케톤증, 체액 산성화 • 혈중 포화지방, 콜레스테롤 증가 • 고비용
저탄수화물	• 고단백+하루 한끼 저탄수화물 식사 • 혈당지수 낮은 식품 섭취 • 존 다이어트, 사우스 비치 다이어트, 데이 미라클 다이어트, 슈거 버스터즈 다이어트, 혈당지수 다이어트	• 열량, 비타민, 무기질 불량 • 케톤증, 체액 산성화
고탄수화물, 저지방	• 지방섭취 제한 • 설탕 및 감미료 제한 • 과일, 채소, 곡류 많이 섭취 • 스즈끼 다이어트, 비버리힐스 다이어트, 죽 다이어트, 쿠키 다이어트	• 금방 싫증이 남 • 단백질, 비타민, 무기질 부족 • 골다공증, 빈혈
원푸드	• 한 가지 식품만 계속 섭취 • 전체 음식 섭취량, 에너지 섭취량 감소 • 아사이베리 다이어트, 3일 다이어트	• 오래 지속하지 못함 • 영양 불균형 • 감량 체중 유지가 어려움

표 12-16 유행 다이어트의 종류

유행 다이어트	다이어트 방법
애사비 다이어트	애플 사이다 비니거(Apple Cider Vinegar)의 줄임말 사과발효식초를 하루에 15mL씩 물이나 탄산수, 사이다 등에 희석해서 마시는 방법
간헐적 단식	하루에 12~24시간 굶는 다이어트 방법으로 1주일에 5일은 충분히 식사하고, 2일은 제한된 칼로리를 섭취하는 방법
키토 다이어트	저탄고지(저탄수화물, 고지방) 다이어트의 다른 말 탄수화물 섭취를 줄이고, 지방 섭취를 높이는 방법
덴마크 다이어트	달걀과 채소는 충분히 섭취하고 소금과 기름을 사용하지 않는 조리법을 이용하는 방법으로 저열량 음식만 먹는 방법
바나나 다이어트	포만감을 오래 유지해 주는 바나나를 3끼 식사 중 1~2끼로 대체하는 방법

식품과
영양

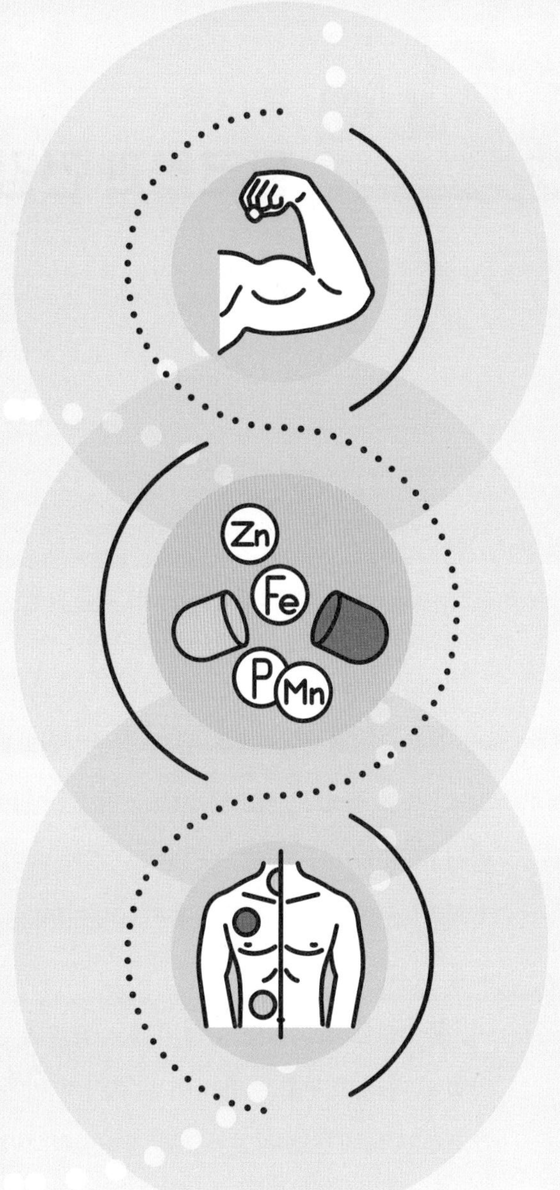

제13장

알코올과 건강

제13장 — 알코올과 건강

우리나라 주세법에서는 "주정이나 알코올 1도 이상의 음료"를 주류로 정의하고 있으며, 식품공전에서는 "곡류 등의 전분질원료나 과실 등의 당질원료를 주된 원료로 하여 발효, 증류 등의 방법으로 제조 · 가공한 발효주류, 증류주류, 기타주류, 주정 등 주세법에서 규정한 주류"로 정의되고 있다. 술이 다양한 맛과 향을 갖는 것은 술의 정의에서처럼 무엇을 주재료로 사용하느냐에 따른 것으로 일반적으로 식품미생물에 의한 발효를 통해 당분, 유기산, 아미노산, 에스테르류, 고급 알코올류 등이 생성되기 때문이며, 주성분인 알코올이 생성되므로 알코올성 음료로 분류된다. 알코올성 음료는 제조방법에 따라 효모를 이용하여 발효시켜 만든 양조주, 양조주를 증류하여 만든 증류주, 증류주를 베이스로 천연향료와 감미료를 혼합한 혼성주로 분류된다.

1 알코올의 소화와 흡수

우리가 마시는 술은 주로 알코올(에틸알코올)과 물로 이루어져 있는데 술을 마시면 취하는 것은 알코올에 의한 것이라 할 수 있다. 알코올은 체내에 들어오면 일부분은 위에서 흡수되고 대부분은 소장에서 흡수되어 혈관을 통해 간으로 이동하여 효소에 의해 분해되는데 이를 '알코올 대사'라 한다. 알코올이 간에서 분해되는 과정은 알코올 탈수소효소(ADH)에 의해 아세트알데히드로 분해된 후 아세트알데히드 탈수소효소(ALDH)에 의해 아세트산으로 분해된다. 아세트산은 체내의 근육이나 지방조직으로 이동하여 이산화탄소와 물로 분해되어 소변이나 땀, 호흡을 통해 체외로 배출된다. 이러한 과정은 한 번에 모두 완료되지 않으므로 분해되지 않은 알코올이나 아세트알데히드는 혈관을 통해 심장이나 체내를 돌아다니다가 간에서 분해되기를 반복하게 된다. 때문에 술을 마시면 혈중 알코올 농도가 증가하여 행동변화가 생기고, 아세트알데히드에 의한 두통, 메스꺼움, 구토, 얼굴 붉어짐 등의 숙취가 발생한다.

그림 13-1 **알코올 대사과정**

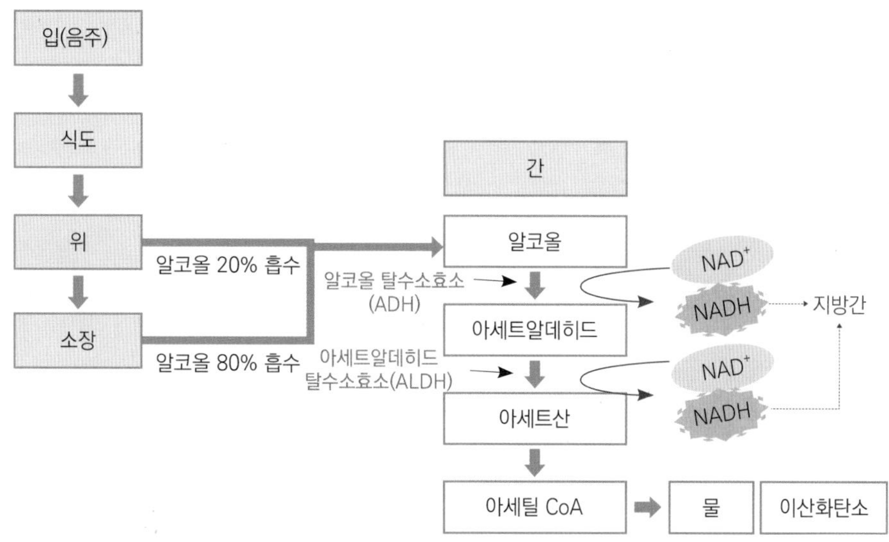

숙취에 영향을 미치는 요인

- 알코올(미처 분해되지 못한 것)
- 아세트알데히드(알코올의 1차 산화물)
- 술에 포함된 기타 성분(예: 메탄올)
- 약물(정기적 또는 간헐적으로 복용하는 것)
- 니코틴(흡연)
- 개인의 특성 및 가족력

2 알코올과 영양

술은 대부분 물과 알코올로 구성되어 있어 섭취 시 체내에서 1g당 7kcal의 열량이 발생할 뿐 다른 영양소의 공급은 거의 일어나지 않는다. 일반적으로 술을 마실 때 음주자는 고열량 안주와 함께 먹는데 이로 인해 체내 과잉 열량이 공급되어 영양과잉이 될 수 있다. 또한 장기간 습관적으로 술을 마시면 알코올 중독으로 이어질 가능성이 높은데, 만성 알코올 중독자의 경우 술 이외의 다른 식품 섭취량이 감소하여 비타민과 무기질 등의 필수 영양소 섭취가 부족해져 영양결핍이 올 수 있다.

표 13-1 술 종류별 100g당 영양성분

종류(알코올%)	에너지(kcal)	수분(g)	단백질(g)	지방(g)	탄수화물(g)	칼슘(mg)	철(mg)	마그네슘(mg)	인(mg)	칼륨(mg)	티아민(mg)	리보플라빈(mg)	비타민 C(mg)
맥주(4.5%)	46	92	0.21	0.01	3.27	2	0	6	14	28	0	0.024	0
소주(17.8%)	127	82.9	0	0	0.08	0	0	0	0	0	0	0	0
막걸리(6%)	54	91.17	0.98	0.15	1.56	8	0.06	4	15	14	0.01	0.034	0.18
청주(16%)	132	79.9	0.41	0	4.24	4	0.02	1	9	9	0	0	0
적포도주(12%)	105	86	0.2	0	4.8	7	0.5	0	10	52	0	0.01	0
백포도주(12%)	96	87.9	0.2	0	2.4	9	0.5	0	7	46	0	0.01	0
복분자주(15%)	137	76.9	0.12	0	7.49	3	0.03	4	1	42	0.008	0.021	0
고량주(50%)	355	49.8	0	0	0	1	0.01	0	0	1	0	0.002	0
위스키(40%)	284	60.3	0.03	0	0.07	0	0	0	0	2	0	0	0.04

자료: 국가표준식품성분표, 농촌진흥청

그림 13-2 **술과 안주에 따른 섭취 가능 열량(예시)**

총 1,019kcal

삼겹살구이 100g(331kcal)

쌈장 18g(40kcal)

상추 55g(8kcal)

소주 360g(640.8kcal)

생맥주+안주

총 679kcal

프라이드치킨 200g(450kcal)

치킨 무 50g(44kcal)

생맥주 500g(185kcal)

표 13-2 음주로 인한 영양문제

영양문제	내용	결과
과잉열량 공급	알코올은 열량이 높아서 음주 시 높은 열량을 섭취하게 됨	• 체내 인슐린 농도 증가 • 체지방 증가로 마른 비만 발생 가능 • 알코올성 지방간, 비만 발생 가능
영양 불균형	숙취로 나타나는 메스꺼움, 구토, 두통 등으로 인한 식욕 저하 발생	• 섭취 영양소 저하로 영양불균형 초래
수분부족	알코올 대사과정 중 생성되는 아세트알데히드에 의한 탈수증 야기	• 체내 수분 손실 발생
영양결핍	알코올 섭취로 식사를 거르게 되며, 알코올에 의한 장점막 손상 및 지방분해효소 분비 감소(췌장, 담낭, 담즙)로 지방소화 저하, 영양소 흡수 장애 발생	• 피로감 및 면역기능 이상 발생 • 지용성비타민 흡수율 저하로 체내 저장량 감소 • 음주 후 소변량 증가로 아연, 마그네슘, 칼륨 등의 무기질 손실

그림 13-3 지속적 음주로 인한 결핍 가능 영양소

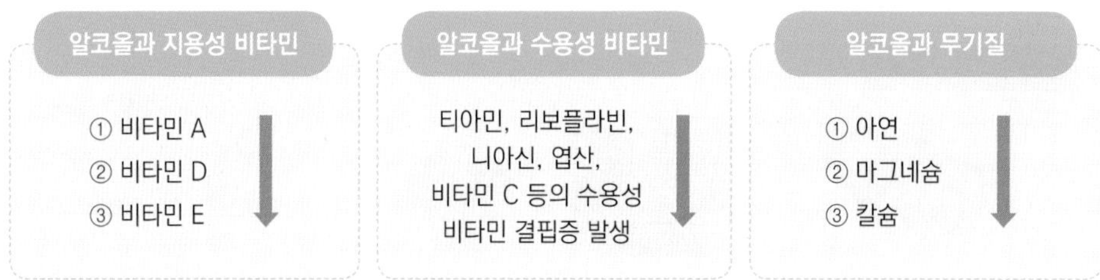

알코올과 지용성 비타민
① 비타민 A
② 비타민 D
③ 비타민 E
알코올과 수용성 비타민
티아민, 리보플라빈,
니아신, 엽산,
비타민 C 등의 수용성
비타민 결핍증 발생
알코올과 무기질
① 아연
② 마그네슘
③ 칼슘

알아두기

✓ "술 덜 취하려면 기름진 안주 먹어라"··· 사실일까?

술을 마시면 과자부터 전, 고기, 치킨까지 다양한 안주를 곁들여 먹을 때가 많다. 항간에 기름진 안주를 먹으면 술을 덜 취한다는 말이 있는데, 사실일까?

실제로 영국 킬대학교는 기름진 안주가 술에 취하는 속도를 늦춘다는 연구 결과를 발표했다. 연구팀은 음주 전 피자, 소시지 같은 기름진 음식을 섭취하면 동물성 기름이 알코올 흡수를 늦춰 서서히 취할 수 있다고 분석했다. 그런데, 그렇다고 해서 기름진 안주가 위나 간을 보호하는 것은 아니다. 오히려 소화기에 부담을 주고, 열량 과다로 인해 지방간을 일으킬 수 있다. 지방간은 간세포 속에 지방이 축적된 상태로, 지방이 간 무게의 5% 이상 쌓이면 지방간으로 진단한다. 지방간이 심해져 간세포 속의 지방 덩어리가 커지면 간세포 기능이 저하된다. 연구팀 또한 이 문제를 인식하고 채소, 과일, 기름기 없는 고단백 식품을 안주로 추천했다.

헬스조선, 2024.06.11. 임민영 기자

출처: https://health.chosun.com/site/data/html_dir/2024/06/11/2024061101881.html

3 알코올과 건강

알코올은 다양한 중독성 약물 중 자신과 타인에게 가장 유해성이 높은 물질이다. 지나친 음주가 신체에 미치는 영향은 그림 13-4와 같이 여러 체내 기관에 부정적 영향을 미친다.

그림 13-4 **알코올이 신체에 미치는 영향**

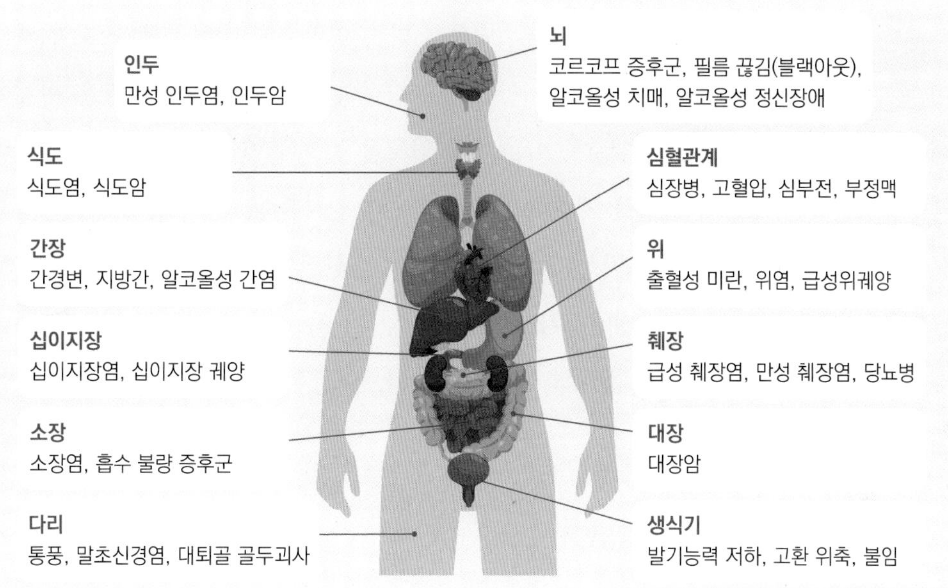

알아두기

✓ 알코올은 얼만큼 위해할까?

우리는 일상에서 위해 물질을 많이 접하지만 그 유해성을 인지하지 못하고 지나가는 경우가 많다. 일반적으로 '위해하다'라고 이야기하는 생활습관 중 하나가 음주와 흡연으로 알코올과 니코틴 등의 위해 물질이 체내로 유입되는 것이다. 그렇다면 이들은 얼마큼이나 위해할까? 이들의 위해성을 LD_{50}값과 독성 등급으로 표현해 보면, 알코올은 LD_{50}값이 7.06g/kg으로 저독성 물질에 속하는 반면, 니코틴은 LD_{50}값이 0.13g/kg의 극독성 물질에 속한다.

독성 등급에 따른 치사량과 다양한 화학물질의 예

등급	구분	치사량(LD_{50})	예
1	무독성(Practically nontoxic)	>15g/kg	포도당
2	저독성(Slightly toxic)	5~15g/kg	에탄올
3	보통독성(Moderately toxic)	0.5~5g/kg	소금, 황산철
4	고독성(Very toxic)	50~500mg/kg	페노바비탈, DDT
5	극독성(Extremely toxic)	5~50mg/kg	니코틴
6	맹독성(Supertoxic)	<5mg/kg	청산, 복어독, 파라티온

* LD50값: 독성으로 실험군의 50% 사망률을 나타내는 용량
자료: 대한화학회, 네이버지식백과

1) 뇌와 신경질환

술의 알코올은 단순확산방법으로 흡수되므로 다른 영양소에 비해 흡수 속도가 빠르며 흡수 후 중추신경계와 말초신경계 활동을 교란한다. 중추신경계의 교란은 인체에 심리적, 행동적 변화를 일으키는데, 이는 혈중 알코올 농도에 따라 약하게는 기분을 좋게 하고 자극에 대한 반응성을 저하시키며 강하게는 인사불성, 의식 불명, 사망 등의 문제를 일으킬 수 있다. 특히 만성 알코올 중독자는 정신질환을 앓는 경우가 많으며 불균형한 식사로 인해 다양한 영양소가 결핍될 수 있다. 이 중에서 티아민 결핍은 체내 신경계에 영향을 주어 기억력을 감소시키고 판단력, 사고력, 인지력 등을 저하시켜 '알코올성 치매'로 이어진다.

그림 13-5 **혈중 알코올 농도에 따른 행동변화**

혈중 알코올 농도	신체 반응
0.02~0.03% (맥주 1병)	약간 기분이 좋은 상태 말이 많아지고 판단력 저하
0.04~0.05% (맥주 3병)	고속운전 능력 저하 자기비판적이고 충동적 행동
0.06~0.09% (맥주 4~5병)	정신적 해이함 과장된 행동과 감정 음성 확대, 억제력 상실
0.10~0.19% (맥주 6병 이상)	졸음 비틀거림 말씨가 서투름
0.20~0.29%	무기력 구토
0.30~0.39%	무감각 통각 마비
0.40~0.49%	혼수상태 대소변을 흘림
0.5% 이상	호흡부전으로 사망할 수 있음

$$\text{혈중 알코올 농도(\%)} = \frac{\text{알코올 농도(\%)} \times \text{마신 양(ml)} \times 0.8\text{(알코올 비중)}}{\text{체중(kg)} \times \text{성별 계수} \times 100}$$

2) 위장과 소장질환

위장으로 들어온 알코올은 위벽의 위산 분비를 자극하므로 지속적으로 과음하면 위산이 과다 분비되어 위점막 손상, 위궤양 등의 위장질환에 걸리기 쉽다. 또한 소장으로 이동한 알코올은 장점막을 손상시켜 영양소 흡수를 저해하기 때문에 티아민, 비타민(B_6, B_{12}), 무기질(엽산, 철) 등의 영양결핍으로 이어져 기억력과 인지력 저하, 빈혈 등이 발생한다.

3) 간질환

알코올 대사가 일어나는 간장은 지속적으로 음주하면 간에 지방이 축적되어 지방간이 발생하는데, 이것이 지속되면 간염이나 간경변으로 진행된다. 또한 알코올이 대사하면서 간세포가 손상되는데, 이는 재생하는 데 3~4일 정도 걸린다. 따라서 잦은 음주는 간세포 재생을 저해하여 손상된 간세포의 섬유조직화로 간경변증을 일으킨다. 그러므로 음주 후 3일 정도 술을 마시지 않는 것을 권장한다.

그림 13-6 **알코올성 간질환의 간**

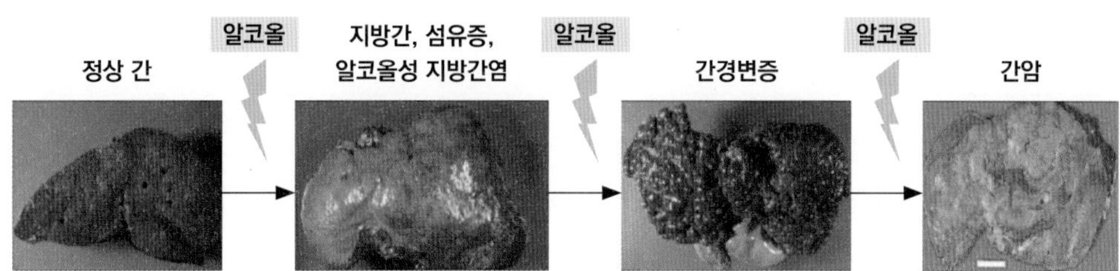

출처: https://blog.naver.com/premeduab/221315511610

그림 13-7 **정상 간세포과 지방간세포 비교**

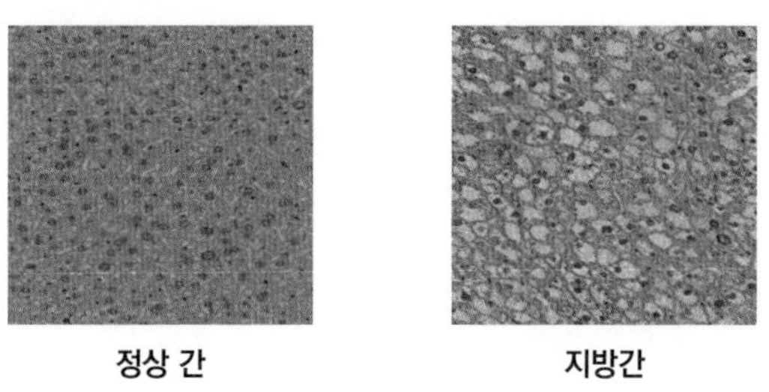

4) 췌장질환

음주하면 췌장에서 소화액이 과잉 분비됨에 따라 췌장세포가 손상되고 염증을 일으켜 췌장염이 발생한다. 만성췌장염은 음주와 연관이 깊다. 췌장염은 췌장 기능 저하와 극심한 통증을 수반하는데, 보통 음주 경력 10~15년 정도일 때 많이 발생하며 증상이 더욱 발전하면 당뇨병을 유발할 수 있다.

5) 심혈관질환

심혈관계 질환은 심장과 혈관 등의 순환계통 질환을 통칭하는 것으로 고혈압, 동맥경화증, 협심증, 심근경색증, 부정맥 등이 있다. 일반적으로 하루 1~2잔 정도의 음주는 혈중 LDL-콜레스테롤 수치는 낮추고 혈중 HDL-콜레스테롤 수치는 높여 심혈관질환 예방에 도움이 된다는 연구 보고가 있다. 그러나 음주 시 혈관은 일시적으로 확장된 후 다시 수축하면서 혈압이 상승하고 심박동수가 높아져 심장에 부담을 주어 심혈관질환의 위험성을 높인다. 또한 알코올은 혈중 콜레스테롤 수치를 높여 혈전 형성 가능성을 높이므로 심장으로 가는 혈류량과 산소공급을 감소시켜 심근경색을 일으킬 수 있다.

알아두기

✓ 레드와인과 프렌치 패러독스(French paradox)

일반적으로 프랑스인은 미국인에 비해 운동량이 적고 담배도 많이 피우며 포화지방이 많은 식사를 즐기지만 심장병에 걸리는 비율이 낮은데 이를 '프렌치 패러독스(French paradox)', 즉 '프랑스인의 모순'이라고 한다. 이러한 현상은 식사 때마다 와인을 즐기는 프랑스인의 식습관에 관련한 것으로 특히 레드와인에는 폴리페놀 성분인 레스베라트롤이 풍부하여 심장병 발생 위험을 줄이는 것으로 판단하여 한때 레드와인이 선풍적 인기를 보였으나 음주운전 사고와 사망률이 높아져 문제시되었다. 이후 여러 연구를 통해 와인섭취량에 의한 것이라기보다 프랑스인의 전반적 식생활이 튀김이나 스낵, 인스턴트를 즐기는 미국인에 비해 좋기 때문에 심장병 발병률이 낮은 것으로 나타났다.

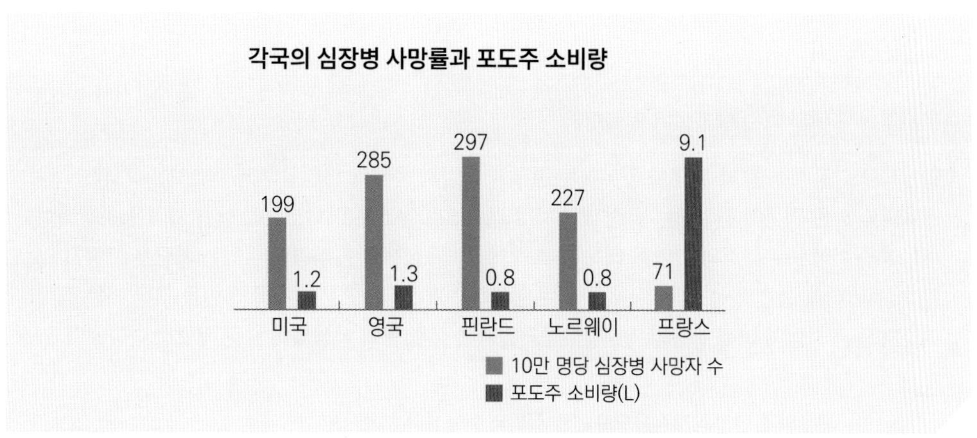

6) 암

술의 주성분인 알코올은 1군 발암물질로 암 발병률을 높이는 것으로 알려져 있다. 알코올 분해는 간뿐만 아니라 구강 점막, 침, 위장 등에서도 이루어진다. 알코올 분해 과정 중 생성되는 아세트알데히드는 암을 일으키는 독성물질로 간에서 과량 잔존 시 간암을 일으키고, 침에서 생기면 이동하여 도달한 해당 장기에 암을 발생시킨다. 체내 아세트알데히드는 술의 알코올 도수와 섭취량에 따라 비례적으로 생성되지만, 알코올 분해효소의 능력은 개인차가 있다. 그러므로 조금만 먹어도 얼굴이 붉어지는 사람은 알코올 분해효소 능력이 부족해서 아세트알데히드를 더 많이 만들게 되므로 암 발생 가능성이 크다고 할 수 있다.

알아두기

✓ 음주와 흡연은 어떤 연관성이 있을까?

일반적으로 음주를 할 때 흡연을 권유하는 경우가 많아서 음주와 흡연을 함께 하는 경우가 많다. 알코올과 니코틴 중독에 관여하는 유전자는 서로 같으므로 알코올은 니코틴에 대한 자극을 강화하여 내성이 증가하므로 음주와 흡연을 더욱 자주 하게 된다. 실제로 음주경험이 있는 사람은 그렇지 않은 사람에 비해 흡연 가능성이 7.1배 높다는 연구결과가 있다. 또한 음주와 흡연을 모두 하는 경우 그렇지 않은 사람에 비해 구강암, 인두암, 심뇌혈관계 질환 등의 발생률이 높은 것으로 나타났다.

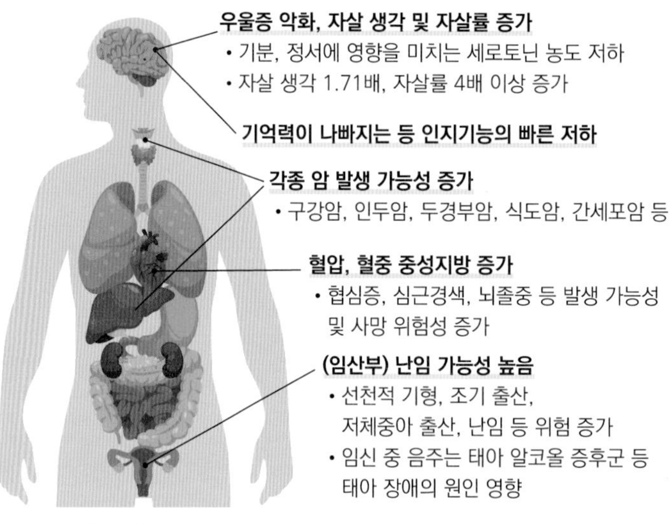
음주와 흡연의 상호작용으로 관련 질병의 위험성이 증가
우울증 악화, 자살 생각 및 자살률 증가
• 기분, 정서에 영향을 미치는 세로토닌 농도 저하
• 자살 생각 1.71배, 자살률 4배 이상 증가
기억력이 나빠지는 등 인지기능의 빠른 저하
각종 암 발생 가능성 증가
• 구강암, 인두암, 두경부암, 식도암, 간세포암 등
혈압, 혈중 중성지방 증가
• 협심증, 심근경색, 뇌졸중 등 발생 가능성 및 사망 위험성 증가
(임산부) 난임 가능성 높음
• 선천적 기형, 조기 출산, 저체중아 출산, 난임 등 위험 증가
• 임신 중 음주는 태아 알코올 증후군 등 태아 장애의 원인 영향

4 알코올과 여성

최근 여성 음주율이 증가하고 있는데 연령별 월간 폭음률을 보면 남성은 40대와 50대가 가장 높은 수치를(57.0%, 57.2%) 나타내지만 여성은 20대에서 가장 높은 수치를(44.5%) 나타낸다. 일반적으로 여성은 남성에 비해 체중과 체지방량이 적고 알코올 분해 능력이 낮아서 알코올에 취약하기 때문에 적정 음주량이 남성보다 적다. 특히 임산

부의 경우 태아의 성장 발달과 모유 수유를 통해 신생아에게 영향을 줄 수 있으므로 주의가 필요하다.

그림 13-8 **성별, 연령별 월간 폭음률(2022년)**

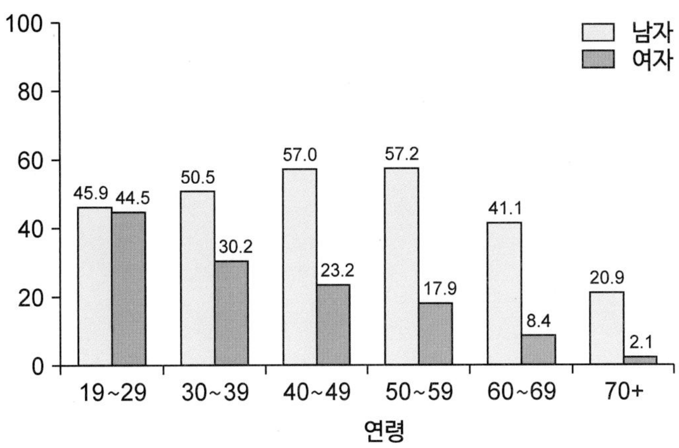

출처: 2022 국민건강통계, 질병관리청, 통계청

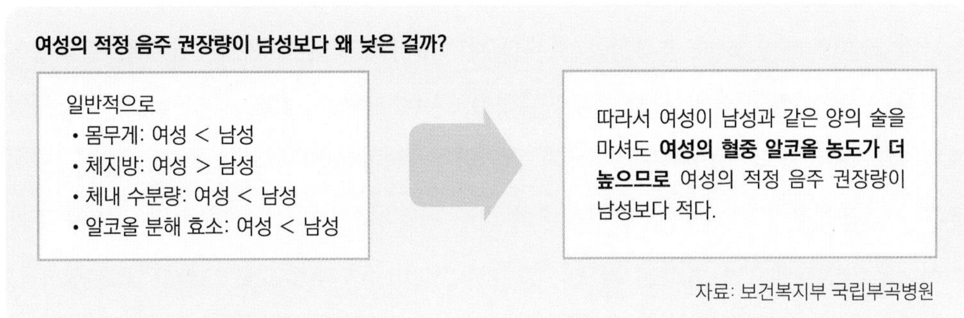

1) 태아 알코올 스펙트럼 장애(FASD)

태아는 임신 기간에 따라 성장 발달하는 신체부위가 다르기 때문에 임신 기간 중 알코올 섭취는 태아의 성장 발달에 많은 영향을 준다. 태아 알코올 스펙트럼 장애(FASD)는 태아기에 알코올에 노출되어 신체적 · 정신적 측면과 행동 및 학습발달에 영향을 받아 발생하는 현상을 포괄적으로 설명하는 용어로 다음과 같은 어려움이 발생한다.

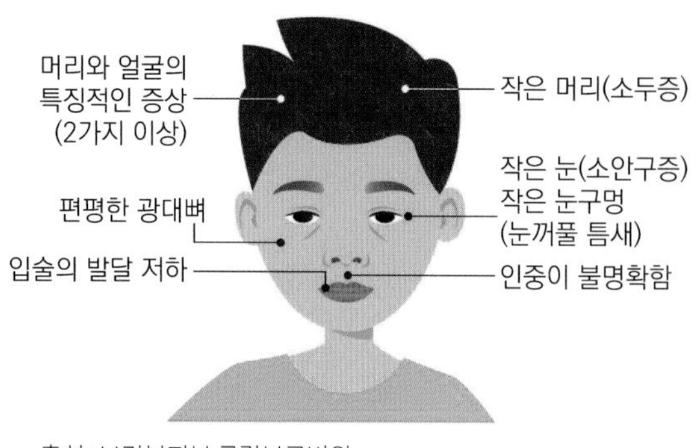

출처: 보건복지부 국립부곡병원

- 또래에 비해 작은 키와 저체중을 나타내며 지시에 따르기가 어려움
- 섭식 및 수면장애, 시력 및 청력장애
- 발달장애, 낮은 지능과 집중력, 학습 및 기억장애
- 대인관계 유지와 행동조절 문제
- 중추신경계의 구조적, 기능적 기형
- 평생 의료적 도움 필요

5 적절한 음주

1) 음주 실태

최근 우리나라 성인의 음주율은 2021년까지 감소 추세를 보이다가 코로나 팬데믹으로 인한 사회적 거리두기 해제 이후 소폭 상승했다. 청소년의 경우 2011년 이후 감소하다가 2020년 이후 소폭 증가하는 추세를 나타내어 청소년 음주관리에 대한 필요성이 커졌다. 19세 이상 성인의 월간 음주율은 2010년 60.5%에서 2022년 57.4%로 감소하였으며 월간 폭음률은 2010년 39.9%에서 2022년 37.4%로 감소하는 추이를 보였다. 전체 주류 출고금액은 2011년 이후 증가하다가 다소 감소하였으나 2021년 이후 급격히 증가하여 술 소비 트렌드가 변화된 것으로 판단된다. 2023년 주류시장 트렌드 보고(한국)에 따르면 현재 소비자들은 도수 낮은 술(저도수), 다양한 맥주, 즐기는 술, 홈(Home)술, 혼술(혼자 마시는 술)을 선호하는 것으로 나타났으며 향후 즐기는 술과 홈술, 혼술의 트렌드는 지속될 것으로 전망하고 있어 주류 제품이 다양한 형태로 출시될 것으로 예상한다.

용어 설명

월간 음주율: 최근 1년 동안 한 달에 1회 이상 음주한 분율

월간 폭음률: 최근 1년 동안 한 달에 1회 이상 한 번의 술자리에서 남자 7잔(또는 맥주 5캔), 여자 5잔(또는 맥주 3캔) 이상 음주한 분율

그림 13-9 **학교급별 음주율 추이**

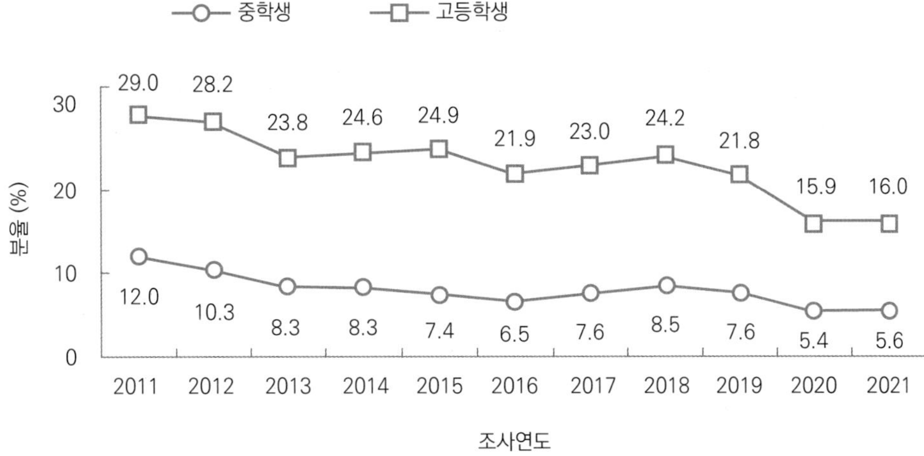

출처: 제17차(2021년) 청소년건강행태조사 통계(http://www.kdca.go.kr/yhs/)

그림 13-10 **주류 소비 트렌드**

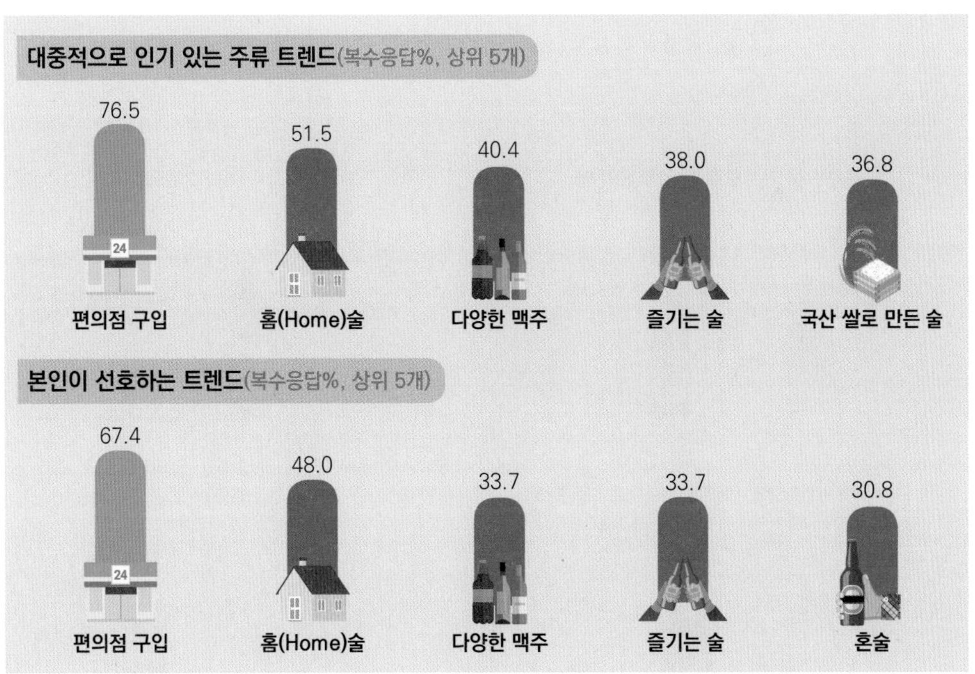

출처: 주류시장보고서, 농식품부(2023)

2) 술의 표준잔과 알코올 함량

우리가 적정 음주를 하려면 음주량과 음주 속도를 고려해야 한다. 개인차는 다소 있지만 일반적으로 음주량에 관계없이 한 시간에 알코올 10g 정도가 분해되므로 이를 활용하여 '표준잔(Standard drink)'의 개념을 정의한다. 나라마다 술의 종류와 주종 주류, 잔의 크기 등이 다르기 때문에 표준잔의 알코올양이 다르지만 세계보건기구에서는 1 표준잔에 알코올을 10g 함유한 것으로 정의하고 있다. 우리나라의 1 표준잔은 소주 한 잔(50cc)으로 우리가 대중적으로 마시는 술의 양을 표준잔으로 계산해보면 맥주 1캔(355ml)은 1.4 표준잔, 소주 1병(360ml)은 6.7 표준잔, 막걸리 1병(900ml)은 4.8 표준잔이다.

그렇다면 내가 마신 술에 포함된 알코올양은 얼마인가? 알코올양을 계산하는 방법은 다음과 같다.

알코올양 = 마신 술의 양(ml) × 알코올 도수(%) × 0.8

그림 13-11 **표준잔을 기준으로 한 알코올의 양**

출처: 국가건강정보포털 질병관리청(kdca.go.kr)

술의 알코올 함량은 도수와 백분율(%)로 혼용하여 사용하고 있다. 그러나 백분율은 술을 구성하는 알코올(에탄올)의 부피를 백분율로 나타낸 것이며, 도수는 술을 구성하는 알코올 이외의 다른 성분에 대한 알코올의 비중을 비율로 나타낸 것이므로 각각의 수치가 나타내는 의미에 차이가 있다. 예를 들어 물과 알코올로 이루어진 20% 술은 물 80%와 알코올 20%로 구성된 것으로 전체 100 중 20의 알코올을 함유하고 있음을 의미한다. 또한 이를 알코올 도수로 전환하면 20/80 × 100 = 25이므로 25도수가 되어 백분율로 나타낸 수치와 차이를 나타낸다.

3) 적정 음주량

아래 그림과 같이 음주량이 한 잔씩 증가함에 따라 건강적 상대위험도는 계속 증가하기 때문에 건강에 해롭지 않은 음주량이란 없다. 즉, 음주를 적당히 한다고 해서 암 발생률과 심혈관질환 발생이 줄어들고 뇌손상이 예방되지는 않는다. 하지만 우리가 적정 음주량을 정하는 것은 음주로 인한 폐해를 최소화하려는 노력이라 할 수 있다.

그림 13-12 일일 음주량에 따른 건강 위험도

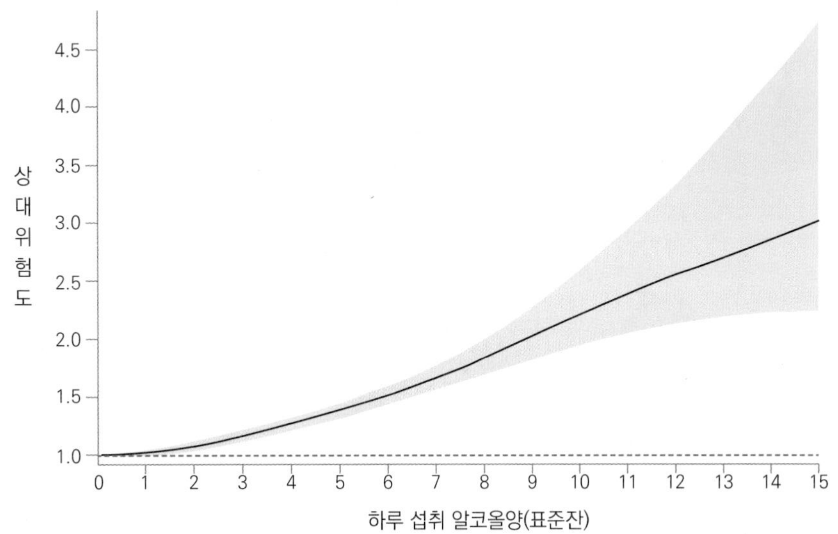

세계보건기구에서는 알코올에 특별한 거부반응 없이 건강상 이상이 없는 사람을 기준으로 저위험 음주량을 남자는 알코올 40g 이내, 여자는 알코올 20g 이내로 정했다. 이를 우리나라 소주잔(표준잔, 50cc)으로 환산하면 남자 5잔, 여자 2.5잔에 해당하는 양이다.

저위험 음주량: 건강을 해치지 않고 마실 수 있는 최소한 음주량으로 1회 순수 알코올양

일반적으로 음주 시 자신의 음주량과 음주 빈도를 조절할 수 있을 것이라 확신하지만 음주가 빈번해지면 뇌기능 변화로 음주 욕구가 강해지고 통제가 어려워져 알코올 중독으로 발전할 수 있으므로 생활 속 음주관리 습관이 필요하다. 알코올 중독은 지속적 음주 이외에도 유전적 인자, 스트레스 환경, 대인관계 등에 영향을 받는다.

그림 13-13 **생활 속 음주관리**

술자리는 되도록 피하고 술자리에서 남에게 술을 강요하지 않습니다.

특히, 한 잔만 마셔도 얼굴이 빨개지는 사람은 스스로 마시지 않고, 권하지도 말아야 합니다.

원샷은 혈중 알코올 농도를 급격히 상승시켜서 인체 유해성이 심해지므로 원샷을 하지 않습니다.

술을 마실 때는 조금씩 나누어 천천히 마시고, 중간에 물을 자주 마시며, 빈속에는 마시지 않도록 합니다.

술을 안 마시는 금주 요일을 스스로 정하고, 음주 후에는 적어도 3일은 금주하도록 합니다.

당당하게 술을 거절하는 것도 중요합니다.

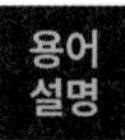

알코올 AUDIT-K 자가진단

개인의 음주량과 빈도, 의존 증상 및 문제행동 수준을 평가하여, 위험/유해 음주와 알코올 사용 장애를 선별하기 위하여 세계보건기구(WHO)에서 개발한 AUDIT의 한국어판 척도 순수 알코올양

표 13-3 알코올 의존도 평가

질문	0점	1점	2점	3점	4점
1. 술은 얼마나 자주 마십니까?	전혀 마시지 않음	월 1회 이하	월 2~4회	주 2~3회	주 4회 이상
2. 평소 술을 마실 때 몇 잔 정도나 마십니까?	1~2잔	3~4잔	5~6잔	7~9잔	10잔 이상
3. 한번 술을 마실 때 소주 1병 또는 맥주 4병 이상 마시는 음주는 얼마나 자주 하십니까?	전혀 없음	월 1회 미만	월 1회	주 1회	매일
4. 지난 1년간, 술을 한번 마시기 시작하면 멈출 수 없었던 때가 얼마나 자주 있었습니까?	전혀 없음	월 1회 미만	월 1회	주 1회	매일
5. 지난 1년간 당신은 평소 할 수 있었던 일을 음주 때문에 실패한 적이 얼마나 자주 있었습니까?	전혀 없음	월 1회 미만	월 1회	주 1회	매일
6. 지난 1년간 술 마신 다음 날 아침에 다시 해장술이 필요했던 적이 얼마나 자주 있었습니까?	전혀 없음	월 1회 미만	월 1회	주 1회	매일
7. 지난 1년간 음주 후에 죄책감이 들거나 후회를 한 적이 얼마나 자주 있었습니까?	전혀 없음	월 1회 미만	월 1회	주 1회	매일
8. 지난 1년간 음주 때문에 전날 밤에 있었던 일이 기억나지 않았던 적이 얼마나 자주 있었습니까?	전혀 없음	월 1회 미만	월 1회	주 1회	매일
9. 음주로 인해 자신이나 다른 사람이 다친 적이 있었습니까?	없음	-	있지만 지난 1년간 없음	-	지난 1년 내 있음
10. 가족이나 친구, 또는 의사가 당신이 술 마시는 것을 걱정하거나 술 끊기를 권유한 적이 있었습니까?	없음	-	있지만 지난 1년간 없음	-	지난 1년 내 있음

<평가 기준>	
7점 이하	정상 음주로 큰 문제 없음
8~15점	과음하지 않도록 주의, 적정 음주량을 유지하여 향후 음주로 인한 문제가 발생하지 않도록 음주량과 횟수를 줄이는 것 필요함
16~19점	잠재적인 위험이 있으므로 전문가의 진찰을 받을 필요가 있음
20점 이상	음주량과 음주 횟수 조절이 어려운 알코올 의존 상태임. 술을 줄이는 단계가 아니라 끊어야 하기 때문에 전문가의 진찰을 받고 치료를 시작해야 함

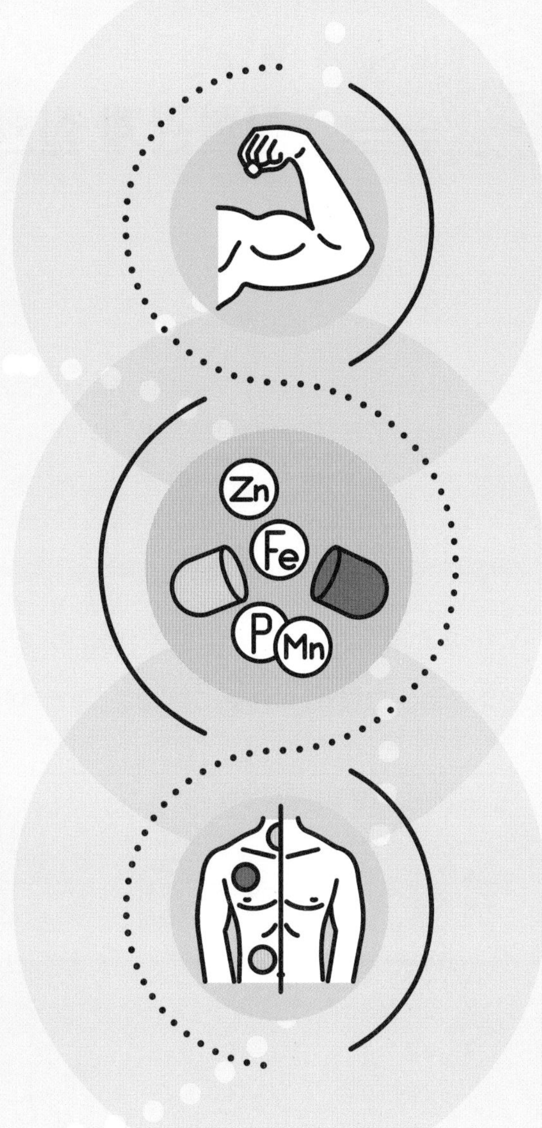

제14장

심혈관계 질환

제14장 — 심혈관계 질환

우리나라의 사망 원인은 암을 제외하면 심뇌혈관 질환이 2위를 차지한다. 심뇌혈관 질환으로는 고혈압, 뇌졸중, 고지혈증, 동맥경화, 심부전, 협심증 및 심근경색 등이 있다.

그림 14-1 **사망 원인 순위 추이**

순위	사망 원인	사망률	'20년 순위 대비
1	악성신생물(암)	161.1	-
2	심장 질환	61.5	-
3	폐렴	44.4	-
4	뇌혈관 질환	44.0	-
5	고의적 자해(자살)	26.0	-
6	당뇨병	17.5	-
7	알츠하이머병	15.6	-
8	간질환	13.9	-
9	패혈증	12.5	⬆(+1)
10	고혈압성 질환	12.1	⬇(-1)

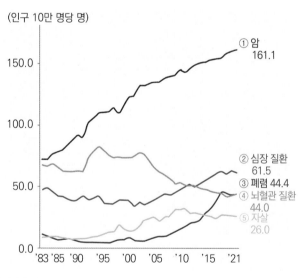

(인구 10만 명당 명)
150.0
100.0
50.0
0.0
'83 '85 '90 '95 '00 '05 '10 '15 '21
① 암 161.1
② 심장 질환 61.5
③ 폐렴 44.4
④ 뇌혈관 질환 44.0
⑤ 자살 26.0

출처 : 통계청 https://kostat.go.kr (2021년 사망원인 통계)

1 고혈압(Hypertension)

1) 고혈압의 정의

혈압이란 혈관에 흐르는 혈액의 압력을 말하며, 혈압이 지속적으로 상승해 있는 상태를 고혈압이라고 한다. 혈압은 운동, 식사, 흥분 및 추위 등에 의해 증가하거나 감소할 수 있으며, 상태나 환경에 따라 변화한다. 따라서 안정을 취한 상태에서 2분 간격으로 2번 이상 측정하여 평균을 내고 2~3일 간격으로 다시 측정하는 것이 정확하다. 정상 혈압은 수축기 혈압(최고 혈압) 120mmHg 미만이면서 동시에 이완기 혈압(최저 혈압) 80mmHg 미만으로 정의한다.

표 14-1 **2018 고혈압 진료 지침에 따른 혈압의 분류**

혈압 분류		수축기 혈압(mmHg)		이완기 혈압(mmHg)
정상 혈압*		< 120	그리고	< 80
주의 혈압		120~129	그리고	< 80
고혈압 전 단계		130~139	또는	80~89
고혈압	1기	140~159	또는	90~99
	2기	160≤	또는	100≤
수축기 단독 고혈압		140≤	그리고	< 90

* 심뇌혈관 질환의 발생 위험이 가장 낮은 최적 혈압

출처 : 질병관리청. 국가건강정보포털 https://health.kdca.go.kr/healthinfo/biz/health/gnrlzHealthInfo/gnrlzHealthInfo/gnrlzHealthInfoView.do?cntnts_sn=5300#

2) 고혈압의 분류

일차성(본태성) 고혈압은 전체 고혈압의 90%를 차지하며, 높은 연령층에서 발병한다. 원인이 없어 무증상으로 나타나므로 '침묵의 살인자'라고 부른다. 이차성(속발성) 고혈압은 주로 젊은 연령층에서 발병한다. 각종 질환(신장질환, 내분비계 질환, 갑상선질환), 약물 섭취(경구피임약, 스테로이드제제), 임신중독증이 주요 위험요인이다.

그림 14-2 **고혈압의 분류**

고혈압의 종류

일차성 고혈압(본태성 고혈압)

- 명확한 원인을 알 수 없다.
- 고혈압 환자의 90~95% 정도이다.
- 높은 연령층에서 주로 일어나고 나이가 들수록 약화된다.

이차성 고혈압(속발성 고혈압)

- 심장 질환, 내분비계 질환, 임신 중독 등의 원인 질환이나 경구피임약, 스테로이드제제 등의 약물 복용이 원인이다.
- 젊은 연령층에서 주로 일어난다.
- 원인 질병을 치료하면 정상으로 회복된다.

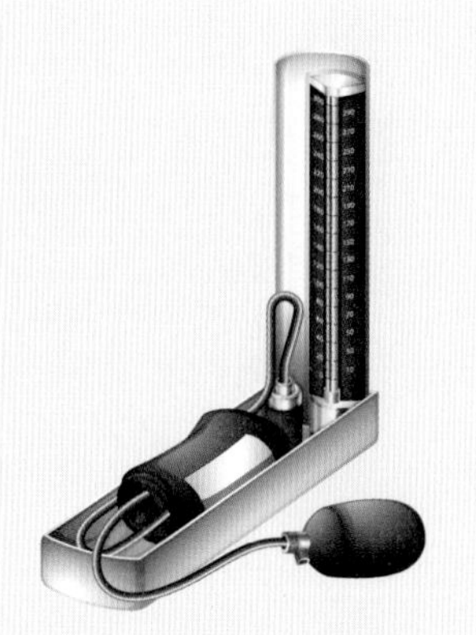

3) 고혈압의 위험인자

(1) 인종 및 가족력

백인보다는 흑인에서 고혈압 발병률이 높다. 부모가 모두 고혈압인 경우 자녀는 약 80% 확률로 고혈압이 발생하고, 부모 중 한쪽이 고혈압이면 자녀는 25~40% 정도의 확률로 고혈압이 발생한다.

(2) 성별 및 연령

노화로 인해 나이가 들수록 혈압은 증가하며, 특히 여성은 중년 이후 폐경으로 인해 여성 호르몬인 에스트로겐의 감소와 관계가 있는 것으로 알려졌다.

(3) 비만

체중이 증가하면 체내에 더 많은 혈액이 전달되어야 하므로 심장과 혈관은 더 많은 일을 해야 하고, 이로 인해 혈압이 올라갈 가능성이 커진다. 체중이 증가하여 과식하게 되면, 인슐린 분비가 증가하는데, 인슐린은 체내에 물과 나트륨을 저장하는 작용을 하므로 혈압이 올라갈 수 있다. 비만한 사람이 체중 10kg을 감량하면, 최고혈압 25mmHg, 최저혈압 10mmHg 정도를 낮출 수 있다.

(4) 운동 부족

운동 부족은 체중 증가를 초래하며, 고혈압 위험이 커진다. 규칙적으로 운동하면 체중 감소, 말초혈관 저항 감소 및 체지방 연소 등을 동반하여 고혈압을 예방하고 조절할 수 있다.

(5) 흡연

니코틴을 포함한 담배의 각종 유해 물질은 혈관을 손상시키고 수축시켜 혈압이 올라간다. 또한 일산화탄소는 산소 부족을 초래한다.

(6) 스트레스

스트레스는 부신 수질 호르몬인 에피네프린의 분비를 증가시킨다. 에피네프린은 혈압을 올려 교감신경을 흥분시키는 작용을 한다. 이는 심장 박동량을 늘리고, 말초혈관의 저항을 높여 혈압 상승을 유도한다.

(7) 음주

술을 많이 마실수록 고혈압에 걸리기 쉽다는 사실이 역학 조사를 통해서 보고되었다. 알코올을 과다하게 섭취하면 항고혈압제에 대한 저항을 초래하고, 반대로 음주를 삼가면 혈압은 내려간다. 예를 들면, 하루에 술을 6~7잔씩 마시는 사람의 고혈압 발생 위험도는 비음주자의 약 200%에 이른다.

(8) 식생활

고혈압 발생의 가장 큰 식생활 위험요인은 짠 음식을 많이 섭취하는 것이다. 체내에 들어온 나트륨은 신장을 통해 배설되어야 하는데, 그렇지 못한 경우 몸속에 나트륨이 쌓여 체내 수분을 끌어들임으로써 체액과 혈액량을 증가시켜서 고혈압의 발병을 유도한다.

그림 14-3 고혈압과 소금 섭취

고혈압과 소금 섭취

고혈압과 가장 관련이 있는 식이요소는 소금이다. 여러 민족을 대상으로 연구한 결과, 소금을 전혀 사용하지 않고 자연식품을 이용하는 남아메리카 인디언과 북아메리카의 에스키모인은 고혈압 발생률이 낮으며, 소금 섭취가 많은 민족일수록 고혈압 환자가 많이 나타난다.

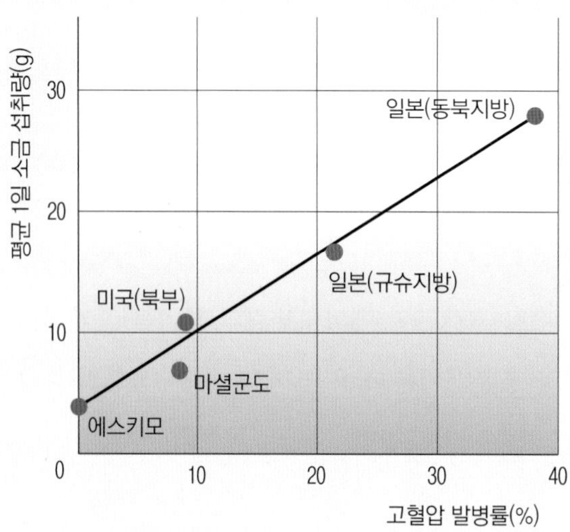

소금의 나트륨 이온이 체내에 과잉 축적되면 세포 외액량이 증가하고 말초동맥의 저항을 높여 혈압을 높인다. 특히 염분에 민감한 사람이나 소금을 과다 섭취하는 사람은 고혈압 증세가 잘 생기는 것으로 알려져 있다. 실제로 한국인이 하루에 섭취하는 염분은 20g 정도로 서구인의 염분 섭취의 2배에 달해서 고혈압 발생률이 높은 것으로 보인다.

그림 14-4 식사 중 소금을 5g 이하로 낮추기

식사 중 소금을 5g 이하로 낮추려면

- 반찬은 싱겁게 간을 한다.
- 국이나 찌개를 적게 먹는다.
- 라면, 햄, 치즈 등의 가공식품을 가급적 피한다.
- 피자, 햄버거 등 패스트푸드의 외식을 가능한 한 줄인다.
- 소금, 간장, 젓갈, 장아찌 등의 고염식품을 적게 먹는다.
- 식품의 영양표시제도를 읽는 습관을 들인다.

4) 고혈압의 증상 및 합병증

일차성 고혈압은 후두통 아래에서 강한 맥박을 느끼는 경미한 증상 외에는 자각 증상이 거의 없어서 합병증으로 발전하기 전에는 모르는 경우가 많다. 고혈압의 증상으로는 두통, 현기증 및 코피 흘림 등을 들 수 있다. 또한 고혈압 상태가 오래 지속되면 협심증, 심근경색, 뇌출혈, 시력 저하 및 신부전 등 생명에 치명적인 합병증을 일으킬 수 있다.

그림 14-5 **고혈압의 증상**

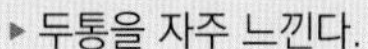

▸ 집중력이 떨어진다.

▸ 눈이 충혈된다.

▸ 뒷목이 뻐근하다.

▸ 숨이 차다.

▸ 구토가 나온다.

▸ 손발이 저리다.

▸ 피곤하고 기력이 없다.

▸ 발기부전 및 성욕 저하

그림 14-6 **고혈압의 주요 합병증**

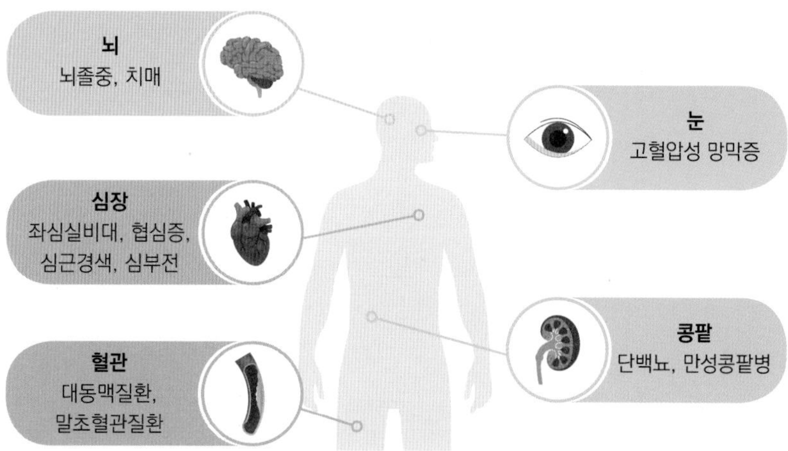

출처 : 질병관리청 국가건강정보포털

5) 고혈압의 관리 및 예방

(1) 식이요법

① 당질은 총에너지 섭취량의 55~60%, 지방은 총에너지의 20%로 공급한다. 지방 섭취의 질적 균형을 위하여 다가불포화지방산, 단일불포화지방산, 포화지방산의 섭취 비율을 1:1:1로 한다. 동물성 지방을 제한하고, 참기름과 들기름 등의 식물성 지방의 섭취를 늘린다. 단백질은 양(+)의 질소 평형을 유지하기 위하여 신장 기능이 정상으로 유지되는 한 충분히 섭취한다.

② 나트륨은 체액 삼투압 유지에 관여한다. 소금을 과다 섭취하면 몸속의 나트륨이 수분을 보유하여 혈액 부피가 증가하고, 이로 인해 혈관에 미치는 압력을 높인다. 고혈압 환자는 정상인에 비해 신장에서 나트륨을 배설하는 데 어려움이 있다. 소금 함량이 많은 음식, 즉 찌개류, 국, 김치, 생선 자반, 젓갈류, 채소 장아찌 등을 적게 먹고, 과일과 채소류를 많이 먹는 것이 좋다.

③ 식이섬유는 체내 나트륨을 흡착하여 대변으로 배설시키는 작용을 통해 혈압 상승을 억제한다. 특히 과일 및 채소, 미역, 김, 다시마 같은 해조류에 많이 들어 있는 수용성 식이섬유의 효과는 더욱 강력하다. 이들 식이섬유는 혈액 속의 중성지질과 콜레스테롤 함량을 저하시켜 심혈관계 질환을 예방할 수 있다. 특히 DASH(Dietary approaches to step hypertension)식은 칼륨, 칼슘, 마그네슘을 충분히 섭취하고, 나트륨, 콜레스테롤 및 포화지방산 섭취를 줄여 혈압을 낮춘다.

④ 과량의 수분 섭취는 체액량을 높여 혈압을 올리고 신장에 부담을 줄 수 있다.

⑤ 과량의 알코올 섭취는 교감신경을 활성화시켜 혈압을 올릴 수 있으므로 알코올 섭취는 제한해야 한다.

(2) 운동 및 생활 수정요법

자신의 건강 상태에 맞는 적절한 운동을 규칙적으로 하면 에너지 소비를 촉진하는 효소를 활성화하여 체중과 체지방을 줄이고 말초혈관 저항을 감소시켜 고혈압을 예방하고 조절할 수 있다. 또한 엔도르핀을 높여 안정감을 갖게 하고, HDL-콜레스테롤

(HDL-cholesterol)을 높여 심혈관계 질환을 방지해 준다.

(3) 약물요법

비약물 요법에 효과를 보이지 않는 사람에게 약물치료를 실시한다. 일차적으로 이뇨제를 사용하며, 교감신경 차단제나 혈관 이완제 등을 처방한다.

그림 14-7 고혈압의 예방 수칙

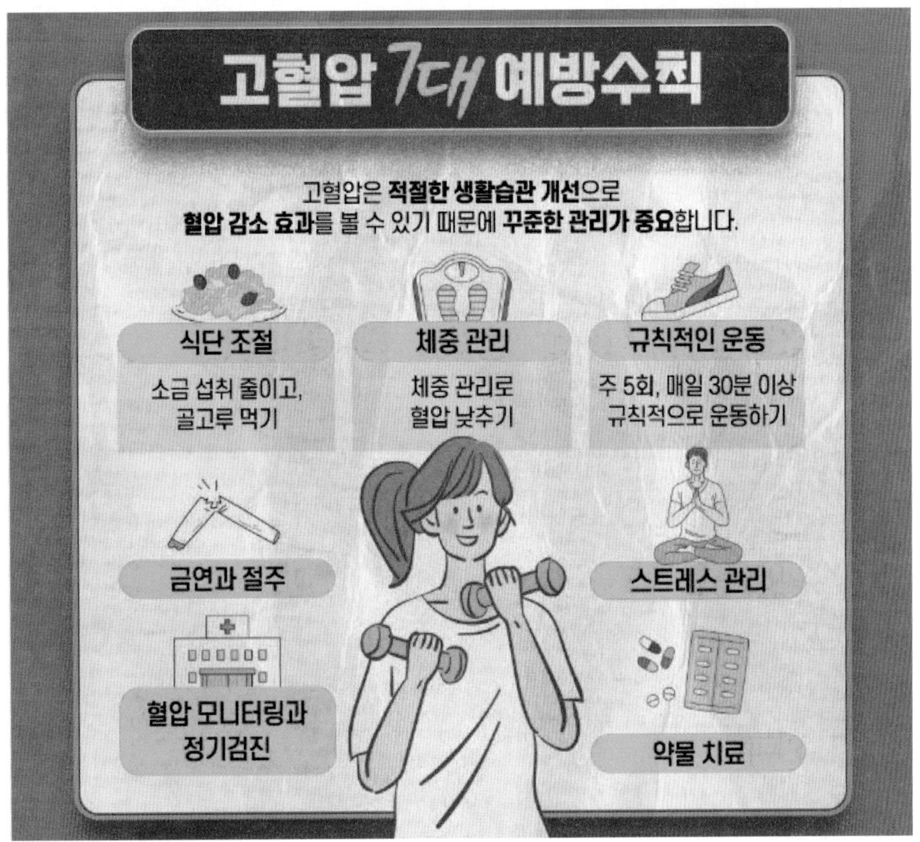

출처 : 질병관리청 대한민국 정책브리핑

2 이상지질혈증(Dyslipidemia)

1) 이상지질혈증의 정의 및 분류

혈액 중 중성지질 또는 콜레스테롤 농도가 비정상적으로 증가된 상태로서 고콜레스테롤혈증, 고중성지방혈증, 복합형 고지혈증으로 구분한다. 이 중 고콜레스테롤혈증이 가장 중요하며, 이는 동맥경화 및 심뇌혈관 질환의 주요 원인이 된다. 소수성인 중성지방과 콜레스테롤은 혈액 속에서 쉽게 이동될 수 없기 때문에 단백질과 결합된 지단백질 형태로 운반되며, LDL-콜레스테롤(LDL-cholesterol)과 HDL-콜레스테롤 및 총콜레스테롤(Total cholesterol)의 농도와 비율은 매우 중요한 지표가 된다.

표 14-2 이상지질혈증의 분류

	원인	판정 (공복 시 혈청치)	혈청 지질의 농도 변화
고콜레스테롤혈증 (hypercholesterolemia)	• 일차적 고콜레스테롤혈증: 유전, 고지방 식사 • 이차적 고콜레스테롤혈증: 당뇨병, 갑상선 기능저하증, 신증후군	• 콜레스테롤 농도 ≥240mg/dL	• 총콜레스테롤 상승 • LDL-콜레스테롤 상승 • HDL-콜레스테롤 상승 • 총콜레스테롤/HDL-콜레스테롤 비상승 • LDL-콜레스테롤/HDL-콜레스테롤 비상승
고중성지방혈증 (hypertriglyceridemia)	• 비만, 단순당과 포화지방의 지나친 섭취, 음주, 운동부족, 당뇨병 등	• 중성지방≥250mg/dL(500mg/dL 이상인 경우 알코올 섭취를 엄격히 금함)	• 중성지방의 비정상적 VLDL-콜레스테롤 상승 • 총콜레스테롤과 LDL-콜레스테롤이 약간 상승
복합형	• 유전	• 콜레스테롤≥240mg/dL, 중성지방≥250mg/dL	• 혈청 콜레스테롤과 중성지방의 농도가 모두 상승 • VLDL-콜레스테롤, LDL-콜레스테롤 상승

2) 이상지질혈증의 진단

이상지질혈증의 진단은 총콜레스테롤이 240mg/dL 이상, LDL-콜레스테롤이 160mg/dL 이상, 중성지방이 200mg/dL 이상, HDL-콜레스테롤이 40mg/dL 미만이며, 4개 기준 중 하나라도 이상이 있으면 이상지질혈증으로 진단한다.

표 14-3 이상지질혈증의 진단 기준

단위:mg/dL

위험도	총콜레스테롤	위험도	LDL 콜레스테롤	위험도	중성지방	위험도	HDL 콜레스테롤
높음	≥240	매우 높음	≥190	매우 높음	≥500	낮음	≤40
경계	200~239	높음	160~189	높음	200~499	적정	≥60
적정	<200	경계	130~159	경계	150~199		
		정상	100~129	적정	<150		
		적정	<100				

출처: 한국지질동맥경화학회 진료지침위원회, 이상지질혈증 진료지침(5판), 한국지질동맥경화학회, 2022.

3) 이상지질혈증의 위험인자

이상지질혈증의 위험인자로는 성별, 가족력, 식습관(총지방, 포화지방, 콜레스테롤, 설탕, 식염), 생활 습관, 흡연, 스트레스, 당뇨, 고혈압 등이 있다. 비만이거나 과체중일 경우 체중을 감량하면 혈액 내 콜레스테롤 및 중성지방 수치를 낮출 수 있다.

그림 14-8 이상지질혈증을 일으키는 위험인자

식사
비만
운동
고지혈증의 가장 큰 위험인자 중의 하나로 포화지방산과 콜레스테롤, 고열량의 칼로리가 포함된 음식은 혈중 콜레스테롤 농도를 높인다.
비만은 혈압을 올리고 콜레스테롤 증가와 관련이 있으며, 심장질환 발생의 위험성을 높인다.
운동부족은 결과적으로 비만을 초래하고 콜레스테롤 양을 증가시킨다.
흡연
스트레스
유전적 요인
관상동맥질환의 중요한 원인이 되는 인자로, 흡연은 총콜레스테롤을 증가시키고 HDL-콜레스테롤을 감소시킨다.
스트레스에 대한 정확한 기전은 밝혀지지 않았으나, 만성적인 스트레스나 긴장 등은 혈중 축적되어 있는 지방을 분비하도록 만든다고 한다.
부모로부터 물려받은 유전자가 혈중의 콜레스테롤 수치를 결정하는 중요한 인자가 된다. 이 경우 가족 모두 검사를 해 보아야 한다.

4) 이상지질혈증의 관리 및 예방

이상지질혈증을 예방하려면 포화지방산(삼겹살, 베이컨, 소시지 등 동물성 식품과 팜유)이나 트랜스지방산 함량이 높은 식품(과자류, 튀김류)을 피하고, 불포화지방산(생선과 식물성 식품)을 섭취하며, 알코올 제한, 금연 및 식이섬유 섭취 등의 식이요법이 있다.

표 14-4 **이상지질혈증의 권장식품과 주의식품**

	권장 식품	주의 식품
곡류 및 전분류	• 잡곡, 통밀	• 달걀과 버터가 주성분인 빵, 케이크, 고지방 크래커, 비스킷, 칩, 버터팝콘 등 • 파이, 케이크, 도넛, 고지방 과자
고기, 생선, 달걀, 콩류	• 생선 • 콩, 두부 • 기름기 적은 살코기 • 껍질을 벗긴 가금류 • 달걀흰자	• 고기 간 것, 갈비, 육류의 내장 • 가금류 껍질, 튀긴 닭 • 고지방 육가공품(스팸, 소시지, 베이컨 등) • 생선·해산물의 알, 내장 • 달걀노른자, 메추리알, 오리알 노른자
채소, 과일류	• 신선한 채소, 해조류, 과일	• 튀기거나 버터, 치즈, 크림, 소스가 첨가된 채소 • 과일 가당 가공제품(과일 통조림 등)
우유 및 유제품	• 탈지유, 탈지분유 • 저(무)지방 우유 및 유제품 • 저지방 치즈	• 전유, 연류 및 그 제품 • 치즈, 크림치즈 • 아이스크림 • 커피크림
유지 및 당류	• 불포화지방산: 해바라기유, 옥수수유, 대두유, 들기름, 올리브유 • 저지방·무지방 샐러드 드레싱 • 견과류: 땅콩, 호두 등	• 코코넛기름, 야자유 • 버터, 돼지기름, 쇼트닝, 베이컨 기름, 소 기름 • 난황, 치즈 전유로 만든 샐러드 드레싱 • 단단한 마가린 • 초콜릿, 단 음식

그림 14-9 **이상지질혈증의 식이요법**

탄수화물
- 탄수화물은 적정 수준으로 (1일 섭취 에너지의 65% 이내)
- 총 당류는 1일 섭취 에너지의 10~20% 이내
- 식이섬유는 1일 25g 이상

알코올
- 하루 1~2잔 이내로 제한하며 가급적 금주

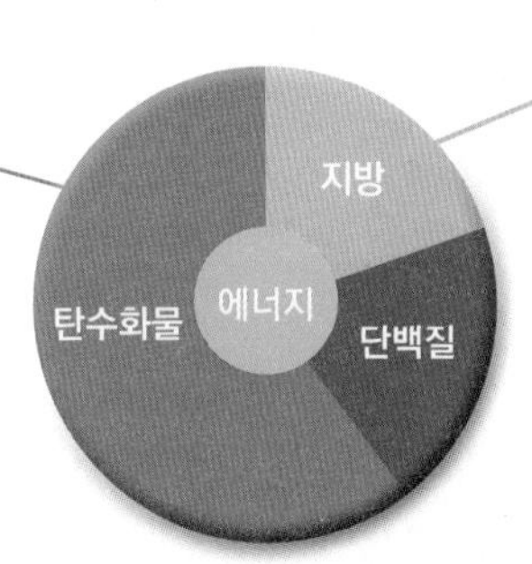

지방
- 지방은 적정 수준으로 (1일 섭취 에너지의 30% 이내)
- 포화지방산은 1일 섭취 에너지의 7% 이내
- 포화지방산을 단일 또는 다가 불포화지방산 섭취로 대체
- 트랜스지방은 최대한 적게
- 고콜레스테롤혈증인 경우 콜레스테롤 섭취량을 적게

적정 체중을 유지할 수 있는 수준의 에너지를 섭취한다.

통곡물 및 잡곡류, 콩류, 채소류, 생선류가 풍부한 식사를 한다.

주식은 통곡물이나 잡곡으로 섭취

채소류는 충분히 섭취

적색육과 가공육보다는 콩류나 생선류를 섭취

생과일을 적정량 섭취

출처: 한국지질동맥경화학회 진료지침위원회, 이상지질혈증 진료지침(5판), 한국지질동맥경화학회, 2022.

3 죽상동맥경화증(Atherosclerosis)

1) 동맥경화증의 정의

동맥경화증은 동맥 내벽에 콜레스테롤과 같은 덩어리가 축적되어 플라크(Plaque)를 형성하고 이로 인해 동맥 내벽이 두꺼워지고 혈관이 좁아지면서 탄력을 잃어 동맥이 굳어지는 현상이다. 일반적으로 내막성 동맥경화를 동맥경화증 또는 죽상동맥경화라고 한다. 동맥경화가 심해지면, 혈액 이동이 원활하지 못하여 주요 기관으로의 혈액 흐름이 감소되고, 혈관이 파열되기도 한다. 특히 신체에 질병으로 나타나는 것은 어느 혈관이 동맥경화가 심하게 진행되었는가에 따라 다르다. 관상동맥에 문제가 생기면 심근에 혈액이 충분히 공급되지 않아 심장 기능에 장애가 초래되는 허혈성 심장질환인 심부전증이나 협심증 등이 발생하고, 심근세포가 괴사되어 심근경색이 나타나기도 한다. 또한 뇌혈관이 막히거나 터져서 뇌 조직에 손상을 초래하는 뇌졸중이 유발될 수 있으며, 말초혈관에 지방이 쌓여 문제가 생기면 주변 조직의 괴사를 일으킬 수도 있다.

그림 14-10 **동맥경화 진행**

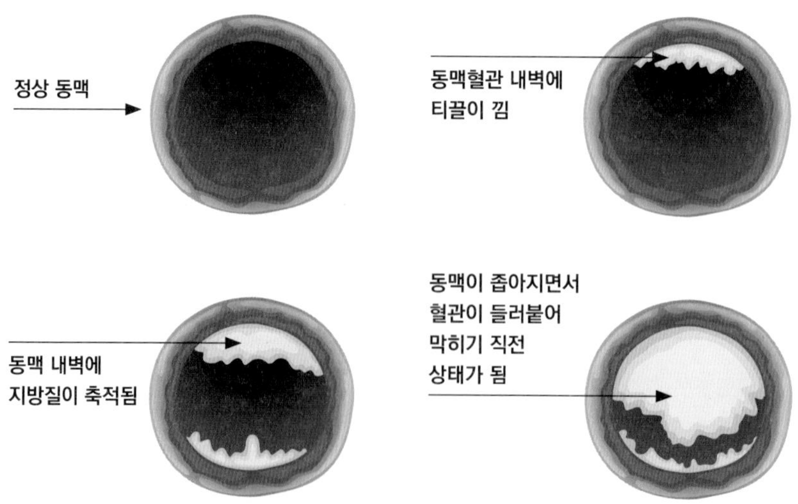

2) 동맥경화증의 위험인자

동맥경화증의 가장 중요한 원인으로 고지혈증, 흡연, 고혈압 및 당뇨병을 말하며, 이 밖에도 성별(남자의 경우 45세 이상, 여성의 경우 55세 이상), 가족력, 식생활 불균형, 스트레스 및 비만 등이 동맥경화증을 포함한 전체적인 심혈관계 질환의 위험인자로 알려져 있다.

그림 14-11 **동맥경화의 위험인자**

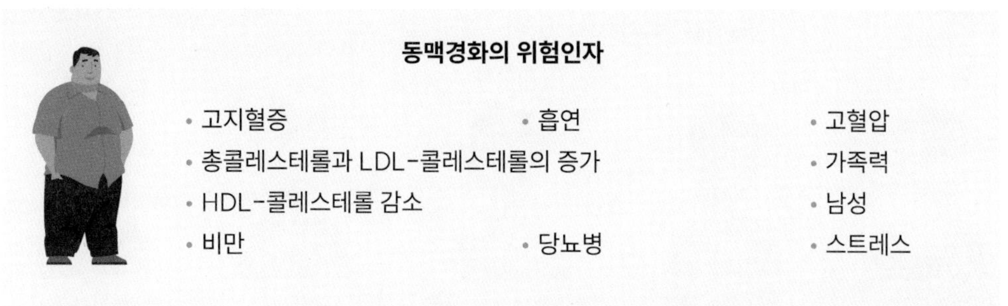

그림 14-12 **Interheart 연구에서 다중 위험인자 발현에 따른 급성 심근경색증 위험도**

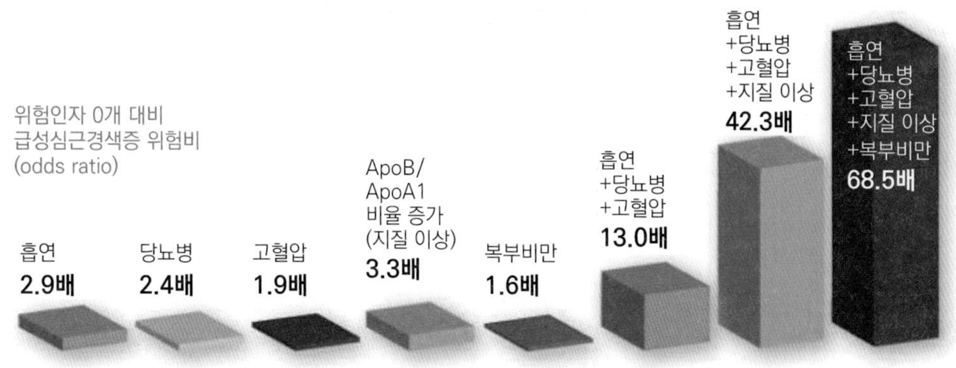

3) 동맥경화증의 증상

동맥경화증의 증상은 전신에서 모두 발생할 수 있으며, 침범 부위에 따라 어지럼증, 두통, 마비, 감각 이상, 언어장애 및 시력 이상 등의 증상이 나타난다. 또한 뇌졸중 및 심근경색 등의 합병증을 유발할 수 있다.

그림 14-13 **뇌졸중 및 심근경색의 증상**

4) 동맥경화증의 진단

건강검진을 통해 증상이 나타나기 전에 미리 확인하는 방법으로는 경동맥(목에 있는 동맥) 초음파 검사, 복부 초음파 및 관상동맥(심장 근육에 혈액을 공급하는 동맥) 석회화 검사가 있다.

5) 동맥경화증의 관리 및 예방

(1) 식이요법

에너지는 표준체중을 유지할 정도로 조절하며, 지방은 열량의 20% 이하로 섭취하고 그중 포화지방산은 전체 열량의 10% 이하로 섭취한다. 들기름 등의 식물성 기름과 등푸른생선에 다량 함유된 ω-3계 지방산은 혈액의 중성지방 농도와 콜레스테롤 농도를 낮추는 기능이 있으며, ω-3계 지방산에서 대사되어 생성된 에이코사노이드(Eicosanoid)는 혈전 생성을 막아준다. 단백질은 총에너지의 15~20%로 지방 함량이 적은 식품을 선택한다. 식이섬유는 충분히 섭취하고(25g/일 정도), 나트륨은 1,000mg/1,000kcal, 하루에 총 3,000mg 미만으로 제한하며, 설탕, 사탕, 초콜릿 같은 단순당, 술, 커피 등도 제한한다.

그림 14-14 식품 속 ω-3계 지방산 함량(mg/100g)

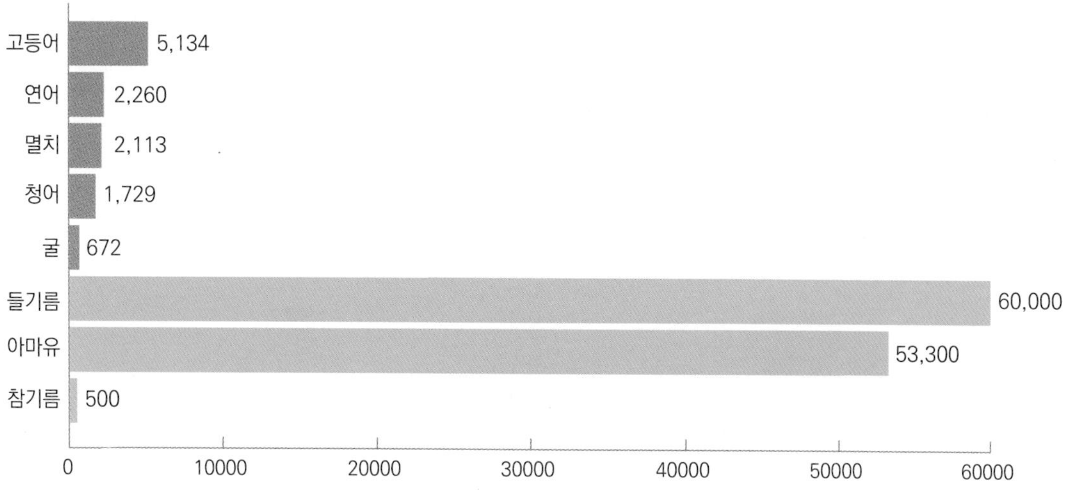

(2) 운동 및 생활 수정요법

자신의 건강에 맞는 운동을 선택하여 규칙적으로 식사하고, 저~중강도의 운동이나 유산소 운동이 좋으며, 일주일에 주 3회 이상 지속하는 것이 바람직하다. 또한 생활 속에서 금연 및 금주를 실천하도록 한다.

그림 14-15 **심뇌혈관질환의 예방관리를 위한 9대 생활수칙**

담배는 반드시 끊기
술은 하루에 한두 잔 이하로 줄이기
음식은 싱겁게 골고루 먹고 채소와 생선을 충분히 섭취하기
가능한 한 매일 30분 이상 적절한 운동하기
적정 체중과 허리둘레 유지하기
스트레스 줄이고 즐거운 마음으로 생활하기
정기적으로 혈압, 혈당, 콜레스테롤 측정하기
고혈압, 당뇨병, 이상지질혈증 (고지혈증) 꾸준한 치료받기
뇌졸중, 심근경색 응급증상을 숙지하고 발생 즉시 병원가기

출처 : 세이프퍼스트 닷뉴스(WWW.safety1st.news)

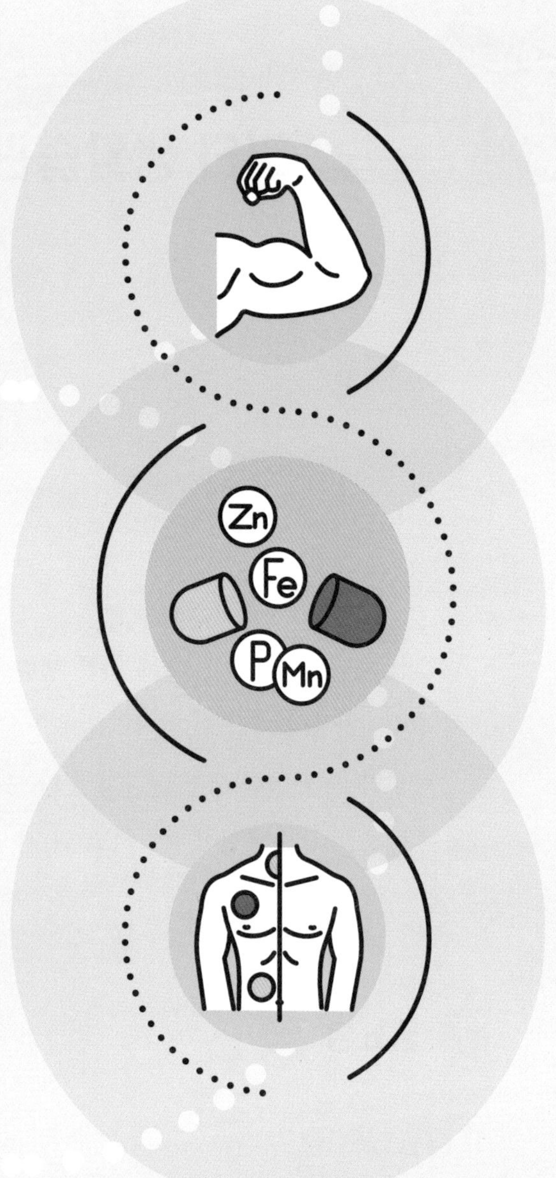

제15장

기타 생활습관성 질환

제15장 —
기타 생활습관성 질환

현대의 생활 수준이 향상됨에 따라 생활 습관성 질환은 20대 후반이나 30대 초반에 나타나기 시작하여 노쇠와 더불어 문제가 심각해지는 만성적인 난치성, 퇴행성 질환으로 진행된다. 현대인의 생활 습관성 질환 중 식이와 관련된 당뇨병, 골다공증, 암 등의 예방과 개선을 위한 관심이 증가하고 있다.

1 당뇨병

1) 당뇨병의 정의

당뇨병(Diabetes mellitus)은 인슐린의 분비량이 부족하거나 정상적인 기능이 이루어지지 않아 혈액 내의 포도당(혈당)이 높아 소변으로 포도당이 배출되고 지속적인 고혈당으로 인해 여러 증상과 징후를 일으키는 상태를 말한다.

탄수화물을 섭취하면 입에서 소화가 시작되어 소장에서 단당류인 포도당, 과당 그리고 갈락토스로 분해되어 흡수된다. 간에서 과당과 갈락토스는 포도당으로 전환되어 혈당이 된다. 포도당은 우리 몸에서 가장 기본적인 에너지원으로 혈액에 있는 포도당이 세포로 흡수되기 위해서는 인슐린이 필요하다.

인슐린은 췌장의 랑게르한스섬 베타세포에서 분비되어 식사 후 올라간 혈당을 낮춘다. 인슐린이 부족하거나, 인슐린 저항성이 커서 인슐린의 기능을 원활하게 수행하지 못하면 혈액에 존재하는 포도당은 세포 속으로 이동하지 못하고 혈액에 쌓여 결국 소변으로 배출된다.

(1) 당뇨병의 분류

당뇨병은 인슐린의 분비 능력과 원인에 따라 1형 당뇨병, 2형 당뇨병, 임신성 당뇨병 그리고 기타 형태의 당뇨병으로 분류한다. 1형 당뇨병은 우리나라 당뇨병의 2% 미만을 차지하며 주로 유년기와 청소년기에 발생하나, 성인에서도 나타날 수 있다. 췌장의 β-세포의 이상으로 인슐린이 분비되지 않아 발생하는 당뇨병으로 인슐린 치료가 반드시 필요하다. 2형 당뇨병은 한국인 당뇨병의 90% 이상을 차지하고, 주로 40세 이후에 많이 발생한다. 인슐린 저항성 증가에 의해 인슐린의 성능이 떨어져서 당뇨병이 발현하는데, 계속 조절하지 않을 경우 인슐린 분비가 감소한다. 2형 당뇨병 환자가 과체중과 비만증인 경우가 많고, 초기에 식이요법 및 운동요법으로 체중을 감량하고 근육을 키우면 호전될 수도 있다.

표 15-1 1형 당뇨병과 2형 당뇨병의 특징

구분	1형 당뇨병	2형 당뇨병
발병 원인	췌장 β세포 파괴: 인슐린 결핍	인슐린 기능 장애: 인슐린 저항성
발병 시기	일반적으로 40세 이전 (주로 유년기, 청소년기에 발생)	일반적으로 40세 이후에 발생
증상	갑자기 나타남	증상이 없거나 서서히 나타남
인슐린 분비	분비되지 않음	소량 분비 또는 정상 분비되나 작용이 제대로 되지 않음
인슐린 치료	반드시 필요	경우에 따라 필요

(2) 당뇨병의 진단 기준

당뇨병의 진단은 첫째, 혈당 검사다. 당뇨병의 진단에서 혈당치의 기준은 8시간 이상 공복 상태에서 측정한 공복 혈당치가 126mg/dL 이상, 식후 2시간 혈당치 200mg/dL 이상일 때 당뇨병으로 진단한다. 둘째, 표준 포도당 부하검사다. 아침 공복 시 혈당을 측정하고 75g 포도당을 경구 투여한 후 1시간, 2시간의 혈당을 측정하여 2시간째 혈당이 200mg/dL 이상일 때 당뇨병으로 진단한다. 셋째, 당화혈색소 검사다. 지난 2~3개월간의 혈당 평균을 알아보는 검사로 6.5% 이상이면 당뇨병으로 진단한다. 세 가지 조건 중 어느 한 조건만 만족하면 당뇨병으로 진단할 수 있다.

표 15-2 당뇨병의 판정 기준

	정상	공복혈당장애	당뇨병
공복혈당	99mg/dL 이하	100~125mg/dL 110~125mg/dL*	126mg/dL 이상
	정상	**내당능장애**	**당뇨병**
식후 2시간 혈당	139mg/dL 이하	140~199mg/dL	200mg/dL 이상

* 세계보건기구(WHO)기준

2) 당뇨병의 위험성 및 대처 방법

당뇨병 환자는 고혈당으로 당이 소변을 통해서 빠져나갈 때 높아진 삼투압에 의해 다량의 물이 끌려 나가기 때문에 소변을 많이 보게 되는 다뇨(多尿) 증상이 나타난다. 따라서 몸 안에 수분이 부족하여 갈증을 느끼게 되고, 물을 많이 마시는 다음(多飮) 증상이 뒤따른다. 포도당이 소변으로 빠져나가 에너지로 이용되지 못하므로 공복감이 심해져 음식을 많이 먹는 다식(多食) 증상도 나타난다. 다뇨, 다음, 다식은 당뇨병의 3대 증상으로, 그 외에 눈이 침침함, 손발 저림, 여성의 경우 질 소양증 등이 나타날 수 있다.

그림 15-1 **당뇨병에 걸렸을 때 생기는 증상 3가지**

소변을 자주 보고 물을 많이 마시고 음식을 많이 먹는다

(1) 당뇨병의 발생 원인

당뇨병의 발생에는 유전과 환경이 중요한 역할을 하는데 환경 인자로는 고령, 비만, 스트레스, 약물 등이 있다.

그림 15-2 **당뇨병의 발생 원인**

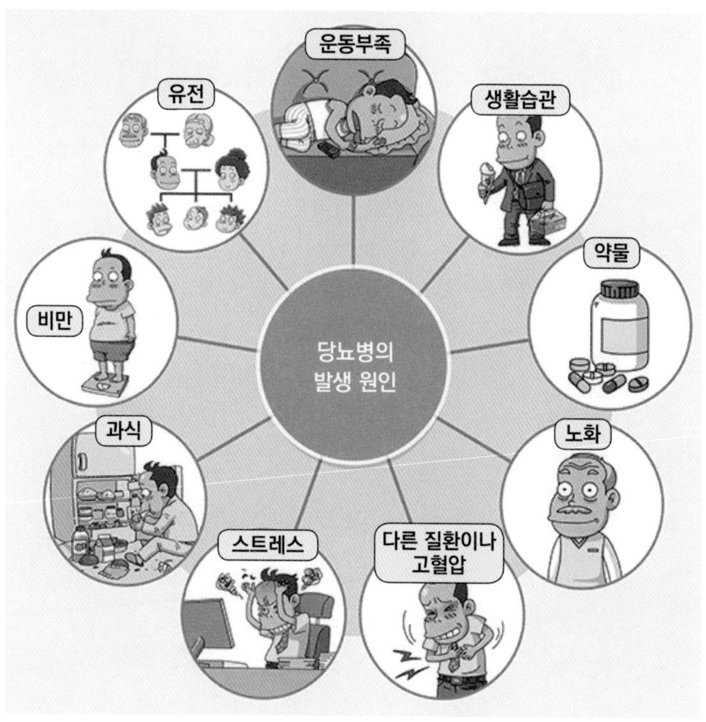

(2) 당뇨병의 관리

당뇨병 치료의 목적인 혈당을 정상화함으로써 당뇨병으로 인한 증상을 없애고 급성 및 만성 합병증을 예방하는 것을 우선 순위로 한다.

급성 합병증은 혈당이 너무 올라가거나 떨어져서 발생하는데, 적절한 조치를 취하지 않으면 의식 이상이 발생하여 생명을 위협할 수 있다. 만성 합병증은 당뇨병이 오래 지속되어 큰 혈관과 작은 혈관에 변화가 일어나서 이것들이 좁아지거나 막혀 발생한다. 큰 혈관의 합병증은 동맥경화증이 있고, 작은 혈관의 합병증은 주로 눈의 망막, 신장, 신경에 문제를 일으켜서 시력 상실, 만성 신부전, 하지 통증 및 저림, 발 궤양 및 괴사 등 다양한 증상을 유발할 수 있다.

그림 15-3 **당뇨병의 만성 합병증**

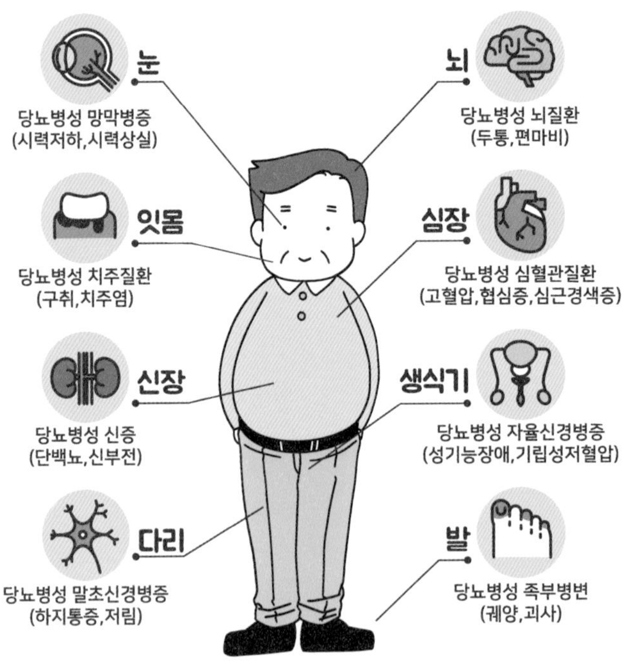

당뇨병 환자는 먼저 식이요법 및 운동요법만으로 혈당 수치를 개선하는 것이 원칙이다. 그럼에도 혈당 조절이 안 될 때 경구 혈당강하제나 인슐린 치료를 시행한다.

당뇨병을 예방하기 위해서는 비만, 고지방, 식사, 스트레스, 음주 등을 피하는 것이 좋고, 표준 체중을 유지하기 위해 식사량을 조절하고 운동을 규칙적으로 해야 한다.

(3) 당뇨병의 식이요법

식이요법은 당뇨병의 가장 기본 요법으로 식사를 조절하여 혈당을 정상에 가깝도록 유지하고 합병증 발생을 최소화하는 치료법이다. 즉, 혈당을 잘 조절하고 좋은 영양 상태를 유지하면서 하루 동안 정상적인 활동을 하는 데 필요한 열량 및 영양소가 포함되도록 식단을 구성한다.

① 매끼 일정한 시간에 6가지 식품군이 골고루 함유된 알맞은 양의 음식을 규칙적으로 섭취한다.

② 당질은 단당류 섭취를 줄이고, 다당류와 식이섬유를 충분히 섭취한다. (다당류와 식이섬유는 혈당을 완만하게 올린다)

- 당지수(Glycemic index, GI) 높은 것은 피하고, 당부하지수(Glycemic load, GL)도 고려하여야 한다. 당뇨병 환자에게는 GI와 GL이 낮은 식품을 권장한다.
- GI는 특정 식품에 대한 혈당의 반응 정도를 기준 식품(포도당이나 흰빵)과 비교하여 나타낸 것이다.
- GL은 특정 식품에 들어 있는 탄수화물의 양에 혈당지수를 곱하여 백분율로 계산한 값(GL=GI×1회 분량당 탄수화물 함량/100)이다.

③ 포화지방산과 콜레스테롤 섭취를 줄인다.

- 불포화지방산 및 오메가-3(ω-3) 지방산은 적절히 섭취한다.

④ 음주는 피하고 규칙적인 운동으로 정상 체중을 유지한다.

- 술은 에너지를 많이 내므로 피하는 것이 좋다.

(4) 당뇨병의 운동요법

운동은 체중을 적절히 조절하고 인슐린 저항성을 낮춤으로써 혈당이 배출되지 않고 재흡수되어 조직에서의 포도당 이용을 높인다. 당뇨병 환자에게 권장하는 운동은 걷기, 조깅, 맨손 체조, 자전거 타기 등의 가벼운 전신 운동이다. 혈당 강하제를 사용하는 환자가 너무 격렬하게 운동하면 저혈당이 오는 경우가 있어 주의해야 한다.

2 골다공증

1) 골다공증의 정의

골다공증(Osteoporosis)은 뼈의 단위 용적당 무기질 및 단백질량의 감소로 뼈의 양이 감소하고, 뼈가 얇아지고 강도가 약해져 쉽게 골절이 일어나는 상태를 말한다.

골다공증 환자는 등이 굽거나 척추가 압박되어 신장이 줄어들 수 있고, 남성보다 여성에서 발생률이 높은데 그 이유는 폐경 후 에스트로겐 생성의 감소로 골 손실률이 가속화되기 때문이다.

그림 15-4 **정상인과 골다공증 환자의 뼈**

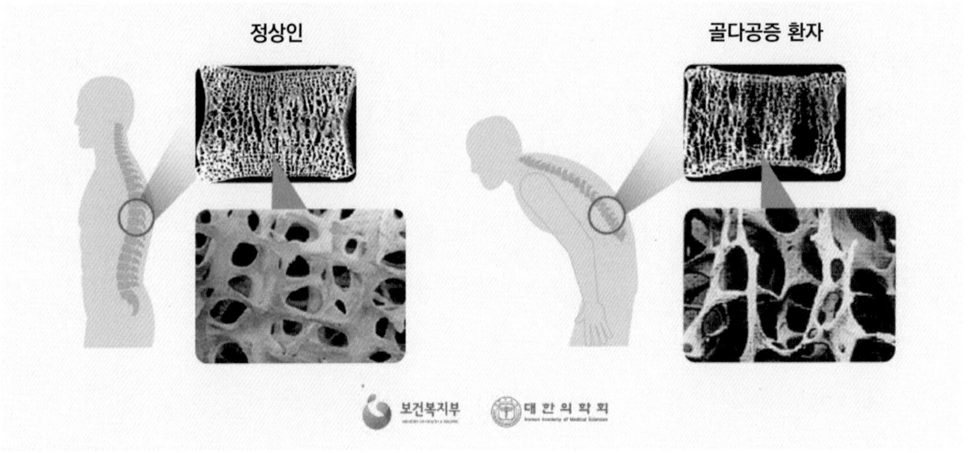

출처: 대한골대사학회(www.ksbmr.org).

2) 골다공증의 분류

골다공증은 일차성 골다공증과 이차성 골다공증으로 분류되고, 폐경 후 골다공증과 노인성 골다공증이 일차성 골다공증에 속한다.

(1) 일차성 골다공증

폐경성 골다공증은 폐경한 여성에게 나타나는데, 폐경 후 에스트로겐 분비가 감소되면 칼슘의 흡수가 줄어들고 골질량 감소로 이어져 골다공증이 발생한다.

노인성 골다공증은 65세 이상의 남녀 노인에게서 발현된다. 노화가 진행됨에 따라 조골세포의 활성은 현저하게 감소되는 반면, 파골세포의 활성은 계속해서 유지된다. 따라서 뼈의 용해량이 뼈 생성량을 초과하여 골손실이 일어나고, 골다공증이 발병하게 된다.

(2) 이차성 골다공증

이차성 골다공증은 질병이나 약물에 의하여 뼈 조직이 감소하여 발생한다. 2차성 골다공증의 원인이 되는 질병으로는 갑상선 기능 항진증, 부갑상선 기능 항진증, 류마티스 관절염, 당뇨병 등과 칼슘의 흡수 및 비타민 D의 활성화에 관련이 있는 소장, 간, 신장 및 췌장에 질환이 있는 경우이다. 또한 스테로이드 계통의 약물, 항경련제, 갑상선 호르몬제, 항암제 등의 장기간 복용 및 음주 등이 골질량 감소를 초래하여 골다공증이 유발된다.

표 15-3 일차성 골다공증과 이차성 골다공증의 특징

일차성 골다공증	이차성 골다공증
[폐경성 골다공증] • 성별: 여성 • 연령: 폐경 연령(45~55세) • 원인: 폐경에 따른 에스트로겐 분비 저하 • 뼈 조직: 해면골 [노인성 골다공증] • 성별: 여성과 남성 • 연령: 65세 이상 • 원인: 노화로 인한 칼슘 부족 • 뼈 조직: 해면골과 치밀골	[원인] • 질병 - 내분비질환 - 위장관질환 - 악성질환 등 • 알코올과 흡연 • 약물 - 스테로이드 계통 약물 - 갑상선 호르몬제 - 항암제 - 항경련제 등

3) 골다공증의 위험성 및 대처방법

골다공증이 진행되면 허리가 구부러지고, 키가 작아지며, 작은 충격에도 골절을 일으킨다. 주로 손목뼈, 엉덩이뼈, 척추뼈가 골절된다.

(1) 골다공증의 발생 원인

골다공증의 발생 원인은 연령과 성별, 가족력과 인종, 운동 부족, 약물 복용, 칼슘의 흡수 장애, 비타민 D 결핍, 흡연과 과음 등 다양하다.

① **연령과 성별** : 30대 초반의 청장년 시기에는 일생 중 최대 골질량이 형성되며, 그 후 40세경까지는 큰 변화 없이 유지되다가 그 후에는 감소한다. 여성의 경우, 폐경기 이후의 골질량은 급격히 감소한다. 여성이 폐경을 하면 에스트로겐 분비가 감소하여 신장에서 활성형인 1,25-다이하이드록시 비타민 D_3(1,25-Dihydroxy vitamin D_3, 1,25$(OH)_2D_3$: 칼시트리올)가 원활하게 생성되지 않는다. 이로 인해 칼슘의 흡수율이 떨어지고 혈중 칼슘 농도가 저하되면 부갑상선 호르몬(Parathyroid hormone, PTH)의 분비를 자극하여 뼈에서 칼슘 용출을 증가시켜 골밀도가 저하되어 골다공증이 된다.

그림 15-5 **최대골량의 형성과 나이에 따른 뼈의 감소**

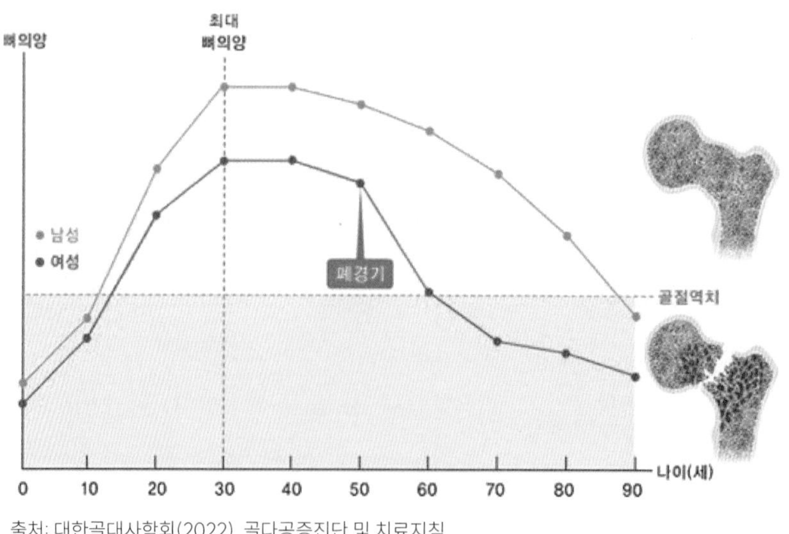

출처: 대한골대사학회(2022). 골다공증진단 및 치료지침.

② **가족력과 인종** : 어머니, 자매 등 여자 쪽에 골다공증 환자가 있는 경우 골다공증에 걸릴 위험이 높다. 백인은 황인이나 흑인보다 골다공증 발병률이 높고, 흑인

은 황인보다 골밀도가 높아 골다공증 발생률도 낮다.

③ **운동 부족** : 육체적 활동은 조골세포를 자극함으로써 뼈 재생을 촉진하고, 비활동적인 사람은 뼈 손실이 빨리 나타난다.

④ **약물 복용** : 스테로이드계 약제는 비타민 D의 대사에 영향을 미쳐 뼈 손실이 일어날 수 있고, 갑상선 호르몬 투여는 지속적으로 골질량을 감소시킨다. 항경련제, 항암제 등의 약물도 골다공증을 일으킬 수 있다.

⑤ **칼슘의 흡수 장애** : 칼슘의 소화 흡수율이 비교적 낮아서 보통 섭취된 칼슘의 10~30%가 장을 통하여 흡수되므로, 흡수율을 증가시키는 것이 골다공증을 예방하는 방법이기도 하다.

⑥ **비타민 D 결핍** : 활성형 비타민 D는 소장에서 칼슘의 흡수를 증가시키고 신장에서 칼슘 배설을 억제하여 체내 칼슘을 보존하는 작용을 한다.

⑦ **흡연과 과음** : 담배에서 생성되는 발암물질은 뼈의 양을 감소시키거나, 조기 폐경이나 호르몬의 감소를 유발하여 골다공증을 일으킬 수 있다. 과다한 음주는 조골세포 활성을 방해하여 뼈의 형성을 줄이고, 칼슘 흡수도 떨어뜨린다.

그림 15-6 **골다공증 발생 원인**

(2) 골다공증의 관리

골다공증은 증상이 나타나기까지 오랜 시간에 걸쳐 서서히 진행되므로 뼈의 손실을 예방하는 것이 가장 좋은 방법이다. 즉 칼슘과 비타민 D가 풍부한 음식을 섭취하는 것은 노년기보다는 최고 골량에 도달하기 이전 시기인 뼈의 성장기에 더욱 중요하다. 골다공증의 치료법은 골 형성을 증가시키거나 골 소실을 방지하여 골량을 유지하는 것이다. 생활 습관 개선, 약물치료 및 골절의 위험 요소를 없애는 것이 중요하다.

그림 15-7 **골다공증 예방법**

하루 30분 이상 적절한 운동

칼슘과 비타민 D가 풍부한 음식 섭취

금연

술은 하루에 1~2잔 이하로 줄이기

카페인 섭취 줄이기 음식은 싱겁게 먹기

넘어지지 않게 주의

골밀도검사 필요여부 전문의와 상담

(3) 골다공증의 식이요법

골다공증을 유발하는 식이요법으로는 칼슘의 섭취 부족과 고염분 식사, 다량의 식이섬유가 함유된 채식, 지나친 고단백 식사, 카페인 과다 섭취, 과음 등이다.

골다공증 치료 시 다양한 식품을 골고루 함유한 균형 있는 식사 섭취가 필요하고, 뼈 건강에 중요한 칼슘과 비타민 D가 풍부한 식품 섭취에 초점을 맞춘다.

① 칼슘이 많은 식품을 먹는다. 우유 및 유제품(발효유, 치즈, 아이스크림 등), 뼈째 먹는 생선(멸치, 뱅어포 등), 해조류(미역, 다시마, 김 등) 등

② 칼슘 흡수에 도움이 되는 비타민 D가 풍부한 식품을 섭취한다. 연어, 고등어, 참

치, 달걀, 버섯 등

③ 양질의 단백질 섭취가 필요하나 지나친 동물성 단백질 섭취는 소변을 산성화하여 고칼슘뇨증의 원인이 되므로 동물성 단백질 과잉 섭취는 자제한다.

④ 두류(두부, 콩 등)를 섭취한다.

⑤ 채소류 중에서 케일이나 브로콜리와 같은 진한 초록색의 채소는 좋으나, 시금치는 수산이 함유되어 있어 소화기 내에서 칼슘과 결합하여 불용성 수산화칼슘을 형성하여 칼슘 흡수를 감소시킨다.

⑥ 고식이섬유식, 고지방식, 고염분식은 칼슘 흡수 또는 이용성을 저해하므로 피한다.

⑦ 알코올 섭취, 탄산음료 및 카페인 음료의 과다 섭취는 피한다.

알아두기

✓ 골다공증 예방을 위한 생활지침

- 카페인 섭취 제한(하루 커피 2잔 이하)
- 식이섬유 섭취량 1일 35g 넘지 않기
- 과량의 단백질 섭취 피함
- 금연
- 지나친 알코올 섭취 금지
- 규칙적인 운동
- 햇빛 충분히 쐬기
- 싱겁게 먹기

암

1) 암의 정의

인간의 몸을 구성하고 있는 가장 작은 단위를 세포(Cell)라 한다. 정상적으로 세포는 세포 내 조절기능에 의해 성장(Growth), 분화(Differentiation), 프로그램된 세포자멸사

(Apoptosis)의 과정을 밟으면서 세포수의 균형을 유지한다. 그러나 암(Cancer)은 여러 가지 이유로 인해 세포의 유전자에 변화가 일어나면 비정상적으로 세포가 변하여 불완전하게 성숙하고 과다하게 증식하며, 주위 조직 및 장기에 침입하여 덩어리(혹)를 형성하고 정상 조직을 파괴한다.

그림 15-8 **발암 기전(삽화)**

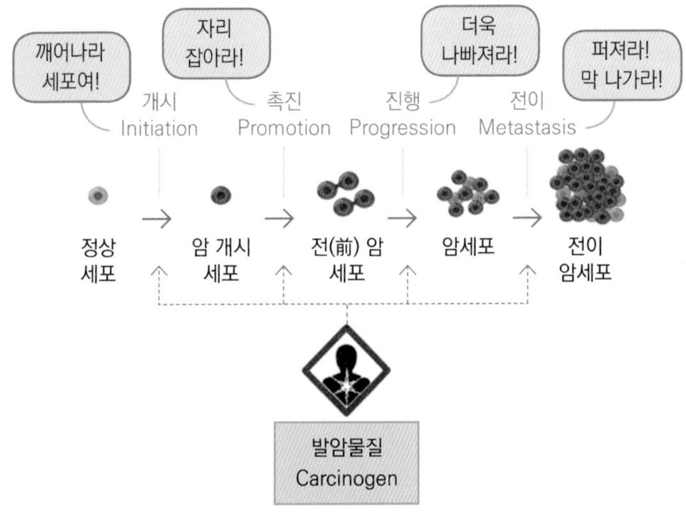

발암 기전은 3단계로 나눈다.

① 제1단계(암 유발 개시단계)

발암물질이 세포 내부 핵으로 들어가 DNA를 공격하여 돌연변이를 유발하고 이것은 다시 돌이킬 수 없는 비가역 반응이다. 즉 일부 세포에서 DNA 변이가 시작된다.

② 제2단계(암 유발 촉진단계)

암 촉진인자가 DNA 변이 세포를 증식시킨다. 세포분열이 빨라지면서 종양을 형성하는 단계로 명백한 종양이 될 때까지를 잠복기라 한다. 암 유발 개시단계만으로는 암이 발생하지 않으며, 암 발생을 촉진하고 유지하는 단계가 필요하다.

③ 제3단계(암 진행단계)

양성 종양에서 악성 종양으로 전환하여, 악성 종양이 성장에 따른 통제를 받지 않고 증대되는 과정이다. 암이 발견될 정도로 커지고 종양에 새로운 혈관을 형성하며 혈관이나 림프관을 통해 신체 다른 조직으로 전이되는 시기이다. 이 단계에서는 암 유전자와 암 억제 유전자의 돌연변이가 증가하며, 염색체의 이상이 분명하게 나타나게 된다.

2) 암의 위험성 및 대처방법

유전자 변이를 일으키는 위험요인인 흡연, 발암성 식품 및 화학물질, 발암성 병원체 등에 노출되면 정상세포가 암세포로 변하게 되고 암이 발생한다. 또한 암 발생의 5~10% 정도는 부모로부터 물려받은 유전자의 이상에 의한 것으로 알려져 있다. 인체의 정상적인 면역기능은 신체 내에서 생성되는 어느 정도의 종양세포를 파괴할 수 있으나 면역기능에 의해 파괴될 수 있는 수준을 훨씬 넘어버리면 암이 발생하는 것이다.

암 사망은 국내 사망원인 1순위를 기록하고 있고 인구의 노령화, 흡연 등 발암물질의 노출 증가, 식이섬유 섭취 감소, 동물성 지방 섭취 증가 등의 식습관 변화로 암 발생이 계속 증가하고 있다. 한국인에게 흔한 위암, 간암, 대장암, 유방암, 자궁경부암 등은 비교적 쉽게 검진할 수 있고 조기에 발견하여 치료를 받을 경우 대부분 완치가 가능하다.

그림 15-9 **남녀 주요 암종별 발생률 추이(2021년)**

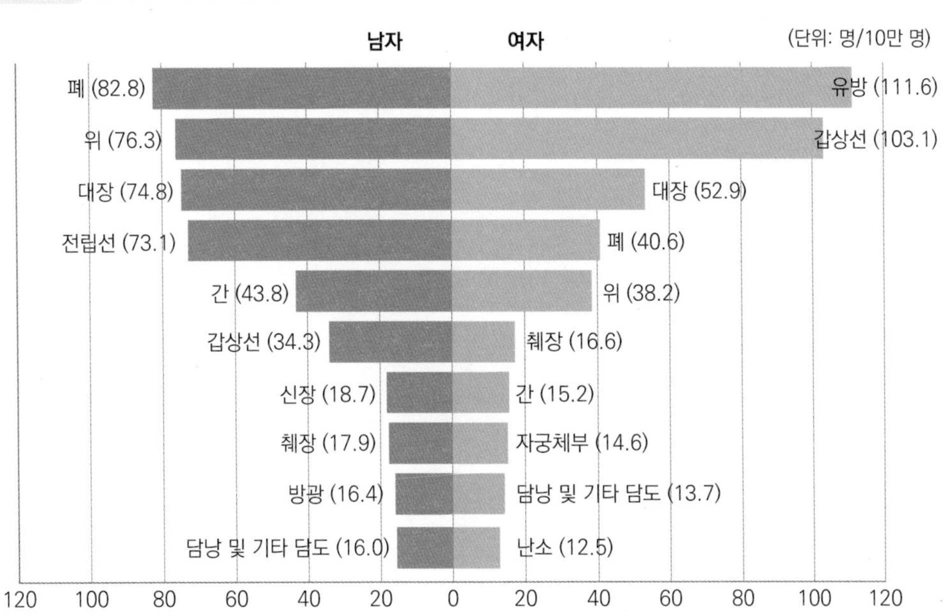

출처: 국가암정보센터(https://www.cancer.go.kr).

(1) 암 발생 원인

① **식이습관** : 과다한 염분 섭취는 혈압을 높이고 위암의 발생률을 높인다. 고칼로리/고지방식은 대장암, 유방암, 전립선암, 자궁내막암 등의 발병률을 높인다. 식품을 어떻게 조리·가공한 것을 섭취하는지도 중요하다. 식품에는 자연적으로 발생하거나 조리 및 가공 중 생성되는 발암물질이 있다.

알아두기

- 다환방향족탄화수소(Polycyclic aromatic hydrocarbons, PAHs): 음식물을 300℃ 이상 고온으로 가열하면 음식물을 구성하는 지방, 탄수화물 및 단백질이 탄화되어 여러 가지 새로운 화학물질을 생성하는데 이렇게 새롭게 만들어진 물질 중 한 분류가 PAHs이다. "탄 고기를 먹으면 암에 걸린다."라는 말이 있는데 이들 발암물질의 하나가 PAHs류다. PAHs 중에 독성이 강한 대표적인 물질이 벤조[a]피렌(Benzo(a)pyrene)이다.
- 니트로사민(Nitrosamines): 질산염과 아질산염은 채소에 자연적으로 존재하며 염장품, 식육 가공품, 어육소시지, 치즈 등에 발색제로 많이 사용한다. 질산염은 아질산염으로 쉽게 환원되고, 아질산염은 육류, 수산물 등에 존재하는 아민류와 결합하여 니트로사민을 형성하는데, 이것이 발암물질로 알려져 있다.
- 아플라톡신(Aflatoxin): 아플라톡신 B_1 등 곰팡이독을 장기간 다량 섭취했을 경우 간암 등을 일으킬 수 있어 곰팡이가 핀 식재료를 이용하여 음식을 만들지 말아야 하고 곰팡이가 핀 음식물도 섭취하지 말아야 한다.

② **흡연** : 흡연은 흡연 기간과 흡연량에 따라 암 발생 위험도에 차이가 있으나 폐암을 비롯하여 위암, 식도암, 구강암, 후두암, 췌장암, 신장암, 방광암, 백혈병, 자궁경부암 등을 유발한다. 담배 연기에는 80가지 이상의 발암물질이 들어 있다.

③ **감염** : 바이러스, 박테리아 및 기생충 감염은 DNA의 손상을 가져올 뿐만 아니라 발암 과정을 촉진할 수 있다. 간암을 유발하는 B형 간염 바이러스 및 C형 간염 바이러스나, 위암을 유발하는 헬리코박터균, 자궁경부암을 유발하는 사람유두종 바이러스가 대표적이다.

④ **음주** : 알코올은 구강암, 인두암, 후두암, 식도암, 간암 등의 위험을 높인다.

⑤ **호르몬**: 빠른 초경, 늦은 폐경, 늦은 연령의 초산이나 출산 경험이 없을 경우 여

성 호르몬인 에스트로겐에 장기간 노출되어 유방암이나 난소암, 자궁내막암의 위험을 높일 수 있다.

⑥ **면역** : 면역력이 떨어지는 경우가 지속되거나, 면역억제제를 장기간 섭취, 후천성면역결핍증 등은 암의 발생 위험이 증가한다.

⑦ **방사선** : 방사선은 염색체에 절단과 전위를 일으키는 DNA 손상과 드물게 점돌연변이를 일으키기도 하여 암을 유발한다. X-Ray, 방사선 동위원소 물질 등이 이에 해당한다.

그림 15-10 **암 발생 원인**

표 15-4 **국내 주요 발병 암의 일반적인 원인**

암 종류	원인
위암	식생활(짠 염장식품, 질산염 함유 가공육, 탄 음식, 굽거나 직화로 익힌 어육류, 음주, 신선한 과일 섭취 부족 등), 헬리코박터 파일로리균, 흡연, 비만
폐암	흡연, 직업적 노출(라돈, 석면 등), 대기오염, 음주, 적색육, 가공육
간암	간염 바이러스(B형, C형), 간경변증, 아플라톡신, 흡연, 음주, 비만
대장암	식생활(적색육, 가공육, 헴철 함유 식품, 채소와 과일 섭취 부족 등), 비만, 음주, 흡연, 신체 활동 부족, 대장 질환
유방암	비만, 음주, 유전적 요인

(2) 암의 관리

암에 의한 사망은 흡연(30%)과 나쁜 식이습관(30%)이 원인인 경우가 가장 크고, 10~25%는 만성감염에 기인했다. 그 밖에 직업, 유전, 음주 및 호르몬, 방사선, 환경오염 등의 요인들이 있다.

암은 대사가 비정상으로 일어나서 체조직의 심각한 소모를 일으키는, 즉 악액질을 일으키는 소모성 질환이다. 암악액질(Cancer cachexia)은 칼로리를 보충해도 영양학적으로 비가역적인 체질량의 소실이 이루어지므로, 영양소의 이용이나 대사가 제대로 이루어지지 않아 전신 영양 부족 상태를 의미한다. 암으로 인한 만성적인 체조직의 소모로 몸이 극도로 쇠약해지고 체중이 빠진 상태가 된다. 암 악액질은 암 환자의 약 2/3에서 발생하고, 영양소 섭취량은 감소하나 몸은 오히려 대사율이 상승되어 체단백질 고갈로 인해 합병증이 올 수 있다. 따라서 암 치료 시의 영양 문제를 해결하고, 적절한 영양관리가 중요하다.

그림 15-11 **암 예방식품(미국 암연구소)**

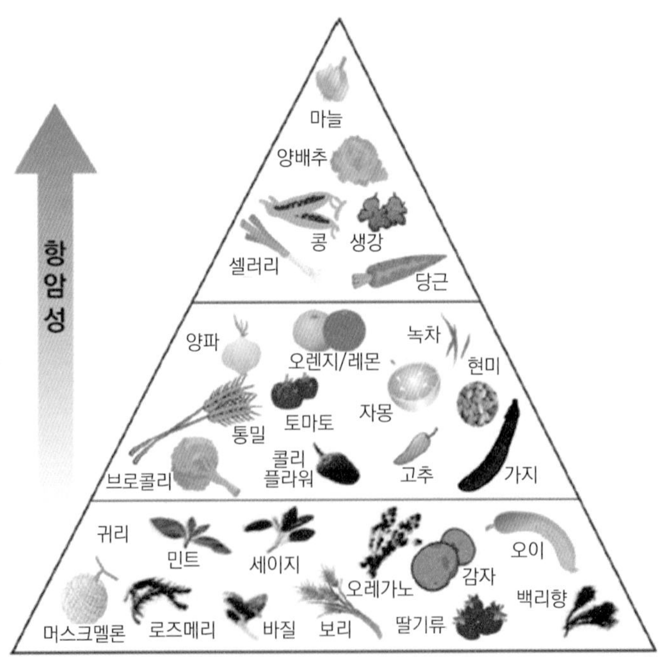

(3) 암 예방을 위한 식이요법

① 항암 효과를 가진 항산화 비타민(A, C, E 등) 등을 함유한 식품들을 섭취한다.

항산화 비타민인 비타민 C, 비타민 E, 베타카로틴(비타민 A 전구체)은 심혈관 질환, 암 예방 그리고 기타 질병의 예방에도 효과적이다. 비타민 A는 면역계의 활성을 증진시켜 암 발생률을 낮춘다. 비타민 A의 전구체인 카로티노이드 중 베타-카로틴과 라이코펜(Lycopene)은 활성산소(Reactive oxygen species, ROS)를 제거하는 항산화제로서 항암 효과가 있다.

베타-카로틴은 과일과 채소에 풍부하고, 라이코펜은 토마토에 풍부하게 함유되어 있다. 비타민 C는 비타민 E와 마찬가지로 활성산소에 의한 산화적 손상으로부터 세포들을 방어하는 것을 돕는다. 비타민이 풍부한 과일과 채소 섭취는 암 예방에 매우 중요하다.

활성산소: 체내에서 쓰이는 보통 산소보다 불안정하고, 산소 원자를 포함하는 화학적으로 반응성이 증가된 분자이다.

② 무기질을 적절히 섭취한다.

특히 미량원소 셀레늄을 섭취하면 암세포의 성장을 억제한다. 셀레늄은 우리 몸에서 항산화 작용을 하는 효소인 '글루타티온 과산화효소'의 주요 성분으로 체내 항산화 작용을 활성화하는 중요한 역할을 한다. 아연은 면역계에 중요한 역할을 하여 면역기능을 증진한다.

③ 고지방, 고탄수화물 식사를 피하고 정상체중을 유지하여 비만을 예방한다.

지방, 탄수화물, 단순당 함량이 높은 패스트푸드, 반조리식품, 스낵류, 제과류 및 디저트 사탕류 등의 섭취를 제한한다. 성인기의 체중 증가는 유방암, 대장암 등의 위험률을 높일 수 있다.

④ 과일, 채소, 전곡류 및 콩류 등을 충분히 섭취한다.

잡곡, 채소류, 과일 및 콩류를 이용하여 식단을 구성한다. 식이섬유가 많은 채소, 과일, 콩(콩밥, 된장찌개 등), 보리, 통밀, 해조류(미역, 김 등) 등을 충분히 섭취한다. 채소와 과일은 식이섬유뿐만 아니라 비타민, 무기질 등을 함유하고 있어 충분히 섭취하는 것이 좋다.

과일, 채소, 곡류 등의 식물에 생리활성을 지닌 자연 물질을 파이토케미컬(Phyochemical)이라 하는데, 이는 영양소는 아니지만 암을 예방할 수 있다. 파이토케미컬은 주로 과일과 채소의 색(초록색, 노란색, 빨간색, 흰색)과 많은 관련이 있으며, 다양한 색의 과일과 채소를 섭취하는 것이 암에 걸릴 위험성을 낮출 수 있다.

⑤ 다양한 식품으로 고르게 섭취하여 균형식을 하고 과식을 피한다.

식품을 골고루 섭취하는 것이 좋다. 과식은 비만과 소화계 질환을 유발할 수 있어 피하는 것이 좋다.

그림 15-12 **건강을 위한 오색 동그라미**

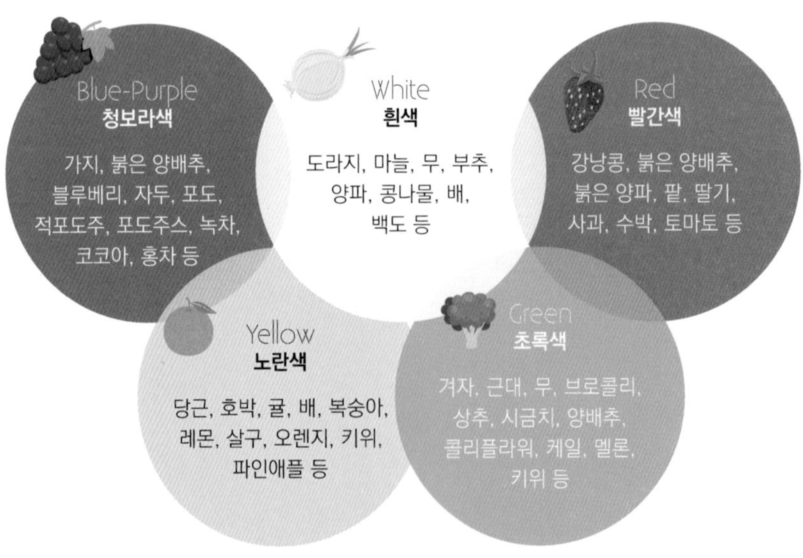

출처: 국립암센터(2006). 암과 음식.

⑥ 너무 짜거나 매운 음식, 곰팡이가 생긴 음식, 불에 직접 구운 것이나 훈제한 육류, 생선 등을 피한다. 가공육의 섭취도 제한한다.

너무 짜거나 매운 음식은 위암 발병률을 높이고, 일부 곰팡이독은 간암을 유발할 수 있다. 짜게 먹지 말고, 곰팡이가 생기거나 부패한 음식은 피한다. 염장 후 훈연한 식품들은 발암 위험이 높은데, 염장할 때 쓰는 소금, 연기를 쐴 때 발생하는 화학물질, 보존제로 쓰이는 아질산염과 질산염 등을 그 원인으로 추측하고 있다. 가공육은 에너지 밀도가 높고 염분 함량이 상대적으로 높을 뿐 아니라 가공과정에 발암물질이 생성될 수 있으므로 가능한 한 적게 섭취한다.

⑦ 알코올 섭취를 제한한다.

알코올 음료 섭취는 다양한 암의 원인이 된다. 과도한 양의 알코올 섭취는 제한한다.

그림 15-13 **암과 관련 있는 영양 요인**

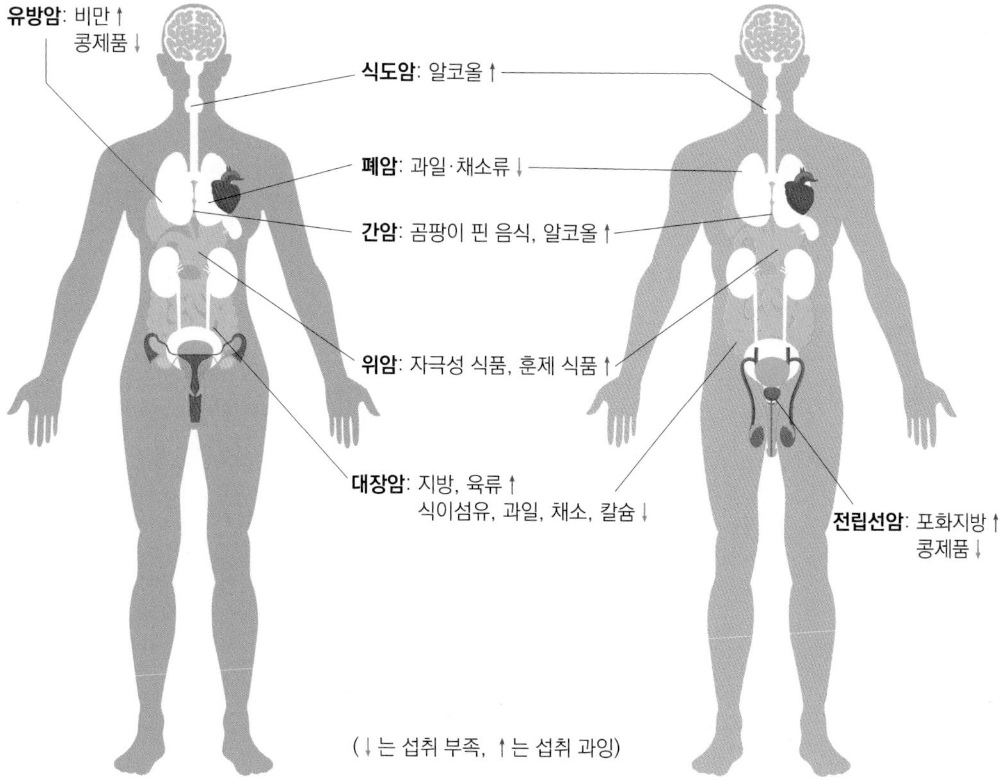

유방암: 비만 ↑
콩제품 ↓
식도암: 알코올 ↑
폐암: 과일·채소류 ↓
간암: 곰팡이 핀 음식, 알코올 ↑
위암: 자극성 식품, 훈제 식품 ↑
대장암: 지방, 육류 ↑
식이섬유, 과일, 채소, 칼슘 ↓
전립선암: 포화지방 ↑
콩제품 ↓

(↓는 섭취 부족, ↑는 섭취 과잉)

알아두기

✓ 대한암학회에서 권장하는 7가지 암예방 수칙

- 담배를 피우지 말라.
- 지방과 칼로리를 제한하라.
- 과도한 양의 알코올 섭취를 제한하라.
- 너무 짜고 맵거나 불에 직접 태운 음식을 삼간다.
- 과일, 채소 및 곡물류를 충분히 섭취하라.
- 적당한 운동을 하되 무리하지 않는다.
- 스트레스를 피하고 기쁜 마음으로 생활한다.

출처: 분당서울대학교병원

(4) 암 환자의 식이요법

암 환자의 영양관리 목표는 환자의 개별적인 영양 요구량에 맞게 환자가 식사에 잘 적응할 수 있도록 함으로써 영양결핍과 체중 감소를 막고 암치료의 부작용을 완화하는 것이다.

아침, 점심, 저녁 식사를 규칙적으로 하고, 주로 고기 · 생선 · 달걀 · 콩류, 채소류로 구성된 반찬은 골고루 섭취하는 것이 좋다.

표 15-5 국내 주요 발병 암 수술 후 식이요법

암 종류	식이요법
위암	• 위 절제 수술에 의한 위의 용량 감소에 따른 체중 감소, 덤핑증후군 등 다양한 증상이 나타남 • 개인의 영양요구량에 맞추어 회복을 돕고, 덤핑증후군 등의 영양학적 문제들을 예방
폐암	• 호흡 곤란, 식욕부진으로 음식 섭취량 감소에 의한 영양불량의 위험성 높음 • 균형 있는 영양 섭취, 치료 과정의 부작용 최소화
간암	• 간기능 손상으로 인해 영양소의 대사에 문제 발생 • 영양결핍과 체중 감소 최소화, 치료 과정의 부작용 최소화
대장암	• 수술 후 특별히 음식을 제한할 필요는 없음 • 개별 영양필요량에 맞추어 식사를 제공하여 영양결핍과 체중 감소 방지 • 대장 절제 길이에 따라 칼슘 손실이 있을 수 있음
유방암	• 에너지, 무기질, 비타민 등의 균형 있는 영양 섭취 • 치료 과정의 부작용 최소화

(5) 암 환자의 운동요법

가벼운 운동은 암 수술 후 회복에 도움을 준다. 수술 후 1달 정도는 아침저녁으로 일정하게 30분~1시간 가볍게 걷는 것이 좋고 그다음 단계는 수영, 자전거, 등산, 골프 등의 가벼운 운동을 할 수 있다. 3개월 이후에는 본인이 즐기던 어떤 운동도 할 수 있다.

(6) 암 환자의 영양문제

항암 치료를 받는 환자는 입맛이 변화하거나 구강건조증, 메스꺼움, 구토 등이 발생하여 식욕이 감소하고 설사, 변비 등의 부작용이 나타나면서 적절한 영양 섭취가 어려울 수 있다.

① 식욕부진

식사는 가능한 한 천천히 소량으로 자주 공급(6~8회/일)하며 고열량, 고단백의 소화되기 쉬운 간식을 주어 영양 보충을 한다.

② 입맛의 변화

암 환자는 미각이 변화하여 식사를 하기 어려운 경우가 많다. 입맛을 돋우기 위해 탄산음료, 오렌지, 레몬 등 신 음식을 식전에 조금 섭취하고, 조리 시 과즙, 드레싱 등의 소스를 이용하여 입맛을 살린다.

③ 구강 건조증

달거나 신 과일, 음료 등을 섭취하여 침의 분비를 늘리거나 껌을 씹거나 사탕 등을 먹도록 한다.

④ 메스꺼움, 구토, 조기 만복감

암 환자는 적은 양을 먹어도 만복감을 느껴 섭취량을 줄이는 경우가 많다. 소량씩 천천히 자주 섭취한다.

⑤ 설사, 복통, 소화기 장애

설사가 심할 때는 식품 공급을 중단하고, 설사로 인해 손실된 수분과 전해질을 공급하기 위해 물, 이온 음료나 염분, 칼슘 등이 함유된 식품을 먹는다. 너무 차거나 뜨거운 음식을 피하고 자극적인 음식 섭취를 피한다. 카페인이 든 커피, 홍차 등의 음료와 탄산음료 등의 섭취를 피한다. 유당불내증이 있어 설사나 더부룩한 증상이 있을 때 우유나 유제품의 섭취를 피한다.

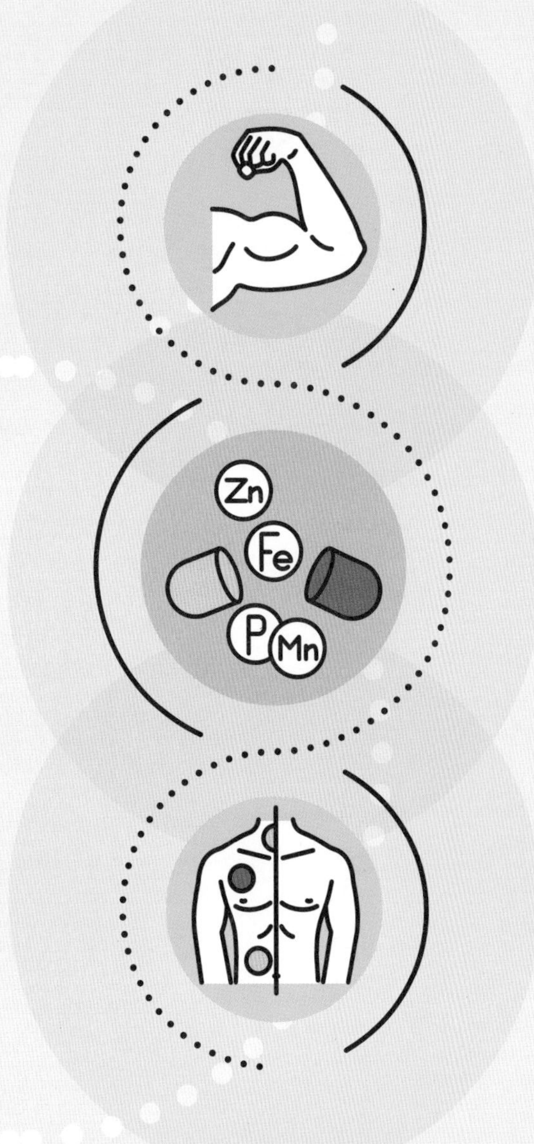

부록

한국인 영양소 섭취기준

2020 한국인 영양소 섭취기준 요약표

2020 한국인 영양소 섭취기준 - 에너지 적정비율

성별	연령	에너지 적정비율(%)				
		탄수화물	단백질	지질[1]		
				지방	포화지방산	트랜스지방산
영아	0~5(개월)	-	-	-	-	-
	6~11	-	-	-	-	-
유아	1~2(세)	55~65	7~20	20~35	-	-
	3~5	55~65	7~20	15~30	8 미만	1 미만
남자	6~8(세)	55~65	7~20	15~30	8 미만	1 미만
	9~11	55~65	7~20	15~30	8 미만	1 미만
	12~14	55~65	7~20	15~30	8 미만	1 미만
	15~18	55~65	7~20	15~30	8 미만	1 미만
	19~29	55~65	7~20	15~30	7 미만	1 미만
	30~49	55~65	7~20	15~30	7 미만	1 미만
	50~64	55~65	7~20	15~30	7 미만	1 미만
	65~74	55~65	7~20	15~30	7 미만	1 미만
	75 이상	55~65	7~20	15~30	7 미만	1 미만
여자	6~8(세)	55~65	7~20	15~30	8 미만	1 미만
	9~11	55~65	7~20	15~30	8 미만	1 미만
	12~14	55~65	7~20	15~30	8 미만	1 미만
	15~18	55~65	7~20	15~30	8 미만	1 미만
	19~29	55~65	7~20	15~30	7 미만	1 미만
	30~49	55~65	7~20	15~30	7 미만	1 미만
	50~64	55~65	7~20	15~30	7 미만	1 미만
	65~74	55~65	7~20	15~30	7 미만	1 미만
	75 이상	55~65	7~20	15~30	7 미만	1 미만
임신부		55~65	7~20	15~30		
수유부		55~65	7~20	15~30		

1) 콜레스테롤: 19세 이상 300mg/일 미만 권고

2020 한국인 영양소 섭취기준 – 에너지와 다량영양소

성별	연령	에너지(kcal/일)				탄수화물(g/일)				식이섬유(g/일)			
		필요 추정량	권장 섭취량	충분 섭취량	상한 섭취량	평균 필요량	권장 섭취량	충분 섭취량	상한 섭취량	평균 필요량	권장 섭취량	충분 섭취량	상한 섭취량
영아	0~5(개월)	500						60					
	6~11	600						90					
유아	1~2(세)	900				100	130					15	
	3~5	1,400				100	130					20	
남자	6~8(세)	1,700				100	130					25	
	9~11	2,000				100	130					25	
	12~14	2,500				100	130					30	
	15~18	2,700				100	130					30	
	19~29	2,600				100	130					30	
	30~49	2,500				100	130					30	
	50~64	2,200				100	130					30	
	65~74	2,000				100	130					25	
	75 이상	1,900				100	130					25	
여자	6~8(세)	1,500				100	130					20	
	9~11	1,800				100	130					25	
	12~14	2,000				100	130					25	
	15~18	2,000				100	130					25	
	19~29	2,000				100	130					20	
	30~49	1,900				100	130					20	
	50~64	1,700				100	130					20	
	65~74	1,600				100	130					20	
	75 이상	1,500				100	130					20	
임신부[1]		+0 +340 +450				+35	+45					+5	
수유부		+340				+60	+80					+5	

성별	연령	지방(g/일)				리놀레산(g/일)				알파-리놀렌산(g/일)				EPA+DHA(mg/일)			
		평균 필요량	권장 섭취량	충분 섭취량	상한 섭취량	평균 필요량	권장 섭취량	충분 섭취량	상한 섭취량	평균 필요량	권장 섭취량	충분 섭취량	상한 섭취량	평균 필요량	권장 섭취량	충분 섭취량	상한 섭취량
영아	0~5(개월)			25				5.0				0.6				200[2]	
	6~11			25				7.0				0.8				300[2]	
유아	1~2(세)							4.5				0.6					
	3~5							7.0				0.9					
남자	6~8(세)							9.0				1.1				200	
	9~11							9.5				1.3				220	
	12~14							12.0				1.5				230	
	15~18							14.0				1.7				230	
	19~29							13.0				1.6				210	
	30~49							11.5				1.4				400	
	50~64							9.0				1.4				500	
	65~74							7.0				1.2				310	
	75 이상							5.0				0.9				280	
여자	6~8(세)							7.0				0.8				200	
	9~11							9.0				1.1				150	
	12~14							9.0				1.2				210	
	15~18							10.0				1.1				100	
	19~29							10.0				1.2				150	
	30~49							8.5				1.2				260	
	50~64							7.0				1.2				240	
	65~74							4.5				1.0				150	
	75 이상							3.0				0.4				140	
임신부								+0				+0				+0	
수유부								+0				+0				+0	

1) 2, 3분기별 부가량
2) DHA

성별	연령	단백질(g/일)				메티오닌+시스테인(g/일)				류신(g/일)			
		평균 필요량	권장 섭취량	충분 섭취량	상한 섭취량	평균 필요량	권장 섭취량	충분 섭취량	상한 섭취량	평균 필요량	권장 섭취량	충분 섭취량	상한 섭취량
영아	0~5(개월)			10				0.4				1.0	
	6~11	12	15			0.3	0.4			0.6	0.8		
유아	1~2(세)	15	20			0.3	0.4			0.6	0.8		
	3~5	20	25			0.3	0.4			0.7	1.0		
남자	6~8(세)	30	35			0.5	0.6			1.1	1.3		
	9~11	40	50			0.7	0.8			1.5	1.9		
	12~14	50	60			1.0	1.2			2.2	2.7		
	15~18	55	65			1.2	1.4			2.6	3.2		
	19~29	50	65			1.0	1.4			2.4	3.1		
	30~49	50	65			1.1	1.4			2.4	3.1		
	50~64	50	60			1.1	1.3			2.3	2.8		
	65~74	50	60			1.0	1.3			2.2	2.8		
	75 이상	50	60			0.9	1.1			2.1	2.7		
여자	6~8(세)	30	35			0.5	0.6			1.0	1.3		
	9~11	40	45			0.6	0.7			1.5	1.8		
	12~14	45	55			0.8	1.0			1.9	2.4		
	15~18	45	55			0.8	1.1			2.0	2.4		
	19~29	45	55			0.8	1.0			2.0	2.5		
	30~49	40	50			0.8	1.0			1.9	2.4		
	50~64	40	50			0.8	1.1			1.9	2.3		
	65~74	40	50			0.7	0.9			1.8	2.2		
	75 이상	40	50			0.7	0.9			1.7	2.1		
임신부[1]		+12 +25	+15 +30			1.1	1.4			2.5	3.1		
수유부		+20	+25			1.1	1.5			2.8	3.5		

성별	연령	이소류신(g/일)				발린(g/일)				라이신(g/일)			
		평균 필요량	권장 섭취량	충분 섭취량	상한 섭취량	평균 필요량	권장 섭취량	충분 섭취량	상한 섭취량	평균 필요량	권장 섭취량	충분 섭취량	상한 섭취량
영아	0~5(개월)			0.6				0.6				0.7	
	6~11	0.3	0.4			0.3	0.5			0.6	0.8		
유아	1~2(세)	0.3	0.4			0.4	0.5			0.6	0.7		
	3~5	0.3	0.4			0.4	0.5			0.6	0.8		
남자	6~8(세)	0.5	0.6			0.6	0.7			1.0	1.2		
	9~11	0.7	0.8			0.9	1.1			1.4	1.8		
	12~14	1.0	1.2			1.2	1.6			2.1	2.5		
	15~18	1.2	1.4			1.5	1.8			2.3	2.9		
	19~29	1.0	1.4			1.4	1.7			2.5	3.1		
	30~49	1.1	1.4			1.4	1.7			2.4	3.1		
	50~64	1.1	1.3			1.3	1.6			2.3	2.9		
	65~74	1.0	1.3			1.3	1.6			2.2	2.9		
	75 이상	0.9	1.1			1.1	1.5			2.2	2.7		
여자	6~8(세)	0.5	0.6			0.6	0.7			0.9	1.3		
	9~11	0.6	0.7			0.9	1.1			1.3	1.6		
	12~14	0.8	1.0			1.2	1.4			1.8	2.2		
	15~18	0.8	1.1			1.2	1.4			1.8	2.2		
	19~29	0.8	1.1			1.1	1.3			2.1	2.6		
	30~49	0.8	1.0			1.0	1.4			2.0	2.5		
	50~64	0.8	1.1			1.1	1.3			1.9	2.4		
	65~74	0.7	0.9			0.9	1.3			1.8	2.3		
	75 이상	0.7	0.9			0.9	1.1			1.7	2.1		
임신부		1.1	1.4			1.4	1.7			2.3	2.9		
수유부		1.3	1.7			1.6	1.9			2.5	3.1		

1) 단백질: 임신부-2, 3분기별 부가량, 아미노산: 인신부, 수유부-부가량 아닌 절대 필요량임.

성별	연령	페닐알라닌+티로신(g/일)				트레오닌(g/일)				트립토판(g/일)			
		평균 필요량	권장 섭취량	충분 섭취량	상한 섭취량	평균 필요량	권장 섭취량	충분 섭취량	상한 섭취량	평균 필요량	권장 섭취량	충분 섭취량	상한 섭취량
영아	0~5(개월)			0.9				0.5				0.2	
	6~11	0.5	0.7			0.3	0.4			0.1	0.1		
유아	1~2(세)	0.5	0.7			0.3	0.4			0.1	0.1		
	3~5	0.6	0.7			0.3	0.4			0.1	0.1		
남자	6~8(세)	0.9	1.0			0.5	0.6			0.1	0.2		
	9~11	1.3	1.6			0.7	0.9			0.2	0.2		
	12~14	1.8	2.3			1.0	1.3			0.3	0.3		
	15~18	2.1	2.6			1.2	1.5			0.3	0.4		
	19~29	2.8	3.6			1.1	1.5			0.3	0.3		
	30~49	2.9	3.5			1.2	1.5			0.3	0.3		
	50~64	2.7	3.4			1.1	1.4			0.3	0.3		
	65~74	2.5	3.3			1.1	1.3			0.2	0.3		
	75 이상	2.5	3.1			1.0	1.3			0.2	0.3		
여자	6~8(세)	0.8	1.0			0.5	0.6			0.1	0.2		
	9~11	1.2	1.5			0.6	0.9			0.2	0.2		
	12~14	1.6	1.9			0.9	1.2			0.2	0.3		
	15~18	1.6	2.0			0.9	1.2			0.2	0.3		
	19~29	2.3	2.9			0.9	1.1			0.2	0.3		
	30~49	2.3	2.8			0.9	1.2			0.2	0.3		
	50~64	2.2	2.7			0.8	1.1			0.2	0.3		
	65~74	2.1	2.6			0.8	1.0			0.2	0.2		
	75 이상	2.0	2.4			0.7	0.9			0.2	0.2		
임신부[1]		3.0	3.8			1.2	1.5			0.3	0.4		
수유부		3.7	4.7			1.3	1.7			0.4	0.5		

성별	연령	히스티딘(g/일)				수분(mL/일)					
		평균 필요량	권장 섭취량	충분 섭취량	상한 섭취량	음식	물	음료	충분 섭취량		상한 섭취량
									액체	총수분	
영아	0~5(개월)			0.1					700	700	
	6~11	0.2	0.3			300			500	800	
유아	1~2(세)	0.2	0.3			300	362	0	700	1,000	
	3~5	0.2	0.3			400	491	0	1,100	1,500	
남자	6~8(세)	0.3	0.4			900	589	0	800	1,700	
	9~11	0.5	0.6			1,100	686	1.2	900	2,000	
	12~14	0.7	0.9			1,300	911	1.9	1,100	2,400	
	15~18	0.9	1.0			1,400	920	6.4	1,200	2,600	
	19~29	0.8	1.0			1,400	981	262	1,200	2,600	
	30~49	0.7	1.0			1,300	957	289	1,200	2,500	
	50~64	0.7	0.9			1,200	940	75	1,000	2,200	
	65~74	0.7	1.0			1,100	904	20	1,000	2,100	
	75 이상	0.7	0.8			1,000	662	12	1,100	2,100	
여자	6~8(세)	0.3	0.4			800	514	0	800	1,600	
	9~11	0.4	0.5			1,000	643	0	900	1,900	
	12~14	0.6	0.7			1,100	610	0	900	2,000	
	15~18	0.6	0.7			1,100	659	7.3	900	2,000	
	19~29	0.6	0.8			1,100	709	126	1,000	2,100	
	30~49	0.6	0.8			1,000	772	124	1,000	2,000	
	50~64	0.6	0.7			900	784	27	1,000	1,900	
	65~74	0.5	0.7			900	624	9	900	1,800	
	75 이상	0.5	0.7			800	552	5	1,000	1,800	
임신부		0.8	1.0							+200	
수유부		0.8	1.1						+500	+700	

1) 아미노산: 임신부, 수유부-부가량 아닌 절대 필요량임.

2020 한국인 영양소 섭취기준 – 지용성 비타민

성별	연령	비타민 A(μg RAE/일)				비타민 D(μg/일)			
		평균 필요량	권장 섭취량	충분 섭취량	상한 섭취량	평균 필요량	권장 섭취량	충분 섭취량	상한 섭취량
영아	0~5(개월)			350	600			5	25
	6~11			450	600			5	25
유아	1~2(세)	190	250		600			5	30
	3~5	230	300		750			5	35
남자	6~8(세)	310	450		1,100			5	40
	9~11	410	600		1,600			5	60
	12~14	530	750		2,300			10	100
	15~18	620	850		2,800			10	100
	19~29	570	800		3,000			10	100
	30~49	560	800		3,000			10	100
	50~64	530	750		3,000			10	100
	65~74	510	700		3,000			15	100
	75 이상	500	700		3,000			15	100
여자	6~8(세)	290	400		1,100			5	40
	9~11	390	550		1,600			5	60
	12~14	480	650		2,300			10	100
	15~18	450	650		2,800			10	100
	19~29	460	650		3,000			10	100
	30~49	450	650		3,000			10	100
	50~64	430	600		3,000			10	100
	65~74	410	600		3,000			15	100
	75 이상	410	600		3,000			15	100
	임신부	+50	+70		3,000			+0	100
	수유부	+350	+490		3,000			+0	100

성별	연령	비타민 E(mg α-TE/일)				비타민 K(μg/일)			
		평균 필요량	권장 섭취량	충분 섭취량	상한 섭취량	평균 필요량	권장 섭취량	충분 섭취량	상한 섭취량
영아	0~5(개월)			3				4	
	6~11			4				6	
유아	1~2(세)			5	100			25	
	3~5			6	150			30	
남자	6~8(세)			7	200			40	
	9~11			9	300			55	
	12~14			11	400			70	
	15~18			12	500			80	
	19~29			12	540			75	
	30~49			12	540			75	
	50~64			12	540			75	
	65~74			12	540			75	
	75 이상			12	540			75	
여자	6~8(세)			7	200			40	
	9~11			9	300			55	
	12~14			11	400			65	
	15~18			12	500			65	
	19~29			12	540			65	
	30~49			12	540			65	
	50~64			12	540			65	
	65~74			12	540			65	
	75 이상			12	540			65	
	임신부			+0	540			+0	
	수유부			+3	540			+0	

2020 한국인 영양소 섭취기준 – 수용성 비타민

성별	연령	비타민 C(mg/일)				티아민(mg/일)			
		평균 필요량	권장 섭취량	충분 섭취량	상한 섭취량	평균 필요량	권장 섭취량	충분 섭취량	상한 섭취량
영아	0~5(개월)			40				0.2	
	6~11			55				0.3	
유아	1~2(세)	30	40		340	0.4	0.4		
	3~5	35	45		510	0.4	0.5		
남자	6~8(세)	40	50		750	0.5	0.7		
	9~11	55	70		1,100	0.7	0.9		
	12~14	70	90		1,400	0.9	1.1		
	15~18	80	100		1,600	1.1	1.3		
	19~29	75	100		2,000	1.0	1.2		
	30~49	75	100		2,000	1.0	1.2		
	50~64	75	100		2,000	1.0	1.2		
	65~74	75	100		2,000	0.9	1.1		
	75 이상	75	100		2,000	0.9	1.1		
여자	6~8(세)	40	50		750	0.6	0.7		
	9~11	55	70		1,100	0.8	0.9		
	12~14	70	90		1,400	0.9	1.1		
	15~18	80	100		1,600	0.9	1.1		
	19~29	75	100		2,000	0.9	1.1		
	30~49	75	100		2,000	0.9	1.1		
	50~64	75	100		2,000	0.9	1.1		
	65~74	75	100		2,000	0.8	1.0		
	75 이상	75	100		2,000	0.7	0.8		
	임신부	+10	+10		2,000	+0.4	+0.4		
	수유부	+35	+40		2,000	+0.3	+0.4		

성별	연령	리보플라빈(mg/일)				니아신(mg NE/일)[1]			
		평균 필요량	권장 섭취량	충분 섭취량	상한 섭취량	평균 필요량	권장 섭취량	충분 섭취량	상한 섭취량 니코틴산/니코틴아미드
영아	0~5(개월)			0.3				2	
	6~11			0.4				3	
유아	1~2(세)	0.4	0.5			4	6		10/180
	3~5	0.5	0.6			5	7		10/250
남자	6~8(세)	0.7	0.9			7	9		15/350
	9~11	0.9	1.1			9	11		20/500
	12~14	1.2	1.5			11	15		25/700
	15~18	1.4	1.7			13	17		30/800
	19~29	1.3	1.5			12	16		35/1,000
	30~49	1.3	1.5			12	16		35/1,000
	50~64	1.3	1.5			12	16		35/1,000
	65~74	1.2	1.4			11	14		35/1,000
	75 이상	1.1	1.3			10	13		35/1,000
여자	6~8(세)	0.6	0.8			7	9		15/350
	9~11	0.8	1.0			9	12		20/500
	12~14	1.0	1.2			11	15		25/700
	15~18	1.0	1.2			11	14		30/800
	19~29	1.0	1.2			11	14		35/1,000
	30~49	1.0	1.2			11	14		35/1,000
	50~64	1.0	1.2			11	14		35/1,000
	65~74	0.9	1.1			10	13		35/1,000
	75 이상	0.8	1.0			9	12		35/1,000
	임신부	+0.3	+0.4			+3	+4		35/1,000
	수유부	+0.4	+0.5			+2	+3		35/1,000

1) 1mg NE(니아신 당량)=1mg 니아신=60mg 트립토판

성별	연령	비타민 B_6(mg/일)				엽산(μg DFE/일)[1]			
		평균 필요량	권장 섭취량	충분 섭취량	상한 섭취량	평균 필요량	권장 섭취량	충분 섭취량	상한 섭취량[2]
영아	0~5(개월)			0.1				65	
	6~11			0.3				90	
유아	1~2(세)	0.5	0.6		20	120	150		300
	3~5	0.6	0.7		30	150	180		400
남자	6~8(세)	0.7	0.9		45	180	220		500
	9~11	0.9	1.1		60	250	300		600
	12~14	1.3	1.5		80	300	360		800
	15~18	1.3	1.5		95	330	400		900
	19~29	1.3	1.5		100	320	400		1,000
	30~49	1.3	1.5		100	320	400		1,000
	50~64	1.3	1.5		100	320	400		1,000
	65~74	1.3	1.5		100	320	400		1,000
	75 이상	1.3	1.5		100	320	400		1,000
여자	6~8(세)	0.7	0.9		45	180	220		500
	9~11	0.9	1.1		60	250	300		600
	12~14	1.2	1.4		80	300	360		800
	15~18	1.2	1.4		95	330	400		900
	19~29	1.2	1.4		100	320	400		1,000
	30~49	1.2	1.4		100	320	400		1,000
	50~64	1.2	1.4		100	320	400		1,000
	65~74	1.2	1.4		100	320	400		1,000
	75 이상	1.2	1.4		100	320	400		1,000
	임신부	+0.7	+0.8		100	+200	+220		1,000
	수유부	+0.7	+0.8		100	+130	+150		1,000

성별	연령	비타민 B_{12}(μg/일)				판토텐산(mg/일)				비오틴(μg/일)			
		평균 필요량	권장 섭취량	충분 섭취량	상한 섭취량	평균 필요량	권장 섭취량	충분 섭취량	상한 섭취량	평균 필요량	권장 섭취량	충분 섭취량	상한 섭취량
영아	0~5(개월)			0.3				1.7				5	
	6~11			0.5				1.9				7	
유아	1~2(세)	0.8	0.9					2				9	
	3~5	0.9	1.1					2				12	
남자	6~8(세)	1.1	1.3					3				15	
	9~11	1.5	1.7					4				20	
	12~14	1.9	2.3					5				25	
	15~18	2.0	2.4					5				30	
	19~29	2.0	2.4					5				30	
	30~49	2.0	2.4					5				30	
	50~64	2.0	2.4					5				30	
	65~74	2.0	2.4					5				30	
	75 이상	2.0	2.4					5				30	
여자	6~8(세)	1.1	1.3					3				15	
	9~11	1.5	1.7					4				20	
	12~14	1.9	2.3					5				25	
	15~18	2.0	2.4					5				30	
	19~29	2.0	2.4					5				30	
	30~49	2.0	2.4					5				30	
	50~64	2.0	2.4					5				30	
	65~74	2.0	2.4					5				30	
	75 이상	2.0	2.4					5				30	
	임신부	+0.2	+0.2					+1.0				+0	
	수유부	+0.3	+0.4					+2.0				+5	

1) Dietary Folate Equivalents, 가임기 여성의 경우 400μg/일의 엽산보충제 섭취를 권장함.
2) 엽산의 상한 섭취량은 보충제 또는 강화식품의 형태로 섭취한 μg/일에 해당됨.

2020 한국인 영양소 섭취기준 – 다량 무기질

성별	연령	칼슘(mg/일)				인(mg/일)				나트륨(mg/일)			
		평균필요량	권장섭취량	충분섭취량	상한섭취량	평균필요량	권장섭취량	충분섭취량	상한섭취량	평균필요량	권장섭취량	충분섭취량	상한섭취량
영아	0~5(개월)			250	1,000			100				110	
	6~11			300	1,500			300				370	
유아	1~2(세)	400	500		2,500	380	450		3,000			810	1,200
	3~5	500	600		2,500	480	550		3,000			1,000	1,600
남자	6~8(세)	600	700		2,500	500	600		3,000			1,200	1,900
	9~11	650	800		3,000	1,000	1,200		3.500			1,500	2,300
	12~14	800	1,000		3,000	1,000	1,200		3,500			1,500	2,300
	15~18	750	900		3,000	1,000	1,200		3,500			1,500	2,300
	19~29	650	800		2,500	580	700		3,500			1,500	2,300
	30~49	650	800		2,500	580	700		3,500			1,500	2,300
	50~64	600	750		2,000	580	700		3,500			1,500	2,300
	65~74	600	700		2,000	580	700		3,500			1,300	2,100
	75 이상	600	700		2,000	580	700		3,000			1,100	1,700
여자	6~8(세)	600	700		2,500	480	550		3,000			1,200	1,900
	9~11	650	800		3,000	1,000	1,200		3,500			1,500	2,300
	12~14	750	900		3,000	1,000	1,200		3,500			1,500	2,300
	15~18	700	800		3,000	1,000	1,200		3,500			1,500	2,300
	19~29	550	700		2,500	580	700		3,500			1,500	2,300
	30~49	550	700		2,500	580	700		3,500			1,500	2,300
	50~64	600	800		2,000	580	700		3,500			1,500	2,300
	65~74	600	800		2,000	580	700		3,500			1,300	2,100
	75 이상	600	800		2,000	580	700		3,000			1,100	1,700
	임신부	+0	+0		2,500	+0	+0		3,000			1,500	2,300
	수유부	+0	+0		2,500	+0	+0		3,500			1,500	2,300

성별	연령	염소(mg/일)				칼륨(mg/일)				마그네슘(mg/일)			
		평균필요량	권장섭취량	충분섭취량	상한섭취량	평균필요량	권장섭취량	충분섭취량	상한섭취량	평균필요량	권장섭취량	충분섭취량	상한섭취량[1]
영아	0~5(개월)			170				400				25	
	6~11			560				700				55	
유아	1~2(세)			1,200				1,900		60	70		60
	3~5			1,600				2,400		90	110		90
남자	6~8(세)			1,900				2,900		130	150		130
	9~11			2,300				3,400		190	220		190
	12~14			2,300				3,500		260	320		270
	15~18			2,300				3,500		340	410		350
	19~29			2,300				3,500		300	360		350
	30~49			2,300				3,500		310	370		350
	50~64			2,300				3,500		310	370		350
	65~74			2,100				3,500		310	370		350
	75 이상			1,700				3,500		310	370		350
여자	6~8(세)			1,900				2,900		130	150		130
	9~11			2,300				3,400		180	220		190
	12~14			2,300				3,500		240	290		270
	15~18			2,300				3,500		290	340		350
	19~29			2,300				3,500		230	280		350
	30~49			2,300				3,500		240	280		350
	50~64			2,300				3,500		240	280		350
	65~74			2,100				3,500		240	280		350
	75 이상			1,700				3,500		240	280		350
	임신부			2,300				+0		+30	+40		350
	수유부			2,300				+400		+0	+0		350

1) 식품 외 급원의 마그네슘에만 해당

2020 한국인 영양소 섭취기준 – 미량 무기질

성별	연령	철(mg/일)				아연(mg/일)				구리(μg/일)			
		평균 필요량	권장 섭취량	충분 섭취량	상한 섭취량	평균 필요량	권장 섭취량	충분 섭취량	상한 섭취량	평균 필요량	권장 섭취량	충분 섭취량	상한 섭취량
영아	0~5(개월)			0.3	40			2				240	
	6~11	4	6		40	2	3					330	
유아	1~2(세)	4.5	6		40	2	3		6	220	290		1,700
	3~5	5	7		40	3	4		9	270	350		2,600
남자	6~8(세)	7	9		40	5	5		13	360	470		3,700
	9~11	8	11		40	7	8		19	470	600		5,500
	12~14	11	14		40	7	8		27	600	800		7,500
	15~18	11	14		45	8	10		33	700	900		9,500
	19~29	8	10		45	9	10		35	650	850		10,000
	30~49	8	10		45	8	10		35	650	850		10,000
	50~64	8	10		45	8	10		35	650	850		10,000
	65~74	7	9		45	8	9		35	600	800		10,000
	75 이상	7	9		45	7	9		35	600	800		10,000
여자	6~8(세)	7	9		40	4	5		13	310	400		3,700
	9~11	8	10		40	7	8		19	420	550		5,500
	12~14	12	16		40	6	8		27	500	650		7,500
	15~18	11	14		45	7	9		33	550	700		9,500
	19~29	11	14		45	7	8		35	500	650		10,000
	30~49	11	14		45	7	8		35	500	650		10,000
	50~64	6	8		45	6	8		35	500	650		10,000
	65~74	6	8		45	6	7		35	460	600		10,000
	75 이상	5	7		45	6	7		35	460	600		10,000
	임신부	+8	+10		45	+2.0	+2.5		35	+100	+130		10,000
	수유부	+0	+0		45	+4.0	+5.0		35	+370	+480		10,000

성별	연령	불소(mg/일)				망간(mg/일)				요오드(μg/일)			
		평균 필요량	권장 섭취량	충분 섭취량	상한 섭취량	평균 필요량	권장 섭취량	충분 섭취량	상한 섭취량	평균 필요량	권장 섭취량	충분 섭취량	상한 섭취량
영아	0~5(개월)			0.01	0.6			0.01				130	250
	6~11			0.4	0.8			0.8				180	250
유아	1~2(세)			0.6	1.2			1.5	2.0	55	80		300
	3~5			0.9	1.8			2.0	3.0	65	90		300
남자	6~8(세)			1.3	2.6			2.5	4.0	75	100		500
	9~11			1.9	10.0			3.0	6.0	85	110		500
	12~14			2.6	10.0			4.0	8.0	90	130		1,900
	15~18			3.2	10.0			4.0	10.0	95	130		2,200
	19~29			3.4	10.0			4.0	11.0	95	150		2,400
	30~49			3.4	10.0			4.0	11.0	95	150		2,400
	50~64			3.2	10.0			4.0	11.0	95	150		2,400
	65~74			3.1	10.0			4.0	11.0	95	150		2,400
	75 이상			3.0	10.0			4.0	11.0	95	150		2,400
여자	6~8(세)			1.3	2.5			2.5	4.0	75	100		500
	9~11			1.8	10.0			3.0	6.0	80	110		500
	12~14			2.4	10.0			3.5	8.0	90	130		1,900
	15~18			2.7	10.0			3.5	10.0	95	130		2,200
	19~29			2.8	10.0			3.5	11.0	95	150		2,400
	30~49			2.7	10.0			3.5	11.0	95	150		2,400
	50~64			2.6	10.0			3.5	11.0	95	150		2,400
	65~74			2.5	10.0			3.5	11.0	95	150		2,400
	75 이상			2.3	10.0			3.5	11.0	95	150		2,400
	임신부			+0	10.0			+0	11.0	+65	+90		
	수유부			+0	10.0			+0	11.0	+130	+190		

성별	연령	셀레늄(μg/일)				몰리브덴(μg/일)				크롬(μg/일)			
		평균 필요량	권장 섭취량	충분 섭취량	상한 섭취량	평균 필요량	권장 섭취량	충분 섭취량	상한 섭취량	평균 필요량	권장 섭취량	충분 섭취량	상한 섭취량
영아	0~5(개월)			9	40							0.2	
	6~11			12	65							4.0	
유아	1~2(세)	19	23		70	8	10		100			10	
	3~5	22	25		100	10	12		150			10	
남자	6~8(세)	30	35		150	15	18		200			15	
	9~11	40	45		200	15	18		300			20	
	12~14	50	60		300	25	30		450			30	
	15~18	55	65		300	25	30		550			35	
	19~29	50	60		400	25	30		600			30	
	30~49	50	60		400	25	30		600			30	
	50~64	50	60		400	25	30		550			30	
	65~74	50	60		400	23	28		550			25	
	75 이상	50	60		400	23	28		550			25	
여자	6~8(세)	30	35		150	15	18		200			15	
	9~11	40	45		200	15	18		300			20	
	12~14	50	60		300	20	25		400			20	
	15~18	55	65		300	20	25		500			20	
	19~29	50	60		400	20	25		500			20	
	30~49	50	60		400	20	25		500			20	
	50~64	50	60		400	20	25		450			20	
	65~74	50	60		400	18	22		450			20	
	75 이상	50	60		400	18	22		450			20	
	임신부	+3	+4		400	+0	+0		500			+5	
	수유부	+9	+10		400	+3	+3		500			+20	

참고문헌

구재옥 외 6인, 식사요법, 교문사, 2024.

구재옥 외 6인, 이해하기 쉬운 고급영양학, 파워북, 2022.

국가건강정보포털, 질병관리청(kdca.go.kr)

국가표준식품성분표, 농촌진흥청.

권기한 외 5인, 건강을 위한 식품과 영양, 백산출판사, 2017.

권순형 외 7인, 임상영양학, 수학사, 2013.

권인숙 외 11인, 식사요법을 포함한 임상영양학, 교문사, 2022.

김건희 외 6인, 재미있는 식품화학, 수학사, 2021.

김미경 외 6인 편역, 생활 속의 영양학, 12판, 교문사, 2023.

김선효 외 2인, 기초영양학, 파워북, 2024.

김선효 외 3인, 체중관리를 위한 영양과 운동, 파워북, 2008.

김선효 외 3인, 다이어트와 건강체중, 파워북, 2013.

김정현 외 7인, 알기 쉬운 영양학, 수학사, 2022.

김정희 외 4인, 운동과 영양, 파워북, 2011.

김지상 외 2인, 식품학, 도서출판 효일, 2011.

김화영 외 14인, 영양 그리고 건강, 교문사, 2007.

김혜영 외 5인, 새로 쓰는 식생활과 건강, 교문사, 2020.

노봉수 외 9인, 생각이 필요한 건강과 식생활, 수학사, 2014.

박선민 외 2인, 비만과 식생활, 라이프사이언스, 2012.

박태선 외 1인, 현대인의 생활영양, ㈜교문사, 2017.

박현서 외 5인, 식생활과 건강, 도서출판 효일, 2006.

백희영, 건강을 위한 식생활과 영양, 파워북, 2016.

변진원 외 4인, 조리원리, 파워북, 2021.

손숙미 외 3인, 다이어트와 건강, 교문사, 2010.

손숙미 외 5인, 임상영양학, 교문사, 2012.

송태희 외 2인, 이해하기 쉬운 식품화학, 도서출판 효일, 2020.

승정자 외 3인, 현대인의 질환에 맞춘 영양과 식사관리, 교문사, 2006.

식품공전, 식품의약품안전처

식품안전나라, 식품영양성분 데이터베이스, 식품의약품안전처, 2024.

신말식 외 5인, 이해하기 쉬운 식품과 영양, 파워북, 2016.

오세옥 외 5인, 재미있는 식품위생학, 수학사, 2020.

윤진아 외 3인, 영양판정 및 실습, 백산출판사, 2021.

이건순, 웰빙 식생활과 건강, 라이프사이언스, 2012.

이명희, 셀레늄 영양과 건강, 대한암예방학회지, 2003, 8(1): 36-44.

이미숙 외 9인, 리빙토픽 영양과 식생활, 교문사, 2007.

이보경·변기원·이종현·이홍미·이유나, 임상영양관리 및 실습, 파워북, 2018.

이정실 외 5인, 교양인의 식생활과 건강, 개정 2판, 백산출판사, 2022.

이주희 외 7인, 과학으로 풀어쓴 식품과 조리원리, 4판, 교문사, 2019.

임경숙 외 5인, 임상영양학, 교문사, 2024.

장경자 외 3인, SMART K-DIET 건강한 체중조절을 위한 맞춤영양, 파워북, 2014.

장유경 외 4인, 기초 영양학, 교문사, 2022.

전덕영 외 11인, 재미있는 식품과 영양, 수학사, 2019.

정근희 외 6인, 식품화학, 백산출판사, 2011.

정영진 외 5인, 식생활과 다이어트, 파워북, 2008.

차연수 외 3인, 실천을 위한 식생활과 운동, 라이프사이언스, 2006.

최혜미, 교양인을 위한 21세기 영양과 건강 이야기, 라이프사이언스, 2016.

한국인영양소섭취기준, 한국영양학회, 2020.

허재옥 외 9인, 기초 영양학, 수학사, 2021.

한성림 외 5인, 사례로 이해를 돕는 임상영양학, 교문사, 2021.

국민건강보험공단, https://www.nhis.or.kr

질병관리청, 국가건강정보포털, https://health.kdca.go.kr/healthinfo/biz/health/

Carol Byrd-Bredbenner 외 3인, 생활 속의 영양학, 12판, 교문사, 2023.

https://various.foodsafetykorea.go.kr/nutrient/general/food/firstList.do

서울아산병원, https://www.amc.seoul.kr/asan/healthinfo/disease/diseaseDetail.do?contentId=31596

서울대학교병원, http://www.snuh.org/health/nMedInfo/nView.do?category=DIS&medid=AA000260

대한당뇨병학회, https://www.diabetes.or.kr/general/info/info_01.php?con=5

국가암정보센터, https://www.cancer.go.kr

서울대학교 암연구소, https://cri.snu.ac.kr/information/overview/info1

사단법인 대한영양사협회, https://dietitian.or.kr/work/business/kb_c_cancer_life.do

삼성서울병원 암병원, http://www.samsunghospital.com/home/cancer/info.do?view=DIET_CANCER

https://health.chosun.com/site/data/html_dir/2017/10/24/2017102401733.html, 헬스조선, 2017.10.24.

저자소개

윤진아

강서대학교 식품영양학과 교수
고려대학교 동물영양학 박사

정민유

강서대학교 식품영양학과 교수
University of Connecticut Nutritional Sciences 박사

신경옥

삼육대학교 식품영양학과 교수
경희대학교 식품영양학 박사

정유미

계명문화대학교 식품영양학부 교수
계명대학교 식품영양학 박사

유창희

서울여자대학교 식품영양학과 초빙강의 교수
서울여자대학교 식품영양학 박사

황효정

삼육대학교 식품영양학과 교수
경희대학교 식품영양학 박사

정미자

광주대학교 식품영양학과 교수
경상국립대학교 식품영양학 박사

건강한 삶을 위한 **식품과 영양**

2025년 2월 10일 초판 1쇄 인쇄
2025년 2월 15일 초판 1쇄 발행

지은이 윤진아·신경옥·유창희·정미자
정민유·정유미·황효정

펴낸이 진욱상
펴낸곳 (주)백산출판사
교 정 박시내
본문디자인 신화정
표지디자인 오정은

등 록 2017년 5월 29일 제406-2017-000058호
주 소 경기도 파주시 회동길 370(백산빌딩 3층)
전 화 02-914-1621(代)
팩 스 031-955-9911
이메일 edit@ibaeksan.kr
홈페이지 www.ibaeksan.kr

ISBN 979-11-6567-972-9 93590
값 28,000원